高等职业院校机电类专业"十三五"系列规划教材

U0270460

公差配合与测量技术

GONGCHA PEIHE YU CELIANG JISHU

主　编　陈　明　胡学梅

副主编　杨俊秋　程洪涛
　　　　袁　博　张红利

合肥工业大学出版社

图书在版编目(CIP)数据

公差配合与测量技术/陈明,胡学梅主编. —合肥:合肥工业大学出版社,2017.1

ISBN 978 - 7 - 5650 - 3104 - 5

Ⅰ.①公… Ⅱ.①陈…②胡… Ⅲ.①公差—配合—高等学校—教材②技术测量—高等学校—教材 Ⅳ.①TG801

中国版本图书馆 CIP 数据核字(2016)第 291657 号

公差配合与测量技术

主 编 陈 明 胡学梅	责任编辑 张择瑞
出 版 合肥工业大学出版社	版 次 2017 年 1 月第 1 版
地 址 合肥市屯溪路 193 号	印 次 2017 年 1 月第 1 次印刷
邮 编 230009	开 本 787 毫米×1092 毫米 1/16
电 话 理工图书编辑部:0551－62903200	印 张 14.75
市 场 营 销 部:0551－62903198	字 数 338 千字
网 址 www.hfutpress.com.cn	印 刷 安徽昶颉包装印务有限责任公司
E-mail hfutpress@163.com	发 行 全国新华书店

ISBN 978 - 7 - 5650 - 3104 - 5 定价:30.00 元

如果有影响阅读的印装质量问题,请与出版社市场营销部联系调换

前　　言

　　公差配合与测量技术是与制造业发展紧密相连的一门实用性和操作性很强的专业基础课程。它不仅是联系机械设计课程与机械制造课程的纽带,而且还涉及质量控制、生产组织管理等许多方面。随着近年来科技的进步与发展,大量国家标准也不断交替更新,为了适应这些新变化,依据高职高专人才培养要求,结合多年来教学实践经验,编写了本书。

　　本书在编写的过程中,认真贯彻了教育部《关于加强高职高专教育人才培养工作的若干意见》的精神,以"必需、够用"为度,遵循"宽、新、浅、用"的原则,坚持简化理论,强化实践,围绕实际技能整合并优化理论知识,避免各课程的内容重复。书中采用最新国家标准,介绍了公差配合与测量技术的相关知识。结合"公差配合与测量技术"课程的项目化教学改革实践,按项目组织内容,每个项目基本包括各项目公差的识读、选用和检测三个任务。每个任务均以案例导入作为开头,以案例的训练为结尾。每个项目均有练习题,以帮助学生加深理解,提高学生理论联系实际的能力,突出学生对所学知识的应用能力。

　　本书由陈明、胡学梅任主编,杨俊秋、程洪涛、袁博、张红利任副主编。其中项目1由襄阳职业技术学院陈明编写;项目2由武汉船舶职业技术学院胡学梅编写;项目3由武汉船舶职业技术学院胡学梅、杨俊秋共同编写;项目8由襄阳职业技术学院程洪涛编写;项目4、7由武汉城市职业学院袁博编写;项目5、6由随州职业技术学院张红利编写。全书由陈明、胡学梅统稿。

　　由于本教材涉及内容广泛,编者水平有限,经验不足,书中难免存在错漏和不妥之处,恳请广大读者批评指正。

目　录

绪 论

0.1 互换性概述

在日常生活中,经常会遇到零件互换的情况。例如,机器、汽车、拖拉机、自行车、缝纫机上的零件坏了,只要换上相同型号的零件就能正常运转,不必要考虑生产厂家,之所以这样方便,就是这些零(部)件具有互相替换的性能。要实现专业化生产必须采用互换性原则。广义上说,互换性是指一种产品、过程或服务能够代替另一种产品、过程或服务,并且能满足同样要求的能力。

在机械制造业中,零件的互换性是指在同一规格的一批零、部件中,可以不经选择、修配或调整,任取一件都能装配在机器上,并能达到规定的使用性能要求。

零部件的互换性包括其几何参数、力学性能和物理化学性能等方面的互换性。本课程主要研究几何参数的互换性。

1)互换性的种类

零件的互换性按互换的程度可分为完全互换性和不完全互换性两种。

(1)完全互换性。完全互换性是指一批零、部件装配前不经选择,装配时也不需修配和调整,装配后即可满足预定的使用要求。如螺栓、圆柱销等标准件的装配大都属此类情况。

(2)不完全互换性。当装配精度要求很高时,若采用完全互换将使零件的尺寸公差很小,加工困难,成本很高,甚至无法加工,这时可采用不完全互换法进行生产,将其制造公差适当放大,以便于加工。在完工后,再用量仪将零件按实际尺寸大小分组,按组进行装配。如此,既保证装配精度与使用要求,又降低成本。此时,仅是组内零件可以互换,组与组之间不可互换,因此,叫分组互换法。

在装配时允许用补充机械加工或钳工修刮办法来获得所需的精度,称为修配法。用移动或更换某些零件以改变其位置和尺寸的办法来达到所需的精度,称为调整法。

不完全互换只限于部件或机构在制造厂内装配时使用。对厂外协作,则往往要求完全互换。究竟采用哪种方式为宜,要由产品精度、产品复杂程度、生产规模、设备条件及技术水平等一系列因素决定。

一般大量生产和成批生产,如汽车、拖拉机厂大都采用完全互换法生产;精度要求很高,如轴承工业,常采用分组装配,即不完全互换法生产;而小批和单件生产,如矿山、冶金等重型机器业,则常采用修配法或调整法生产。

2)互换性的作用

互换性给产品的设计、制造和使用维修都带来很大的便利。

在设计方面,由于采用具有互换性的标准件、通用件,可使设计工作简化、设计周期缩短,并便于使用计算机辅助设计。

在制造方面,由于零件具有互换性,所以可以采用分散加工,集中装配。有利于使用现代化的工艺装备,实现自动化生产。装配时,不需辅助加工和修配,提高了生产效率,减轻了工作强度。

在使用维修方面,当机器的零件需要更换时,可在最短时间内用备件加以替换,从而提高了机器的利用率和使用寿命。

0.2　标准化和互换性生产

在加工中零件的几何参数不可避免地会产生误差,不可能、也不需要制造出完全一样的零件。实践证明,只要把零件的几何参数误差控制在一定的范围之内,零件的互换性就能得到保证。零件几何参数误差允许的变动范围称为几何参数公差,简称公差。它包括尺寸公差、形状公差、位置公差和表面粗糙度指标允许值及典型零件特殊几何参数的公差等。因此,建立各种几何参数的公差标准,是实现对零件误差的控制和实现零部件互换性的基础。

1)标准化

在现代化生产中,一个机械产品的制造过程往往涉及许多行业和企业,有的还需要国际的合作。为了满足相互间在技术上的协调要求,必须有一个共同遵守的规范的统一技术要求。

标准是规范技术要求的法规,是在一定范围内共同遵守的技术依据。

标准是指对重复性事物和概念所做的科学简化、协调和优选,并经一定程序审批后所颁布的统一规定。

标准化包含了标准制定、贯彻和修改的全部过程。

标准按不同级别颁发,在世界范围,企业共同遵守的是国际标准(ISO)。我国标准分为国家标准(GB)、行业标准[如机械标准(JB)]、地方标准(DB)及企业标准。地方标准和企业标准是在没有国家标准及行业标准可依据,而在某个范围内又需要统一技术要求的情况下制定的技术规范。

标准的范围很广,种类繁多。本课程主要研究的公差标准、检验标准,大多属于国家基础标准。

2)优先数与优先数系

在制定公差标准及设计零件的结构参数时,都需要通过数值来表示。这些数值往往不是孤立的,一旦选定,就会按照一定规律,向一切有关的参数传播扩散。例如,螺栓的尺寸一旦确定,将会影响螺母的尺寸、丝锥板牙的尺寸、螺栓孔的尺寸以及加工螺栓孔的钻头的尺寸等。这种技术参数的传播扩散在生产实际中是极为普遍的现象。

在产品设计或生产中,为了满足不同要求,同一品种的某一参数,从大到小取不同值时(形成不同规格的产品系列),应该采用一种科学的数值分级制度或称谓。人们由此总结了一种科学的统一的数值标准,即优先数和优先数系。

优先数系是一种十进制几何级数。所谓十进制,即几何级数的各项数值中包括 1、10、100、…、10^n 和 0.1、0.01、0.001、…、10^{-n} 组成的级数(n 为正整数)。几何级数的特点是任意相邻两项之比为一常数,即公比。优先数系中的任何一个数值为优先数。

国家标准 GB/T 321—2005 与 ISO 推荐了 5 个系列,其代号为 R,分别为 R5、R10、R20、R40 和 R80 系列。其中前 4 个系列是常用的基本系列,而 R80 则作为补充系列,仅用于分级很细的特殊场合。

R5 系列:　公比为 $q_5 = \sqrt[5]{10} \approx 1.60$

R10 系列:　公比为 $q_{10} = \sqrt[10]{10} \approx 1.25$

R20 系列:　公比为 $q_{20} = \sqrt[20]{10} \approx 1.12$

R40 系列:　公比为 $q_{40} = \sqrt[40]{10} \approx 1.06$

另外补充系列 R80 的公比为 $q_{80} = \sqrt[80]{10} \approx 1.03$。

按公比计算得到优先数的理论值,近似圆整后应用到实际工程技术中,如表 0-1 所示。

表 0-1　优先数基本系列

基本系列(常用值)				计算值
R5	R10	R20	R40	
1.00	1.00	1.00	1.00	1.0000
			1.06	1.0539
		1.12	1.12	1.1220
			1.18	1.1885
	1.25	1.25	1.25	1.2589
			1.32	1.3335
		1.40	1.40	1.4125
			1.50	1.4962
1.60	1.60	1.60	1.60	1.5849
			1.70	1.6788
		1.80	1.80	1.7783
			1.90	1.8836
	2.00	2.00	2.00	1.9953
			2.12	2.1135
		2.24	2.24	2.2387
			2.36	2.3714
2.50	2.50	2.50	2.50	2.5119
			2.65	2.6607
		2.80	2.80	2.8184
			3.00	2.9854
	3.15	3.15	3.15	3.1623

（续表）

基本系列（常用值）				计算值
R5	R10	R20	R40	
			3.35	3.3497
		3.55	3.55	3.5481
			3.75	3.7584
4.00	4.00	4.00	4.00	3.9811
			4.25	4.2170
		4.50	4.50	4.4668
			4.75	4.7315
	5.00	5.00	5.00	5.0119
			5.30	5.3088
		5.60	5.60	5.6234
			6.00	5.9566
6.30	6.30	6.30	6.30	6.3096
			6.70	6.6834
		7.10	7.10	7.0795
			7.50	7.4989
	8.00	8.00	8.00	7.9433
			8.50	8.4140
		9.00	9.00	8.9125
			9.50	9.4406
10.00	10.00	10.00	10.00	10.0000

3）技术测量

几何量检测是组织互换性生产必不可少的重要措施。由于零部件的加工误差不可避免，决定了必须采用先进的公差标准，对构成机械的零部件的几何量规定合理的公差，用以实现零部件的互换性。但若不采用适当的检测措施，规定的公差也就形同虚设，不能发挥作用。因此，应按照公差标准和检测技术要求对零部件的几何量进行检测。只有几何量检测合格者，才能保证零部件在几何量方面的互换性。检测是检验和测量的统称。一般来说，测量的结果能够获得具体的数值；检验的结果只能判断合格与否，而不能获得具体数值。但是，必须注意到，在检测过程中又会不可避免地产生或大或小的测量误差。这将导致两种误判：一是把不合格品误认为合格品而给予接受——误收；二是把合格品误认为废品而给予报废——误废。这是测量误差表现在检测方面的矛盾。这就需要从保证产品的质量和经济性两方面综合考虑，合理解决。检测的目的不仅仅在于判断工件合格与否，还有积极的一面，这就是根据检测的结果,分析产生废品的原因,以便设法减少和防止废品的产生。

0.3　课程的任务、性质和要求

本课程是机械类各专业的一门技术基础课。起着连接基础课及其他技术基础课和专业课的桥梁作用,同时也起着联系设计类课程和制造工艺类课程的纽带作用。本课程的任务是,研究机械设计中是怎样正确合理地确定各种零部件的几何精度及相互间的配合关系,着重研究测量工具和仪器的测量原理及正确使用方法,掌握一定的测量技术,具体要求如下:

① 初步建立互换性的基本概念,熟悉有关公差配合的基本术语和定义。

② 了解多种公差标准,重点是尺寸公差与配合、几何公差以及表面粗糙度标准。

③ 基本掌握公差与配合的选择原则和方法,学会正确使用各种公差表格,并能完成重点公差的图样标注。

④ 建立技术测量的基本概念,具备一定的技术测量知识,能合理、正确地选择量具、量仪,并掌握其调试、测量方法。

本课程涉及产品的设计、制造、检测、质量控制等诸多方面,对生产实际中机械产品能否满足功能要求,能否在保证产品质量的前提下实现低成本生产制造,产品零部件的制造精度起着举足轻重的作用。因此,本课程是机械工程技术人员和管理人员必须掌握的一门综合性应用技术基础课程。

项目1 尺寸公差与配合的选用及其检测

现代化的机械工业要求机器零部件具有互换性。互换性要求尺寸一致,而机械零部件在加工过程中总是存在加工误差,不可能精确地加工成一个指定尺寸。实际上只要满足零部件的最终尺寸处在一个合理尺寸的变动范围即可。对于相互配合的零件,这个合理尺寸范围既要保证相互结合的尺寸之间形成一定的关系,以满足不同的使用要求,又要在制造时经济合理,这样就形成了"极限与配合"的概念。由此可见,"极限"用于协调机器零件使用要求与制造经济性之间的矛盾,"配合"则是反映相互结合的零件间的相互关系。

极限与配合的标准化有利于产品的设计、制造、使用和维修;有利于保证产品精度、使用性能和寿命等各项使用要求;也有利于刀具、夹具、量具、机床等工艺装备的标准化。

国家标准 GB/T 1800.1—2009 采用了国际极限与配合制,其主要特点是将"公差带大小"与"公差带位置"两个构成公差带的基本要素分别标准化,形成标准公差系列和基本偏差系列,且二者原则上是独立的,二者结合构成孔或轴的公差带,再由不同孔、轴公差带形成配合。国际极限与配合制的另一个重要特点是,它不但包括极限与配合制,还包括测量与检验制,这样有利于保证极限与配合标准的贯彻,并形成一个比较完整的体系。

任务 1.1 尺寸公差的识读

1.1.1 案例导入

1)案例任务

任务一

如图 1-1 所示为一阶梯轴,完成下列任务:

① 解释 $\phi30js6$、$\phi32h6$、$\phi24k6$ 等尺寸数字后面的字母及数字表示的意思,长度 142、56、25 等尺寸有公差要求吗? ②计算 $\phi30js6$、$\phi32h6$、$\phi24k6$ 的极限尺寸。

任务二

判断 $\phi32H7/p6$ 中孔、轴配合的配合种类,用查表法确定其极限偏差,计算该配合的极限盈隙,并画出公差带图。

2)知识目标

① 理解有关尺寸、偏差、公差、配合等方面的术语和定义。

② 掌握标准中有关标准公差、公差等级的规定。

③ 掌握标准中规定的孔和轴各 28 种基本偏差代号及它们的分布规律。

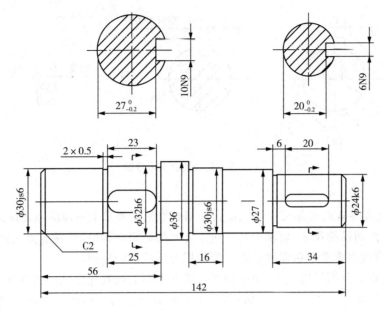

图 1-1　阶梯轴

④ 牢固掌握公差带的概念和公差带图的画法，公差和基本偏差表格的使用方法。

⑤ 明确标准中关于未注公差的线性尺寸的公差的规定。

3)技能目标

① 能熟练查取标准公差和基本偏差表格，进行极限偏差与公差代号的转换。

② 能正确绘制公差带图，并进行有关计算。

③ 能正确标注公差代号。

1.1.2　尺寸公差与配合的相关术语

1)有关尺寸的术语及定义

(1)轴和孔

① 轴：通常指工件的圆柱形外尺寸要素，也包括非圆柱形的外尺寸要素(由二平行平面或切面形成的被包容面)。

② 孔：通常指工件的圆柱形内尺寸要素，也包括非圆柱形的内尺寸要素(由二平行平面或切面形成的包容面)。

标准中定义的轴、孔是广义的。从装配上来讲，轴是被包容面，它之外没有材料；孔是包容面，它之内没有材料。如图 1-2 所示。

(2)尺寸

① 尺寸：以特定单位表示线性尺寸值的数字，在机械制造中一般常用毫米(mm)作为特定单位。

② 公称尺寸(D、d)：由图样规范确定的理想形状要素的尺寸，如图 1-3 所示。

它的数值一般应按标准长度、标准直径的数值进行圆整。公称尺寸标准化可减少刀具、量具、夹具的规格数量。孔的公称尺寸用大写字母"D"来表示，轴的公称尺寸用小写字母

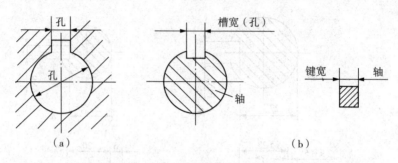

图1-2 孔和轴定义示意图

"d"来表示。

③ 提取组成要素的局部尺寸（D_a、d_a）：一切提取组成要素上两对应点之间距离的统称。

提取圆柱面的局部尺寸：要素上两对应点之间的距离。其中，两对应点之间的连线通过拟合圆圆心；横截面垂直于由提取表面得到的拟合圆柱面的轴线。

两平行提取表面的局部尺寸：两平行对应提取表面上两对应点之间的距离。其中，所有对应点的连线均垂直于拟合中心平面；拟合中心平面是由两平行提取表面得到的两拟合平行平面的中心平面（两拟合平行平面之间的距离可能与公称距离不同）。

④ 极限尺寸：尺寸要素允许的尺寸的两个极端。

提取组成要素的局部尺寸应位于其中，也可达到极限尺寸。

上极限尺寸[$D(d)_{max}$]：尺寸要素允许的最大尺寸，如图1-3所示。

下极限尺寸[$D(d)_{min}$]：尺寸要素允许的最小尺寸，如图1-3所示。

合格零件的条件为

孔：$D_{min} \leqslant D_a \leqslant D_{max}$　　轴：$d_{min} \leqslant d_a \leqslant d_{max}$

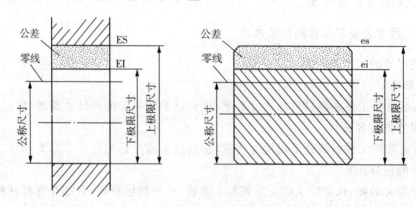

图1-3 公称尺寸与极限尺寸示意图

2）有关公差和偏差的术语及定义

（1）偏差：某一尺寸减其公称尺寸所得的代数差。

① 极限偏差：极限尺寸减其公称尺寸所得的代数差。上极限尺寸减其公称尺寸所得的代数差称为上极限偏差（ES，es），如图1-3所示；下极限尺寸减其公称尺寸所得的代数差称为下极限偏差（EI，ei），如图1-3所示；上极限偏差与下极限偏差统称为极限偏差。偏差可

以为正、负或零值。

极限偏差可用下列公式计算。

孔的上偏差：$ES=D_{max}-D$　孔的下偏差：$EI=D_{min}-D$

轴的上偏差：$es=d_{max}-d$　　轴的下偏差：$ei=d_{min}-d$

② 实际偏差（E_a，e_a）：实际（组成）要素减其公称尺寸所得的代数差。

孔的实际偏差：$E_a=D_a-D$　轴的实际偏差：$e_a=d_a-d$

合格零件的条件为

孔：$EI \leqslant E_a \leqslant ES$　轴：$ei \leqslant e_a \leqslant es$

（2）尺寸公差（简称公差）：上极限尺寸减下极限尺寸之差，或上极限偏差减下极限偏差之差。它是允许尺寸的变动量，如图 1-3 所示。

公差是绝对值，不能为负值，也不能为零（公差为零，零件将无法加工）。孔和轴的公差分别用"T_h"和"T_s"表示。

尺寸公差、极限尺寸和极限偏差的关系如下。

孔的公差：$T_h = |D_{max}-D_{min}| = |ES-EI|$

轴的公差：$T_s = |d_{max}-d_{min}| = |es-ei|$

（3）零线和公差带图

为了能更直观地分析说明公称尺寸、极限偏差和公差三者之间的关系，提出了公差带图的概念。公差带图由零线和尺寸公差带组成。

① 零线：在极限与配合图解中，表示公称尺寸的一条直线，以其为基准确定偏差和公差。零线通常沿水平方向绘制，零线以上为正偏差，零线以下为负偏差，如图 1-4 所示。

② 尺寸公差带：简称公差带，它是由代表上下极限偏差的两条直线所限定的一个区域。

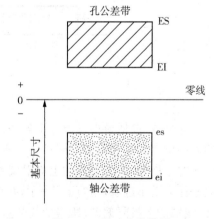

图 1-4　尺寸公差带图

由图 1-4 可知，公差带有两个参数：公差带的位置和公差带的大小。公差带的位置由基本偏差确定，国家标准规定靠近零线的那个偏差为基本偏差。公差带的大小由标准公差值确定。

3）有关配合的术语及定义

（1）配合：是指公称尺寸相同并且相互结合的孔和轴公差带之间的关系。

（2）间隙或过盈：孔的尺寸减去相配合的轴的尺寸所得的代数差，此差值为正时得间隙，间隙用大写字母"X"表示；差值为负时得过盈，过盈用大写字母"Y"表示。如图 1-5 所示。

配合可分为间隙配合、过盈配合和过渡配合三种。

（3）间隙配合

具有间隙（包括最小间隙等于零）的配合。此时，孔的公差带在轴的公差带之上，由于孔和轴都有公差，所以实际间隙的大小随着孔和轴的实际尺寸而变化，如图 1-6 所示。

孔的上极限尺寸（或孔的上极限偏差）减去轴的下极限尺寸（或轴的下极限偏差）所得的

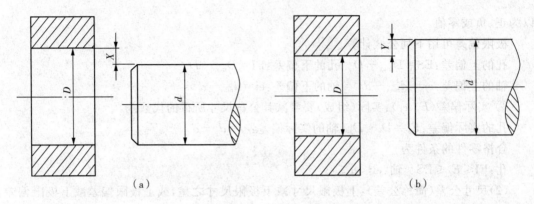

图 1-5　间隙或过盈

代数差称为最大间隙,用"X_{max}"表示。孔的下极限尺寸(或孔的下极限偏差)减去轴的上极限尺寸(或轴的上极限偏差)所得的代数差称为最小间隙,用"X_{min}"表示。可用公式表示为:

$$X_{max} = D_{max} - d_{min} = ES - ei \qquad X_{min} = D_{min} - d_{max} = EI - es$$

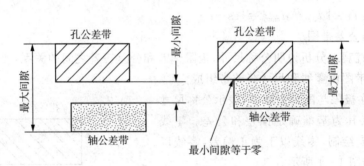

图 1-6　间隙配合

(4)过盈配合

具有过盈(包括最小过盈等于零)的配合。此时,孔的公差带在轴的公差带之下,实际过盈的大小也随着孔和轴的实际尺寸而变化,如图 1-7 所示。

孔的上极限尺寸(或孔的上极限偏差)减去轴的下极限尺寸(或轴的下极限偏差)所得的代数差称为最小过盈,用"Y_{min}"表示;孔的下极限尺寸(或孔的下极限偏差)减去轴的上极限尺寸(或轴的上极限偏差)所得的代数差称为最大过盈,用"Y_{max}"表示。可用公式表示为:

$$Y_{min} = D_{max} - d_{min} = ES - ei \qquad Y_{max} = D_{min} - d_{max} = EI - es$$

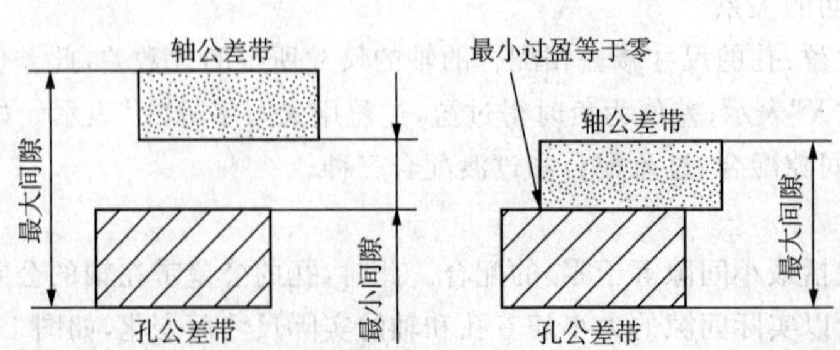

图 1-7　过盈配合

（5）过渡配合

可能具有间隙或过盈的配合。此时，孔的公差带与轴的公差带相互交叠，如图 1 - 8 所示。

孔的上极限尺寸（或孔的上极限偏差）减去轴的下极限尺寸（或轴的下极限偏差）所得的代数差称为最大间隙，用"X_{max}"表示；孔的下极限尺寸（或孔的下极限偏差）减去轴的上极限尺寸（或轴的上极限偏差）所得的代数差称为最大过盈，用"Y_{max}"表示。可用公式表示为：

$$X_{max} = D_{max} - d_{min} = ES - ei \qquad Y_{max} = D_{min} - d_{max} = EI - es$$

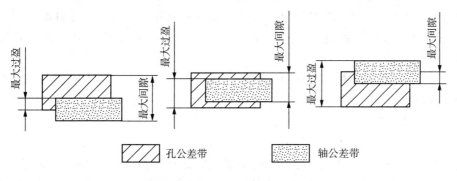

图 1 - 8 过渡配合

（6）配合公差：组成配合的孔与轴的公差之和。它是允许间隙或过盈的变动量，用 T_f 表示。

① 对于间隙配合，配合公差是间隙的变动量。它等于最大间隙与最小间隙差的绝对值，也等于孔的公差与轴的公差之和，可用公式表示为：$T_f = |X_{max} - X_{min}| = T_h + T_s$。

② 对于过盈配合，配合公差是过盈的变动量。它等于最小过盈与最大过盈差的绝对值，也等于孔的公差与轴的公差之和，可用公式表示为：$T_f = |Y_{min} - Y_{max}| = T_h + T_s$。

③ 对于过渡配合，配合公差是间隙与过盈的变动量。它等于最大间隙与最大过盈差的绝对值，也等于孔的公差与轴的公差之和，可用公式表示为：$T_f = |X_{max} - Y_{max}| = T_h + T_s$。

配合公差是设计人员根据零件的使用要求所确定的。配合公差越大，配合精度越低；配合公差越小，配合精度越高。

1.1.3 极限与配合的国家标准

极限与配合国家标准对形成各种配合的公差进行了标准化，它的基本组成包括"标准公差系列"和"基本偏差系列"，前者确定公差带大小，后者确定公差带的位置，二者结合就构成了不同孔、轴公差带；而孔、轴公差带之间不同的相互关系则形成了不同种类的配合，以实现互换性和满足使用要求。

1）标准公差系列

标准公差系列是以国家标准制定的一系列由不同的公称尺寸和不同的公差等级组成的标准公差值。标准公差值是用来确定任一标准公差值的大小，也就是确定公差带的大小

（宽度）。

（1）标准公差等级

GB/T 1800.1—2009 在公称尺寸不大于 500mm 内规定了 IT01，IT0，IT1，IT2，…，IT17，IT18 共 20 个标准公差等级。在公称尺寸 500～3150mm 内规定了 IT1～IT18 共 18 个标准公差等级。其中，IT01 公差等级最高，依次降低，IT18 为最低级。标准公差的大小，即标准公差的高低，决定了孔、轴的尺寸精度和配合精度。

（2）标准公差值

公差值的大小与公差等级及公称尺寸有关。而由生产实践得知，对于公称尺寸相同的零件，可按公差值的大小来评定其尺寸制造精度的高低；相反，对于公称尺寸不同的零件，就不能只根据公差值的大小去评定其制造精度。国家标准中综合考虑了零件的公称尺寸、加工误差、测量误差，根据相应的公式计算出了公差值，经过圆整即得到标准公差值表，如表 1-1。

由表 1-1 可知，同一公差等级、同一尺寸分段内各公称尺寸的标准公差数值是相同的。同一公差等级对所有公称尺寸的一组公差也被认为具有同等精确程度。故公差值只与公差等级和公称尺寸有关，而与配合性质无关。

（3）尺寸分段

公差尺寸分段是有利于生产的。根据标准公差的计算式，一个公称尺寸就应该有一个相应的公差值。由于生产实践中的公称尺寸很多，因此就形成了一个庞大的公差数值表，给设计和生产带来很大的麻烦。生产实践证明公差等级相同而公称尺寸相近的公差数值差别不大。因此，为简化公差数值表格，以便于使用，国家标准对公称尺寸进行了分段。尺寸分段后，对同一尺寸分段内的所有公称尺寸，在公差等级相同的情况下，规定相同的标准公差如表 1-1 所示。

国家标准将小于等于 500mm 的公称尺寸分为成 13 个尺寸段，这样尺寸段叫作主段落。因此某些配合对尺寸变化很敏感，所以又将一个主段落分为 2～3 段中间段落，以利确定基本偏差时使用。

2）基本偏差系列

在对公差带的大小进行了标准化后还需对公差带相对于零线的位置进行标准化。

基本偏差是用以确定公差带相对于零线位置的极限偏差。它可是上极限偏差或下极限偏差，一般指靠近零线的那个极限偏差。

（1）基本偏差代号及其特点

为了满足各种不同配合的需要，国家标准对孔和轴分别规定了 28 种基本偏差，如图 1-9 和表 1-2 所示，它们用拉丁字母表示，其中孔用大写拉丁字母表示，轴用小写拉丁字母表示。

在 26 个字母中除去 5 个容易和其他参数混淆的字母"I(i)、L(l)、O(o)、Q(q)、W(w)"外，其余 21 个字母再加上 7 个双写字母"CD(cd)、EF(ef)、FG(fg)、JS(js)、ZA(za)、ZB(zb)、ZC(zc)"共计 28 个字母作为 28 种基本偏差的代号，基本偏差代号见表 1-2。在 28 个基本偏差代号中，其中 JS 和 js 的公差带是关于零线对称的，并且逐渐代替近似对称的基本偏差 J 和 j，它的基本偏差和公差等级有关，而其他基本偏差和公差等级没有关系。

表 1-1　标准公差数值（摘自 GB/T 1800.1—2009）

基本尺寸/mm		公差等级																		
大于	至	IT01	IT0	IT1	IT2	IT3	IT4	IT5	IT6	IT7	IT8	IT9	IT10	IT11	IT12	IT13	IT14	IT15	IT16	IT17	IT18
		μm													mm						
—	3	0.3	0.5	0.8	1.2	2	3	4	6	10	14	25	40	60	0.10	0.14	0.25	0.40	0.60	1.0	1.4
3	6	0.4	0.6	1	1.5	2.5	4	5	8	12	18	30	48	75	0.12	0.18	0.30	0.48	0.75	1.2	1.8
6	10	0.4	0.6	1	1.5	2.5	4	6	9	15	22	36	58	90	0.15	0.22	0.36	0.58	0.90	1.5	2.2
10	18	0.5	0.8	1.2	2	3	5	8	11	18	27	43	70	110	0.18	0.27	0.43	0.70	1.10	1.8	2.7
18	30	0.6	1	1.5	2.5	4	6	9	13	21	33	52	84	130	0.21	0.33	0.52	0.84	1.30	2.1	3.3
30	50	0.6	1	1.5	2.5	4	7	11	16	25	39	62	100	160	0.25	0.39	0.62	1.00	1.60	2.5	3.9
50	80	0.8	1.2	2	3	5	8	13	19	30	46	74	120	190	0.30	0.46	0.74	1.20	1.90	3.0	4.6
80	120	1	1.5	2.5	4	6	10	15	22	35	54	87	140	220	0.35	0.54	0.87	1.40	2.20	3.5	5.4
120	180	1.2	2	3.5	5	8	12	18	25	40	63	100	160	250	0.40	0.63	1.00	1.60	2.50	4.0	6.3
180	250	2	3	4.5	7	10	14	20	29	46	72	115	185	290	0.46	0.72	1.15	1.85	2.90	4.6	7.2
250	315	2.5	4	6	8	12	16	23	32	52	81	130	210	320	0.52	0.81	1.30	2.10	3.20	5.2	8.1
315	400	3	5	7	9	13	18	25	36	57	89	140	230	360	0.57	0.89	1.40	2.30	3.60	5.7	8.9
400	500	4	6	8	10	15	20	27	40	63	97	155	250	400	0.63	0.97	1.55	2.50	4.00	6.3	9.7

表 1-2　基本偏差代号

孔或轴	基 本 偏 差		备　注
孔	下偏差	A、B、C、CD、D、E、EF、FG、G、H	H 为基准孔，它的下偏差为零
	上偏差或下偏差	JS＝±IT/2	
	上偏差	J、K、M、N、P、R、S、T、U、V、X、Y、Z、ZA、ZB、ZC	
轴	下偏差	a、b、c、cd、d、e、ef、fg、g、h	h 为基准孔，它的上偏差为零
	上偏差或下偏差	js＝±IT/2	
	上偏差	j、k、m、n、p、r、s、t、u、v、x、y、z、za、zb、zc	

由图 1-9 可知，公差带一端封闭，由基本偏差决定，另一极限偏差"开口"，表示其公差等级未定。因此，公差代号都是由基本偏差代号和标准公差等级代号两部分组成。在标注时必须标出公差带的两大部分。

（2）轴的基本偏差的确定

轴的基本偏差数值是以基孔制配合为基础，根据各种配合性质经过理论计算、实验和统计分析得到的，见表 1-3。

当轴的基本偏差确定后，轴的另一个极限偏差可根据下列公式计算：

$$\text{es}＝\text{ei}＋T_{\text{s}} \quad 或 \quad \text{ei}＝\text{es}－T_{\text{s}}$$

（3）孔的基本偏差的确定

孔的基本偏差是由轴的基本偏差换算得到，见表 1-4。一般对同一字母的孔的基本偏差与轴的基本偏差相对于零线是完全对称的，如图 1-9 所示，所以，同一字母的孔与轴的基本偏差对应（如 F 对应 f）时，孔、轴的基本偏差的绝对值相等，而符号相反，即

$$\text{EI}＝－\text{es} \quad （适用于 A\sim H） \quad 或 \quad \text{ES}＝－\text{ei}（适用于同级配合的 K\sim ZC）$$

上述规则适用于所有孔的基本偏差，但下列情况除外：

公称尺寸 3～500mm，标准公差等级小于等于 IT8 的 K～N 和标准公差等级小于等于 IT7 的 P～ZC，孔和轴的基本偏差的符号相反，而绝对值相差一个 Δ 值，即 ES＝ES（计算值）＋Δ，式中 $\Delta＝\text{IT}_n－\text{IT}_{n-1}＝T_{\text{h}}－T_{\text{s}}$。

当孔的基本偏差定后，孔的另一个极限偏差可根据下列公式计算：

$$\text{ES}＝\text{EI}＋T_{\text{h}} \quad 或 \quad \text{EI}＝\text{ES}－T_{\text{h}}$$

在这里我们不作证明。按照轴的基本偏差计算公式和孔的基本偏差换算原则，国家标准列出轴、孔基本偏差数值表，见表 1-3 和表 1-4。在孔的基本偏差数值表中查找基本偏差时，不要忘记查找表中的修正值"Δ"。

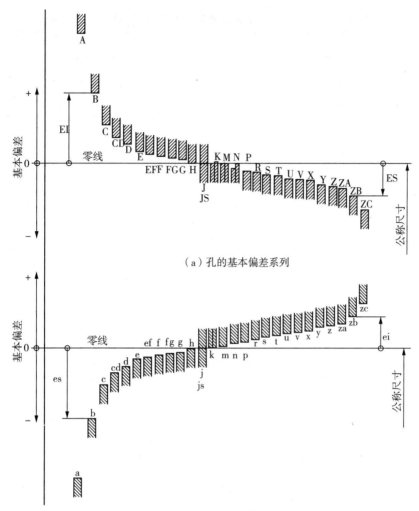

（a）孔的基本偏差系列

（b）轴的基本偏差系列

图 1-9　基本偏差系列图

3）线性尺寸的一般公差——未注公差

（1）未注公差的概念

未注公差（也叫一般公差）是指在普通工艺条件下，普通机床设备一般加工能力就可达到的公差，它包括线性和角度的尺寸公差。在正常维护和操作情况下，它代表车间一般加工精度。

未注公差可简化制图，使图样清晰易读；节省图样设计的时间，设计人员只要熟悉未注公差的有关规定并加以应用，可不必考虑其公差值；未注公差在保证车间的正常精度下，一般不用检验；未注公差可突出图样上标注的公差，在加工和检验时可以引起足够的重视。

（2）未注公差的国家标准

国家标准把未注公差规定了 4 个等级。这 4 个公差等级分别为：精密级（f）、中等级（m）、粗糙级（c）和最粗级（v）。线性尺寸的极限偏差数值见表 1-5，倒圆半径和倒角高度尺寸的极限偏差数值见表 1-6，角度的极限偏差数值见表 1-7。

表 1-3 尺寸不超过 500mm 轴的基本偏差数值(摘自 GB/T 1800.1—2009)

基本尺寸 /mm	基本偏差/μm																
	上偏差 es												下偏差 ei				
	a	b	c	cd	d	e	ef	f	fg	g	h	js	j			k	
	所有公差等级												5~6	7	8	4~7	≤3 >7
≤3	−270	−140	−60	−34	−20	−14	−10	−6	−4	−2	0		−2	−4	−6	0	0
>3~6	−270	−140	−70	−46	−30	−20	−14	−10	−6	−4	0		−2	−4		+1	0
>6~10	−280	−150	−80	−56	−40	−25	−18	−13	−8	−5	0		−2	−5		+1	0
>10~14	−290	−150	−95		−50	−32		−16		−6	0		−3	−6		+1	0
>14~18																	
>18~24	−300	−160	−110		−65	−40		−20		−7	0	偏差等于 ±$\dfrac{IT_n}{2}$	−4	−8		+2	0
>24~30																	
>30~40	−310	−170	−120		−80	−50		−25		−9	0		−5	−10		+2	0
>40~50	−320	−180	−130														
>50~65	−340	−190	−140		−100	−60		−30		−10	0		−7	−12		+2	0
>65~80	−360	−200	−150														
>80~100	−380	−220	−170		−120	−72		−36		−12	0		−9	−15		+3	0
>100~120	−410	−240	−180														
>120~140	−460	−260	−200		−145	−85		−43		−14	0		−11	−18		+3	0
>140~160	−520	−280	−210														
>160~180	−580	−310	−230														
>180~200	−660	−340	−240		−170	−100		−50		−15	0		−13	−21		+4	0
>200~225	−740	−380	−260														
>225~250	−820	−420	−280														
>250~280	−920	−480	−300		−190	−110		−56		−17	0		−16	−26		+4	0
>280~315	−1050	−540	−330														
>315~355	−1200	−600	−360		−210	−125		−62		−18	0		−18	−28		+4	0
>355~400	−1350	−680	−400														
>400~450	−1500	−760	−440		−230	−135		−68		−20	0		−20	−32		+5	0
>450~500	−1650	−840	−480														

（续表）

基本尺寸 /mm	基本偏差/μm 下偏差 ei 所有公差等级													
	m	n	p	r	s	t	u	v	x	y	z	za	zb	zc
≤3	+2	+4	+6	+10	+14		+18		+20		+26	+32	+40	+60
>3~6	+4	+8	+12	+15	+19		+23		+28		+35	+42	+50	+80
>6~10	+6	+10	+15	+19	+23		+28		+34		+42	+52	+67	+97
>10~14	+7	+12	+18	+23	+28		+33		+40		+50	+64	+90	+130
>14~18	+7	+12	+18	+23	+28		+33	+39	+45		+60	+77	+108	+150
>18~24	+8	+15	+22	+28	+35		+41	+47	+54	+63	+73	+98	+136	+188
>24~30	+8	+15	+22	+28	+35	+41	+48	+55	+64	+75	+88	+118	+160	+218
>30~40	+9	+17	+26	+34	+43	+48	+60	+68	+80	+94	+112	+148	+220	+274
>40~50	+9	+17	+26	+34	+43	+54	+70	+81	+97	+114	+136	+180	+242	+325
>50~65	+11	+20	+32	+41	+53	+66	+87	+102	+122	+144	+172	+226	+300	+405
>65~80	+11	+20	+32	+43	+59	+75	+102	+120	+146	+174	+210	+274	+360	+480
>80~100	+13	+23	+37	+51	+71	+91	+124	+146	+178	+214	+258	+335	+445	+585
>100~120	+13	+23	+37	+54	+79	+104	+144	+172	+210	+256	+310	+400	+525	+690
>120~140	+15	+27	+43	+63	+92	+122	+170	+202	+248	+300	+365	+470	+620	+800
>140~160	+15	+27	+43	+65	+100	+134	+190	+228	+280	+340	+415	+535	+700	+900
>160~180	+15	+27	+43	+68	+108	+146	+210	+252	+310	+380	+465	+600	+780	+1000
>180~200	+17	+31	+50	+77	+122	+166	+236	+284	+350	+425	+520	+670	+880	+1150
>200~225	+17	+31	+50	+80	+130	+180	+258	+310	+385	+470	+575	+740	+960	+1250
>225~250	+17	+31	+50	+84	+140	+196	+284	+340	+425	+520	+640	+820	+1050	+1350
>250~280	+20	+34	+56	+94	+158	+218	+315	+385	+475	+580	+710	+920	+1200	+1550
>280~315	+20	+34	+56	+98	+170	+240	+350	+425	+525	+650	+790	+1000	+1300	+1700
>315~355	+21	+37	+62	+108	+190	+268	+390	+475	+590	+730	+900	+1150	+1500	+1900
>355~400	+21	+37	+62	+114	+208	+294	+435	+530	+660	+820	+1000	+1300	+1650	+2100
>400~450	+23	+40	+68	+126	+232	+330	+490	+595	+740	+920	+1100	+1450	+1850	+2400
>450~500	+23	+40	+68	+132	+252	+360	+540	+660	+820	+1000	+1250	+1600	+2100	+2600

注:1. 公称尺寸小于 1mm 时,各级的 a 和 b 均不采用。

2. 公差带 js7~js11,若 IT_n 的数值(μm)为奇数,则取 $js = \pm \dfrac{IT_n - 1}{2}$。

表 1－4 尺寸不超过 500mm 孔的基本偏差数值(摘自 GB/T 1800.1—2009)

基本偏差/μm — 下偏差 EI(列 A～JS，所有的公差等级)；上偏差 ES(列 J、K、M)；JS 栏：偏差等于 $\pm\dfrac{IT_n}{2}$

基本尺寸/mm	A	B	C	CD	D	E	EF	F	FG	G	H	JS	J (6)	J (7)	J (8)	K (≤8)	K (>8)	M (≤8)	M (>8)
≤3	+270	+140	+60	+34	+20	+14	+10	+6	+4	+2	0	偏差等于 $\pm\frac{IT_n}{2}$	+2	+4	+6	0	0	−2	−2
>3~6	+270	+140	+70	+36	+30	+20	+14	+10	+6	+4	0		+5	+6	+10	$-1+\Delta$		$-4+\Delta$	−4
>6~10	+280	+150	+80	+56	+40	+25	+18	+13	+8	+5	0		+5	+8	+12	$-1+\Delta$		$-6+\Delta$	−6
>10~14	+290	+150	+95		+50	+32		+16		+6	0		+6	+10	+15	$-1+\Delta$		$-7+\Delta$	−7
>14~18	+290	+150	+95		+50	+32		+16		+6	0		+6	+10	+15	$-1+\Delta$		$-7+\Delta$	−7
>18~24	+300	+160	+110		+65	+40		+20		+7	0		+8	+12	+20	$-2+\Delta$		$-8+\Delta$	−8
>24~30	+300	+160	+110		+65	+40		+20		+7	0		+8	+12	+20	$-2+\Delta$		$-8+\Delta$	−8
>30~40	+310	+170	+120		+80	+50		+25		+9	0		+10	+14	+24	$-2+\Delta$		$-9+\Delta$	−9
>40~50	+320	+180	+130		+80	+50		+25		+9	0		+10	+14	+24	$-2+\Delta$		$-9+\Delta$	−9
>50~65	+340	+190	+140		+100	+60		+30		+10	0		+13	+18	+28	$-2+\Delta$		$-11+\Delta$	−11
>65~80	+360	+200	+150		+100	+60		+30		+10	0		+13	+18	+28	$-2+\Delta$		$-11+\Delta$	−11
>80~100	+380	+220	+170		+120	+72		+36		+12	0		+16	+22	+34	$-3+\Delta$		$-13+\Delta$	−13
>100~120	+410	+240	+180		+120	+72		+36		+12	0		+16	+22	+34	$-3+\Delta$		$-13+\Delta$	−13
>120~140	+440	+260	+200		+145	+85		+43		+14	0		+18	+26	+41	$-3+\Delta$		$-15+\Delta$	−15
>140~160	+520	+280	+210		+145	+85		+43		+14	0		+18	+26	+41	$-3+\Delta$		$-15+\Delta$	−15
>160~180	+580	+310	+230		+145	+85		+43		+14	0		+18	+26	+41	$-3+\Delta$		$-15+\Delta$	−15
>180~200	+660	+340	+240		+170	+100		+50		+15	0		+22	+30	+47	$-4+\Delta$		$-17+\Delta$	−17
>200~225	+740	+380	+260		+170	+100		+50		+15	0		+22	+30	+47	$-4+\Delta$		$-17+\Delta$	−17
>225~250	+820	+420	+280		+170	+100		+50		+15	0		+22	+30	+47	$-4+\Delta$		$-17+\Delta$	−17
>250~280	+920	+480	+300		+190	+110		+56		+17	0		+25	+36	+55	$-4+\Delta$		$-20+\Delta$	−20
>280~315	+1050	+540	+330		+190	+110		+56		+17	0		+25	+36	+55	$-4+\Delta$		$-20+\Delta$	−20
>315~355	+1200	+600	+360		+210	+125		+62		+18	0		+29	+39	+60	$-4+\Delta$		$-21+\Delta$	−21
>355~400	+1350	+680	+400		+210	+125		+62		+18	0		+29	+39	+60	$-4+\Delta$		$-21+\Delta$	−21
>400~450	+1500	+760	+440		+230	+135		+68		+20	0		+33	+43	+66	$-5+\Delta$		$-23+\Delta$	−23
>450~500	+1650	+840	+480		+230	+135		+68		+20	0		+33	+43	+66	$-5+\Delta$		$-23+\Delta$	−23

（续表）

基本尺寸/mm	基本偏差/μm 上偏差 ES															Δ/μm					
	N		P~ZC	P	R	S	T	U	V	X	Y	Z	ZA	ZB	ZC	3	4	5	6	7	8
	≤8	>8	≤7	>7																	
≤3	-4	-4	在大于7级的相应数值上增加一个Δ值	-6	-10	-14		-18		-20		-26	-32	-40	-60	0	0	0	0	0	0
>3~6	-8+Δ	0		-12	-15	-19		-23		-28		-35	-42	-50	-80	1	1.5	1	3	4	6
>6~10	-10+Δ	0		-15	-19	-23		-28		-34		-42	-52	-67	-97	1	1.5	2	3	6	7
>10~14	-12+Δ	0		-18	-23	-28		-33		-40		-50	-64	-90	-130	1	2	3	3	7	9
>14~18	-12+Δ	0		-18	-23	-28		-33	-39	-45		-60	-77	-108	-150	1	2	3	3	7	9
>18~24	-15+Δ	0		-22	-28	-35		-41	-47	-54	-65	-73	-98	-136	-188	1.5	2	3	4	8	12
>24~30	-15+Δ	0		-22	-28	-35	-41	-48	-55	-64	-75	-88	-118	-160	-218	1.5	2	3	4	8	12
>30~40	-17+Δ	0		-26	-34	-43	-48	-60	-68	-80	-94	-112	-148	-200	-274	1.5	3	4	5	9	14
>40~50	-17+Δ	0		-26	-34	-43	-54	-70	-81	-95	-114	-136	-180	-242	-325	1.5	3	4	5	9	14
>50~65	-20+Δ	0		-32	-41	-53	-66	-87	-102	-122	-144	-172	-226	-300	-400	2	3	5	6	11	16
>65~80	-20+Δ	0		-32	-43	-59	-75	-102	-120	-146	-174	-210	-274	-360	-480	2	3	5	6	11	16
>80~100	-23+Δ	0		-37	-51	-71	-92	-124	-146	-178	-214	-258	-335	-445	-585	2	4	5	7	13	19
>100~120	-23+Δ	0		-37	-54	-79	-104	-144	-172	-210	-254	-310	-400	-525	-690	2	4	5	7	13	19
>120~140	-27+Δ	0		-43	-63	-92	-122	-170	-202	-248	-300	-365	-470	-620	-800	3	4	6	7	15	23
>140~160	-27+Δ	0		-43	-65	-100	-134	-190	-228	-280	-340	-415	-535	-700	-900	3	4	6	7	15	23
>160~180	-27+Δ	0		-43	-68	-108	-146	-210	-252	-310	-380	-465	-600	-780	-1000	3	4	6	7	15	23
>180~200	-31+Δ	0		-50	-77	-122	-166	-236	-284	-350	-425	-520	-670	-880	-1150	3	4	6	9	17	26
>200~225	-31+Δ	0		-50	-80	-130	-180	-258	-310	-385	-470	-575	-740	-960	-1250	3	4	6	9	17	26
>225~250	-31+Δ	0		-50	-84	-140	-196	-284	-340	-425	-520	-640	-820	-1050	-1350	3	4	6	9	17	26
>250~280	-34+Δ	0		-56	-94	-158	-218	-315	-385	-475	-580	-710	-920	-1200	-1500	4	4	7	9	20	29
>280~315	-34+Δ	0		-56	-98	-170	-240	-350	-425	-525	-650	-790	-1000	-1300	-1700	4	4	7	9	20	29
>315~355	-37+Δ	0		-62	-108	-190	-268	-390	-475	-590	-730	-900	-1150	-1500	-1900	4	5	7	11	21	32
>355~400	-37+Δ	0		-62	-114	-208	-294	-435	-530	-660	-820	-1000	-1300	-1650	-2100	4	5	7	11	21	32
>400~450	-40+Δ	0		-68	-126	-232	-330	-490	-595	-740	-920	-1100	-1450	-1850	-2400	5	5	7	13	23	34
>450~500	-40+Δ	0		-68	-132	-252	-360	-540	-660	-820	-1000	-1250	-1600	-2100	-2600	5	5	7	13	23	34

注:1. 公称尺寸小于1mm时,各级的 A 和 B 及大于 8 级的 N 均不采用。

2. 公差带 JS7~JS11,若 IT 的数值(μm)为奇数,则取 $JS=\pm\dfrac{IT_n-1}{2}$。

表 1-5　线性尺寸的未注极限偏差数值(摘自 GB/T 1804—2000)

公差等级	基本尺寸分段/mm							
	0.5～3	>3～6	>6～30	>30～120	>120～400	>400～1000	>1000～2000	>2000～4000
精密 f	±0.05	±0.05	±0.1	±0.15	±0.2	±0.3	±0.5	—
中等 m	±0.1	±0.1	±0.2	±0.3	±0.5	±0.8	±1.2	±2
粗糙 c	±0.2	±0.3	±0.5	±0.8	±1.2	±2	±3	±4
最粗 v	—	±0.5	±1	±1.5	±2.5	±4	±6	±8

表 1-6　倒角半径与倒角高度尺寸极限偏差数值

公差等级	基本尺寸分段/mm			
	0.5～3	>3～6	>6～30	>30
精密 f	±0.2	±0.5	±1	±2
中等 m				
粗糙 c	±0.4	±1	±2	±4
最粗 v				
注：倒圆半径和倒角高度的含义参见 GB/T 6403.4				

表 1-7　角度尺寸的极限偏差数值

公差等级	基本尺寸分段/mm				
	～10	>10～50	>50～120	>120～400	>400
精密 f	±1°	±30′	±20′	±10′	±5′
中等 m					
粗糙 c	±1°30′	±1°	±30′	±15′	±10′
最粗 v	±3°	±2°	±1°	±30′	±20′

(3)未注公差的表示方法

未注公差在图样上只标注公称尺寸,不标注基本偏差,但是应该在图样上的技术要求中的有关技术文件或标准中,用本标准号和公差等级代号表示。例如,选用中等级时,则表示为 GB/T 1804—m。

4)公差带与配合在图样上的标注

在零件图上只标注极限偏差数值 $\phi 20^{+0.021}_{0}$、$\phi 20^{-0.007}_{-0.020}$,见图 1-10(a);或只标注公差代号 $\phi 20H7$、$\phi 20g6$,见图 1-10(b);或两者同时标注 $\phi 20H7 (^{+0.021}_{0})$、$\phi 20g6 (^{-0.007}_{-0.020})$,见图 1-10(c)。

在装配图上孔、轴的配合处应标出配合代号 $\phi 60 \dfrac{H8}{f7}$ 或 $\phi 60H8/f7$,见图 1-11。

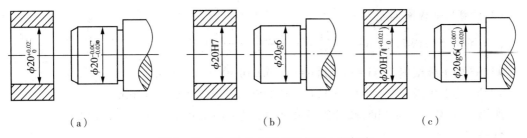

（a）　　　　　　　　　　　　（b）　　　　　　　　　　　　（c）

图 1-10　孔、轴公差带在零件图上的标注

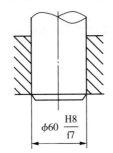

图 1-11　孔、轴公差带在装配图上的标注

1.1.4　识读零件的尺寸公差

任务一

任务回顾

如图 1-1 所示为一阶梯轴，完成下列任务：①解释 $\phi30js6$、$\phi32h6$、$\phi24k6$ 等尺寸数字后面的字母及数字表示的意思，长度 142、56、25 等尺寸有公差要求吗？②计算 $\phi30js6$、$\phi32h6$、$\phi24k6$ 的极限尺寸；

解：

1）识读代号

$\phi30js6$、$\phi32h6$、$\phi24k6$ 等尺寸前面的数值 30、32、24 表示公称尺寸；后面的字母和数字表示该尺寸的公差代号，其中字母 js、h、k 是该段轴的基本偏差代号，数字 6 是该段轴的公差等级数。它们的极限偏差值可由查表 1-1 和表 1-3 得到。

142、56、25 等无公差代号的尺寸属于未注公差要求，这些未注公差要求的线性尺寸，是在普通工艺条件下，机床设备一般加工能力可以保证的精度。

2）计算极限尺寸

（1）查表 1-1 确定标准公差，查表得

公称尺寸为 30，IT6＝0.013mm；

公称尺寸为 32，IT6＝0.016mm；

公称尺寸为 24，IT6＝0.013mm。

（2）查表 1-3 确定基本偏差，查表得

公称尺寸为 30，基本偏差 js，$es=+\dfrac{IT6}{2}=+\dfrac{0.013}{2}=+0.0065mm$

公称尺寸为 32，基本偏差 h，$es=0mm$

公称尺寸为 24，基本偏差 k，$ei=+0.002mm$

（3）计算另一极限偏差

$\phi30js6$ 的下极限偏差：$ei=-\dfrac{IT6}{2}=-\dfrac{0.013}{2}=-0.0065mm$

$\phi32h6$ 的下极限偏差：$ei=es-IT6=0-0.016=-0.016mm$

$\phi24k6$ 的上极限偏差：$es=ei+IT6=+0.002+0.013=+0.015mm$

所以尺寸 $\phi30js6$、$\phi32h6$、$\phi24k6$，可分别表示为：$\phi30\pm0.065$、$\phi\,32_{-0.016}^{\ \ 0}$、$\phi\,24_{+0.002}^{+0.015}$。

任务二

任务回顾

判断 $\phi32H7/p6$ 中孔、轴配合的配合种类，用查表法确定其极限偏差，计算该配合的极限盈隙，并画出公差带图。

解：

1）确定配合种类：过盈配合

2）确定极限偏差：

① 查表 1-1 确定标准公差，查表得

$IT7=0.025mm$，$IT6=0.016mm$

② 表 1-4 和表 1-3 确定孔和轴的基本偏差

孔：查表得，H 的基本偏差 $EI=0mm$

轴：查表得，p 的基本偏差 $ei=+0.026mm$

③ 计算孔和轴的另一个极限偏差

孔：H7 的另一个极限偏差 $ES=EI+IT7=0+0.025=+0.025mm$

轴：p6 的另一个极限偏差 $es=ei+IT6=+0.026+0.016=+0.042mm$

3）计算极限过盈

$$Y_{max}=EI-es=0-0.042=-0.042mm$$

$$Y_{min}=ES-ei=+0.025-(+0.026)=-0.001mm$$

4）绘制公差带图，如图 1-12 所示。

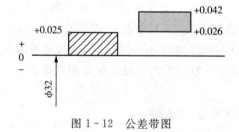

图 1-12 公差带图

任务 1.2 长度与外径的检测

1.2.1 案例导入

1）任务与要求

用游标卡尺检测图 1-1 所示零件的长度尺寸以及没有公差要求的直径；用外径千分尺

检测有公差要求的直径。

2)知识目标

① 理解计量器具的分类和常用的度量指标。

② 理解测量方法的分类和特点。

③ 学会验收极限的应用。

④ 了解游标卡尺的结构、原理,学会游标卡尺的读数方法和使用方法。

⑤ 了解外径千分尺的结构、原理,学会外径千分尺的读数方法和使用方法。

3)技能目标

① 能正确使用游标卡尺进行零件检测。

② 能正确使用外径千分尺进行零件的检测。

③ 能正确选用测量工具。

1.2.2　计量器具与测量方法简介

1)计量器具的分类

计量器具是指用以直接或间接测出被测对象量值的装置、仪表仪器、量具或用于统一量值的标准量具。按计量器具的原理、结构特点及用途可分为量具、量规、量仪(测量仪器)和计量装置 4 类。

(1)量具:通常是指结构比较简单的测量工具,包括单值量具、多值量具和标准量具等。

① 单值量具是用来复现单一量值的量具。例如量块、角度块等,通常都是成套使用。

② 多值量具是一种能复现一定范围的一系列不同量值的量具,如线纹尺等。

③ 标准量具是用作计量标准。供量值传递用的量具,如量块、基准米尺等。

(2)量规:是一种没有刻度的,用以检验零件尺寸或形状或相互位置的专用检验工具。它只能判定零件是否合格,而不能得出具体尺寸,如光滑极限量规、位置量规等。

(3)量仪:即计量仪器,是指能将被测的量值转换成可直接观察的指示值或等效信息的计量器具。按工作原理和结构特征,量仪可分为机械式、电动式、光学式、气动式以及它们的组合形式——光机电一体的现代量仪。

(4)计量装置:是确定被测量值所必需的计量器具和辅助设备的总体。

2)计量器具的主要度量指标

度量指标是表征计量器具技术性能的重要标志,也是选择、使用计量器具的依据。其中的主要度量指标如下。

(1)分度值:计量器具刻度尺或刻度盘上相邻两刻线所代表的量值之差称为分度值(又称为刻度值),用 i 来表示,单位为 mm。如图 1-13 所示机械式测微比较仪,刻度盘上的分度值 $i=0.001$mm。分度值是量仪能指示出被测件尺寸的最小单位。

数字显示仪器的分度值称为分辨率,它表示最末一位数字间隔所代表的量值之差。一般说来,量仪的分度值愈小,其精度愈高。

(2)刻度间距:量仪刻度尺或刻度盘上两相邻刻线中心的距离称为刻度间距,用 C 来表示,单位为 mm。通常 C 值取 1~2.5mm,如图 1-13(b)所示。

(3)示值范围:计量器具所指示或显示的最低值到最高值的范围称为示值范围。例如,

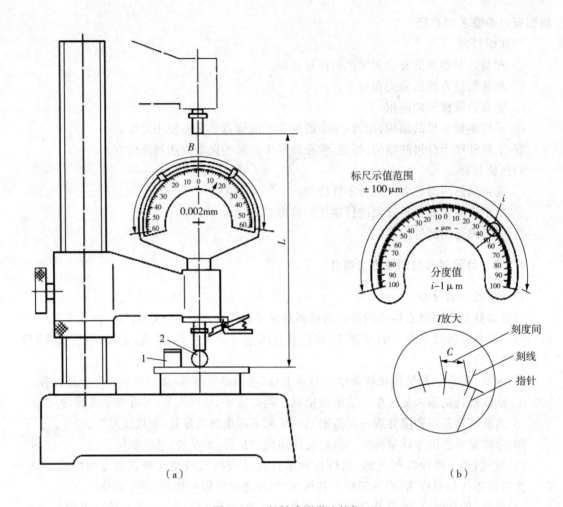

图 1-13 机械式测微比较仪

机械测微比较仪的示值范围为 $-100\sim+100\mu m$,如图 1-13(b)所示。

(4)测量范围:在允许误差限度内,计量器具所能测量的最低值到最高值的范围称为测量范围。例如,图 1-13 中的 L 为 0~180mm。

(5)灵敏度:计量器具示值装置对被测量变化的反应能力称为灵敏度。灵敏度也称为放大比,它与分度值 i、刻度间距 C 的关系为 $k=C/i$,式中 k——灵敏度。

(6)示值误差:计量器具示值与被测量真值之间的差值称为示值误差。示值误差越小计量器具精度越高。计量器具的示值误差允许值可从其使用说明书或检定规程中查得。

(7)测量力:测量过程中,计量器具与被测表面之间的接触力称为测量力。在接触测量中,希望有一定的恒定测量力。太大的测量力会使零件产生变形,测量力不恒定会使示值不稳定。

(8)修正值:为清除或减少计量器具的系统误差,用代数法加到测量结果上的值称为修正值。测量仪某一刻度上的修正值等于该刻度的绝对误差的负值。例如,已知某千分尺的零位误差为 -0.01mm,则其零位的修正值为 $+0.01$mm。若测量时千分尺读数为

20.04mm,则测量结果为[20.04+(+0.01)]=20.05(mm)。

(9)示值变动量:在测量条件不变的情况下,对同一被测量进行多次(一般为 5～10 次)重复测量读数时,其读数中的最大差值称为示值变动量。

(10)不确定度:在规定条件下测量时,由于测量误差的存在,对测量值不能肯定的程度称为不确定度。计量器具的不确定度是一项综合精度指标,它包括了示值误差、回程误差以及调整标准件误差等。不能修正,只能用来估计测量误差的范围,不确定度用误差界限表示。例如,分度值为 0.01mm 的外径千分尺,在车间条件下测量一个尺寸为 50mm 的零件时,其不确定度为±0.004mm,这说明测量结果与被测量真值之间的差值最大不会大于+0.004mm,最小不会小于-0.004mm。

3)测量方法的分类

测量方法是指测量时所采用的方法、计量器具和测量条件的综合,但实际工作中,一般单纯从获得测量结果的方式来理解测量方法。按不同的角度,测量方法有不同的分类。

(1)按是否直接量出所需的量值,分为直接测量和间接测量。

① 直接测量:从计量器具的读数装置上直接测得被测参数的量值或相对于标准量的偏差。例如,用游标卡尺测量零件尺寸。

② 间接测量:测量有关量,并通过一定的函数关系,求得被测之量的量值。例如,孔中心距测量。

一般情况下,直接测量比间接测量的精度高。所以,应该尽量采用直接测量,对于受条件所限无法进行直接测量的场合可以采用间接测量。

(2)按测量时是否与标准器比较,分为绝对测量和相对测量。

① 绝对测量:测量时,被测量的全值可以直接由计量器具的读数装置上获得。例如,用游标卡尺或千分尺测量轴径的大小。

② 相对测量:测量时,先用标准器调整计量器具调零位,然后再把被测件放进去测量,由计量仪器的读数装置上读出被测的量相对于标准器的偏差。例如用量块调整比较仪测量轴的直径,被测量值等于计量仪器所示偏差值与标准量值的代数和。

一般来说相对测量的精度比绝对测量的精度高。

(3)按零件被测参数的多少,分为单项测量和综合测量。

① 单项测量:分别测量零件的各个参数。例如,用工具显微镜分别测量螺纹的单一中径、螺距和牙型半角的实际值,并分别判断各项参数是否合格。

② 综合测量:同时测量零件几个相关参数的综合效应或综合参数。例如,用螺纹塞规检验螺纹单一中径、螺距和牙型半角的综合结果(作用中径)是否合格。

(4)按被测零件的表面与测量头是否有机械接触,分为接触测量和非接触测量。

① 接触测量:被测零件表面与测量头有机械接触,并有机械作用的测量力存在。例如,用立式光学比较仪测量轴径。

② 非接触测量:被测零件表面与测量头没有机械接触。例如,光学投影测量、激光测量、气动测量等。

(5)按测量技术在机械制造工艺过程中所起的作用,可分为主动测量和被动测量。

① 主动测量:零件在加工过程中进行的测量,这种测量方法可以直接控制零件的加工

过程,能及时防止废品的产生。

②被动测量:零件加工完毕后所进行的测量,这种测量方法仅能发现和剔除废品。

(6)按被测工件在测量过程中所处的状态,可分为静态测量和动态测量。

①静态测量:在测量过程中,工件的被测表面与计量器具的测量头处于相对静止状态。例如,用外径千分尺测量轴径。

②动态测量:在测量过程中,工件的被测表面与计量器具的测量头处于相对运动状态。例如,用圆度仪测量圆度误差。

1.2.3 验收极限和计量器具的选用

为了保证产品质量,国家标准 GB/T 3177—2009《产品几何技术规范(GPS) 光滑工件尺寸的检验》对验收原则、验收极限、检验尺寸用的计量器具的选择以及仲裁等做出了规定,以保证验收合格的尺寸位于根据零件功能要求而确定的尺寸极限内。该标准适用于车间使用的普通计量器具(如各种千分尺、游标卡尺、比较仪、指示计等)、公差等级 IT6～IT18,以及一般公差(未注公差)尺寸的检验。

1)验收极限

GB/T 3177—2009《光滑工件尺寸的检验》规定的验收原则是:所有验方法应只接收位于规定的尺寸极限之内的工件,即允许有误废而不允许有误收。为了保证零件既满足互换性要求,又将误废减至最少,国家标准规定了验收极限。

验收极限是指检验工件尺寸时判断其尺寸合格与否的尺寸界限。国家标准规定了两种验收极限方式,并明确了相应的计算公式。

(1)内缩的验收极限

内缩的验收极限:从规定的最大极限尺寸和最小极限尺寸分别向工件公差带内移动一个安全裕度(A)来确定,如图 1-14 所示。

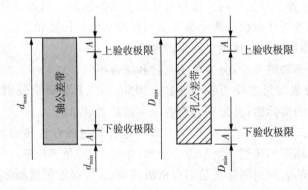

图 1-14 验收极限与工件公差带关系

孔尺寸的验收极限:

上验收极限=最小实体尺寸(最大极限尺寸)-安全裕度(A)

下验收极限=最大实体尺寸(最小极限尺寸)+安全裕度(A)

轴尺寸的验收极限:

上验收极限＝最大实体尺寸(最大极限尺寸)－安全裕度(A)

下验收极限＝最小实体尺寸(最小极限尺寸)＋安全裕度(A)

安全裕度 A 值的确定,应综合考虑技术和经济两方面因素。A 值较大时,虽可用较低精度的测量器具进行检验,但减少了生产公差,故加工经济性较差;A 值较小时,加工经济性较好,但要使用精度高的测量器具,故测量器具成本高,所以也提高了生产成本。因此,A 值应按被检验工件的公差大小来确定,一般为工件公差的 1/10。国家标准 GB/T 3177—2009 对 A 值有明确的规定,见表 1-8。

(2)不内缩验收极限

验收极限等于规定的最大实体尺寸和最小实体尺寸,即安全裕度 A＝0。此方案使误收和误废都有可能发生。

2)验收方式

验收极限方式的选择要结合尺寸功能要求及其重要程度、尺寸公差等级、测量不确定度和工艺能力等因素综合考虑。

① 对遵循包容要求的尺寸、公差等级高的尺寸,其验收极限要选内缩方式。

② 当过程能力指数 $C_p \geqslant 1$ 时,其验收极限要选不内缩方式。但对遵守包容要求的尺寸,其最大实体尺寸一边的验收极限应选内缩方式。

③ 对偏态分布的尺寸,其验收极限可以仅对尺寸偏向的一边选内缩方式确定。

④ 对非配合和一般公差的尺寸,其验收极限选不内缩方式。

3)计量器具的选择

按照计量器具的测量不确定度允许值(u_1)选择计量器具。选择时,应使所选用的计量器具的测量不确定度数值等于或小于选定的 u_1 值。

计量器具的测量不确定度允许值(u_1)按测量不确定度(u)与工件公差的比值分档。

对 IT6~IT11 级分为 Ⅰ、Ⅱ、Ⅲ 三档,分别为工件公差的 1/10、1/6、1/4,如表 1-8 所示。

计量器具的测量不确定度允许值(u_1)约为测量不确定度(u)的 0.9 倍即 $u_1 = 0.9u$。

一般情况下应优先选用 Ⅰ 挡,其次选用 Ⅱ、Ⅲ 档。

选择计量器具时,应保证其不确定度不大于其允许值 u_1。有关计量器具的不确定度数值 u_1,见表 1-8。

例:被检验零件的尺寸为 $\phi35e9$Ⓔ,试确定验收极限,并选择适当的计量器具。

解:(1)由表 1-1 和表 1-3 查得:$\phi35e9 = \phi35\left(^{-0.050}_{-0.112}\right)$;

(2)由表 1-8 查得安全裕度 $A = 6.2\mu m$。

因此零件遵守包容原则,应按照内缩的验收极限确定验收极限,则

上验收极限＝35－0.050－0.0062＝34.9438(mm)

下验收极限＝35－0.112＋0.0062＝34.8942(mm)

(3)由表 1-8 中按优先选用 Ⅰ 档的原则查得计量器具不确定度允许值 $u_1 = 5.6\mu m$。由表 1-9 查得分度值为 0.01mm 的外径千分尺,尺寸范围在 0~50mm,不确定度数值为 0.004mm。因 0.004mm＜u_1＝0.0056mm,故可满足使用。

表 1-8 安全裕度(A)与计量器具不确定度允许值(u_1)

公差等级		6					7					8				
公称尺寸/mm		T	A	u_1			T	A	u_1			T	A	u_1		
大于	至			I	II	III			I	II	III			I	II	III
—	3	6	0.6	0.54	0.9	1.4	10	1.0	0.9	1.5	2.3	14	1.4	1.3	2.1	3.2
3	6	8	0.8	0.72	1.2	1.8	12	1.2	1.1	1.8	2.7	18	1.8	1.6	2.7	4.1
6	10	9	0.9	0.81	1.4	2.0	15	1.5	1.4	2.3	3.4	22	2.2	2.0	3.3	5.0
10	18	11	1.1	1.0	1.7	2.5	18	1.8	1.6	2.7	4.1	27	2.7	2.4	4.1	6.1
18	30	13	1.3	1.2	2.0	2.9	21	2.1	1.9	3.2	4.7	33	3.3	3.0	5.0	7.4
30	50	16	1.6	1.4	2.4	3.6	25	2.5	2.3	3.8	5.6	39	3.9	3.5	5.9	8.8
50	80	19	1.9	1.7	2.9	4.3	30	3.0	2.7	4.5	6.8	46	4.6	4.1	6.9	10
80	120	22	2.2	2.0	3.3	5.0	35	3.5	3.2	5.3	7.9	54	5.4	4.9	8.1	12
120	180	25	2.5	2.3	3.8	5.6	40	4.0	3.6	6.0	9.0	63	6.3	5.7	9.5	14
180	250	29	2.9	2.6	4.4	6.5	46	4.6	4.1	6.9	10	72	7.2	6.5	11	16
250	315	32	3.2	2.9	4.8	7.2	52	5.2	4.7	7.8	12	81	8.1	7.3	12	18
315	400	36	3.6	3.2	5.4	8.1	57	5.7	5.1	8.6	13	89	8.9	8.0	13	20
400	500	40	4.0	3.6	6.0	9.0	63	6.3	5.7	9.5	14	97	9.7	8.7	15	22

公差等级		9					10					11				
公称尺寸/mm		T	A	u_1			T	A	u_1			T	A	u_1		
大于	至			I	II	III			I	II	III			I	II	III
—	3	25	2.5	2.3	3.8	5.6	40	4.0	3.6	6.0	9.0	60	6.0	5.4	9.0	14
3	6	30	3	2.7	4.5	6.8	48	4.8	4.3	7.2	11	75	7.5	6.8	11	17
6	10	36	3.6	3.2	5.4	8.1	58	5.8	5.2	8.7	13	90	9.0	8.1	14	20
10	18	43	4.3	3.9	6.5	9.7	70	7.0	6.3	11	16	110	11	10	17	25
18	30	52	5.2	4.7	7.8	12	84	8.4	7.6	13	19	130	13	12	20	29
30	50	62	6.2	5.6	9.3	14	100	10	9.0	15	23	160	16	14	24	36
50	80	74	7.4	6.7	11	17	120	12	11	18	27	190	19	17	29	43
80	120	87	8.7	7.8	13	20	140	14	13	21	32	220	22	20	33	50
120	180	100	10	9.0	15	23	160	16	14	24	36	250	25	23	38	56
180	250	115	12	10	17	26	185	19	17	28	42	290	29	26	44	65
250	315	130	13	12	20	29	210	21	19	32	47	320	32	29	48	72
315	400	140	14	13	21	32	230	23	21	35	52	360	36	32	54	81
400	500	155	16	14	23	35	250	25	23	38	56	400	40	36	60	90

表 1-9　千分尺和游标卡尺的不确定度

尺寸范围		计量器具类型			
		分度值 0.01mm 外径千分尺	分度值 0.01mm 内径千分尺	分度值 0.02mm 游标卡尺	分度值 0.05mm 游标卡尺
大于	至	不确定度/mm			
0	50	0.004			0.050
50	100	0.005	0.008		
100	150	0.006			
150	200	0.007		0.020	
200	250	0.008	0.013		0.100
250	300	0.009			
300	350	0.010			
350	400	0.011	0.020		
400	450	0.012			
450	500	0.013	0.025		
500	700		0.030		0.150
700	1000				

表 1-10　比较仪的不确定度

尺寸范围		所使用的计量器具			
		分度值 0.0005mm (相当于放大倍数 2000 倍)的比较仪	分度值 0.001mm (相当于放大倍数 1000 倍)的比较仪	分度值 0.002mm (相当于放大倍数 400 倍)的比较仪	分度值 0.005mm (相当于放大倍数 250 倍)的比较仪
大于	至	不确定度/mm			
—	25	0.0006	0.0010	0.0017	0.0030
25	40	0.0007			
40	65	0.0008	0.0011	0.0018	
65	90	0.0008			
90	115	0.0009	0.0012	0.0019	
115	165	0.0010	0.0013		
165	215	0.0012	0.0014	0.0020	
215	265	0.0014	0.0016	0.0021	0.0035
265	315	0.0016	0.0017	0.0022	

表 1-11 指示表的不确定度

尺寸范围		所使用的计量器具			
		分度值为 0.001mm 的千分表(0 级在全程范围内,1 级在 0.2mm 内)分度值为 0.002mm 的千分表(在一转范围内)	分度值为 0.001、0.002、0.005mm 的千分表(1 级在全程范围内)分度值为 0.01mm 的百分表(0 级在任意 1mm 内)	分度值为 0.01mm 的百分表(0 级在全程范围内,1 级在任意 1mm 内)	分度值为 0.01mm 的百分表(1 级在全程范围内)
大于	至	不确定度/mm			
—	25	0.002	0.010	0.018	0.030
25	40				
40	65				
65	90				
90	115				
115	165	0.006			
165	215				
215	265				
265	315				

1.2.4 量具认识

1)游标卡尺

游标卡尺是一种常用的量具,具有结构简单、使用方便、精度中等和测量的尺寸范围大等特点,可以用它来测量零件的外径、内径、长度、宽度、厚度、深度和孔距等,应用范围很广,如图 1-15 所示。

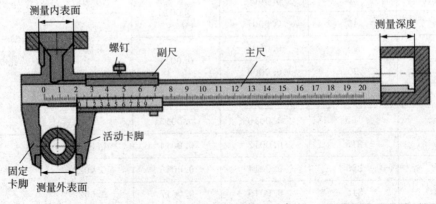

图 1-15 游标卡尺使用示意

(1)游标卡尺主要组成部分

① 具有固定量爪的尺身,如图 1-16 中的 6 主尺身上有类似钢尺一样的主尺刻度,主尺上的刻线间距为 1mm。主尺的长度决定于游标卡尺的测量范围。

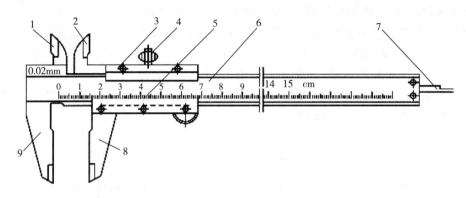

图 1-16 普通游标卡尺

1,2—内量爪;3—尺框;4—螺钉;5—游标;6—主尺;7—深度尺;8,9—外量爪

② 具有活动量爪的尺框,如图 1-16 的尺框 3 上有游标 5,游标卡尺的游标尺上的分度有 10 分度、20 分度和 50 分度,分度值分别为 0.1mm,0.05mm 和 0.02mm 三种。游标尺上的读数值,就是指使用这种游标卡尺测量零件尺寸时,卡尺上能够读出的最小数值。

③ 在 0～125mm 的游标卡尺上,还带有测量深度的深度尺,如图 1-16 中的 7。深度尺固定在尺框的背面,能随着尺框在尺身的导向凹槽中移动。测量深度时,应把尺身尾部的端面靠紧在零件的测量基准平面上。

测量范围等于和大于 200mm 的游标卡尺,带有随尺框做微动调整的微动装置,如图 1-17 中 5。使用时,先用固定螺钉 4 把微动装置 5 固定在尺身上,再转动微动螺母 7,活动量爪就能随同尺框 3 做微量的前进或后退。微动装置的作用,是使游标卡尺在测量时用力均匀,便于调整测量压力,减少测量误差。

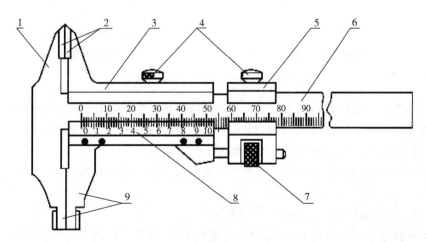

图 1-17 双面游标卡尺

1—尺身;2—上量爪;3—尺框;4—紧固螺钉;5—微动装置;6—主尺;7—微动螺母;8—游标;9—下量爪

（2）读数原理

游标卡尺的读数原理是利用主尺刻线间距与游标（副尺）刻线间距的间距差实现的。

不管是多少分度的，主尺刻度间距都是 $a=1mm$。若使主尺刻度（$n-1$）格的宽度等于游标刻度 n 格的宽度，则游标的刻度间距：$b=[(n-1)/n]\times a$。

比如，50 分度的游标卡尺（分度值为 0.02mm），游标尺的刻度分成 50 个小格，但总长为49mm，因此游标刻度间距为 49/50×1＝0.98mm。测量时，游标尺相对主尺尺身向右移动，若游标尺的第 1 格正好与主尺的第 1 格对齐，则工件的厚度为 0.02mm。同理，测量0.06mm 或 0.08mm 厚度的工件时，应该是游标尺的第 3 格正好与主尺的第 3 格对齐或副尺的第 4 格正好与主尺的第 4 格对齐。

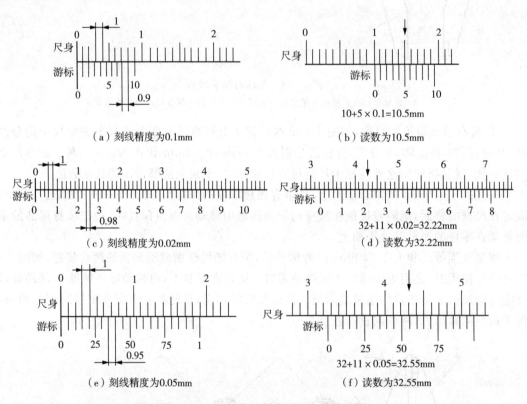

图 1-18　游标卡尺刻线原理和读数示例

读数时，先读出游标零刻线左侧主尺身刻线的整毫米数；再找出主尺身与游标对齐的那条刻线，即从零线开始的第 n 条刻线，以 n 乘以其刻线精度值即为读数的小数部分；最后把整数与小数相加，即为所测的实际尺寸。如图 1-18 所示。

游标卡尺不要求估读，如游标上没有哪个刻度与主尺刻度线对齐的情况，则选择最近的刻度线读数，有效数字要与精度对齐。

（3）游标卡尺的使用方法，如图 1-19 所示。

（4）使用注意事项。使用前，应将测量表面擦干净，两测量爪间不能存在显著的间隙，并校对零位。移动游框时，力量要适度，测量力不易过大。注意防止温度对测量精度的影响，特别是测量器具与被测件不等温产生的测量误差。读数时，视线要与标尺刻线方向一致，以

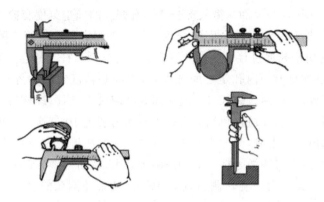

图 1-19 游标卡尺的使用

免造成视差。

2)外径千分尺

外径千分尺(简称千分尺)是指利用螺旋副原理,对尺架上两测量面之间分隔距离进行读数的外尺寸测量器具。外径千分尺使用普遍,是一种重要的精密测量器具。它是比游标卡尺更精密的测量工具。

外径千分尺可以测量工件的各种外形尺寸,如长度、厚度、外径以及板厚或壁厚等。外径千分尺因受螺旋副制造精度的限制,分度值一般为 0.01mm,也就是说,测量精度可达百分之一毫米,故也称为百分尺。

(1)外径千分尺的主要组成部分

外径千分尺由尺架、测微头、测力装置和制动器等组成,如图 1-20 所示。

① 尺架:尺架 1 的一端装着固定测砧 2,另一端装着测微头。固定测砧和测微螺杆的测量面上都镶有硬质合金,以提高测量面的使用寿命。尺架的两侧面覆盖着绝热板 12,使用百分尺时,手拿在绝热板上,防止人体的热量影响千分尺的测量精度。

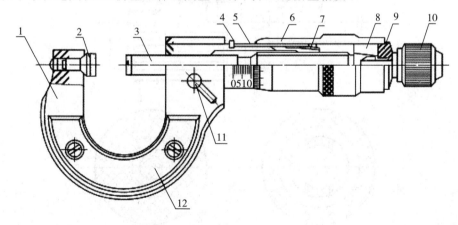

图 1-20 外径千分尺结构图

1—尺架;2—固定测砧;3—测微螺杆;4—螺纹轴套;5—固定刻度套筒;6—微分筒;
7—调节螺母;8—接头;9—垫片;10—测力装置;11—锁紧螺钉;12—绝热板

② 测微头：3～9 是百分尺的测微头部分。带有刻度的固定刻度套筒 5 用螺钉固定在螺纹轴套 4 上，而螺纹轴套又与尺架紧配结合成一体。在固定刻度套筒 5 的外面有一带刻度的活动微分筒 6，它用锥孔通过接头 8 的外圆锥面再与测微螺杆 3 相连。测微螺杆 3 的一端是测量杆，并与螺纹轴套上的内孔定心间隙配合；中间是精度很高的外螺纹，与螺纹轴套 4 上的内螺纹精密配合，可使测微螺杆自如旋转而其间隙极小；测微螺杆另一端的外圆锥与内圆锥接头 8 的内圆锥相配，并通过顶端的内螺纹与测力装置 10 连接。当测力装置的外螺纹旋紧在测微螺杆的内螺纹上时，测力装置就通过垫片 9 紧压接头 8，而接头 8 上开有轴向槽，有一定的胀缩弹性，能沿着测微螺杆 3 上的外圆锥胀大，从而使微分筒 6 与测微螺杆和测力装置结合成一体。当我们用手旋转测力装置 10 时，就带动测微螺杆 3 和微分筒 6 一起旋转，并沿着精密螺纹的螺旋线方向运动，使千分尺两个测量面之间的距离发生变化。

③ 测力装置：千分尺测力装置的结构如图 1－21 所示，主要依靠一对棘轮 3 和 4 的作用。棘轮 4 与转帽连接成一体，而棘轮 3 可压缩弹簧 2 在轮轴 1 的轴线方向移动，但不能转动。弹簧 2 的弹力是控制测量压力的，螺钉 6 使弹簧压缩到千分尺所规定的测量压力。当我们手握转帽 5 顺时针旋转测力装置时，若测量压力小于弹簧 2 的弹力，转帽的运动就通过棘轮传给轮轴 1（带动测微螺杆旋转），使千分尺两测量面之间的距离继续缩短，即继续卡紧零件；当测量压力达到或略微超过弹簧的弹力时，棘轮 3 与 4 在其啮合斜面的作用下，压缩弹簧 2，使棘轮 4 沿 3 的啮合斜面滑动，转帽的转动就不能带动测微螺杆旋转，同时发出嘎嘎的棘轮跳动声，表示已达到了额定测量压力，从而达到控制测量压力的目的。当转帽逆时针旋转时，棘轮 4 是用垂直面带动棘轮 3，不会产生压缩弹簧的压力，始终能带动测微螺杆退出被测零件。

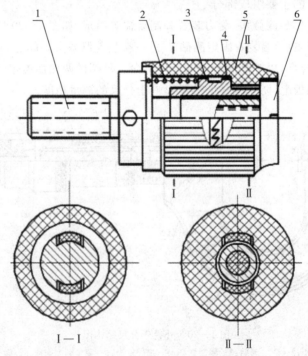

图 1－21　千分尺的测力装置

1—轮轴；2—弹簧；3,4—棘轮；5—转帽；6—螺钉

④ 制动器:千分尺的制动器,就是测微螺杆的锁紧装置,其结构如图 1-22 所示。制动轴 4 的圆周上,有一个开着深浅不均的偏心缺口,对着测微螺杆 2。当制动轴以缺口的较深部分对着测量杆时,测微螺杆 2 就能在轴套 3 内自由活动,当制动轴转过一个角度,以缺口的较浅部分对着测量杆时,测量杆就被制动轴压紧在轴套内不能运动,达到制动的目的。

(2)外径千分尺寸的刻线与读数

如图 1-20 所示,当微分筒 6 旋转一周时,测微螺杆 3 前进或后退一个螺距,即 0.5mm。这样,当微分筒旋转一个分度后它转过了 1/50 周,这时测微螺杆沿轴线移动了 $1/50 \times 0.5 = 0.01$(mm),因此,使用千分尺可以准确读出 0.01mm 的数值。

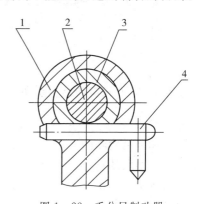

图 1-22　千分尺制动器
1—尺架;2—测微螺杆;3—轴套;4—制动轴

具体的读数步骤如下。

① 读整数:以活动套管左端面为准线,读出固定套管上有数字的刻线部分,即被测零件尺寸的整数部分,单位是 mm。

② 读小数:以固定套管上的基线为基准,读出活动套管上的刻线数,再看半刻度线(0.5mm 刻线)是否露出来。若半刻度线没有露出来,则先读出的刻线数乘以 0.01mm 是被测零件尺寸的小数部分;若半刻度线露出来了,要再加上 0.5mm 作为被测零件尺寸的小数部分。

③ 最后将整数和小数相加即被测零件的尺寸。

注意:在读数时要留意 0.5mm 刻线是否露出来,避免少读或多读 0.5mm。

格数乘 0.01mm 即得微分筒上的尺寸。

如图 1-23(a)所示,在固定套筒上读出的尺寸为 7mm,在微分筒上读出的尺寸为 35(格)× 0.01mm = 0.35mm,上两数相加即得被测零件的尺寸为 7.35mm;

如图 1-23(b)所示,在固定套筒上读出的尺寸为 14.5mm,在微分筒上读出的尺寸为 18(格)× 0.01mm = 0.18mm,上两数相加即得被测零件的尺寸为 14.68mm;

如图 1-23(c)所示,在固定套筒上读出尺寸为 12.5mm,在微分筒上读出的尺寸为 26.5(格)× 0.01mm = 0.265mm,上两数相加即得被测零件的尺寸为 12.765mm。

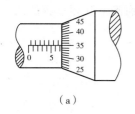
(a)

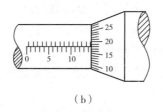
(b)

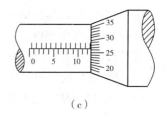
(c)

图 1-23　千分尺读数举例

(3)千分尺的使用,如图 1-24 所示。

(4)注意事项。测量前,先松开锁紧装置,清除油污,特别是测砧与测微螺杆间接触面要清洗干净,并校对其零位;在读取测量数值时,要特别注意半毫米读数的读取;不准测量毛坯或表面粗糙的工件,以及正在旋转或发热的工件,以免损伤测量面或得不到正确读数。

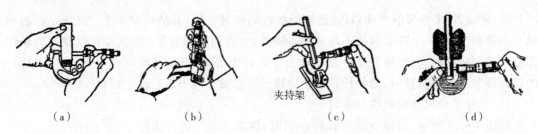

夹持架

（a）　　　　　　　（b）　　　　　　　（c）　　　　　　　（d）

图 1-24　千分尺正确操作

1.2.5　零件长度和外径测量

任务回顾

用游标卡尺检测图 1-1 所示零件的长度尺寸以及没有公差要求的直径；用外径千分尺检测有公差要求的直径。

1）准备工具和量具

测量范围为 0～25mm、25～50mm 外径千分尺；测量范围为 0～150mm，分度值为 0.02mm 的游标卡尺；被测工件。

2）测量方法与步骤

（1）游标卡尺测量长度和没有公差要求的直径

① 用软布将零件被测表面和游标卡尺量爪擦干净。

② 测量前，必须校对零位。并拢卡尺量爪，查看游标和主尺的零刻度线是否对齐。如果对齐就可以进行测量；如没有对齐则要记取零误差：游标的零刻度线在主尺零刻度线右侧的叫正零误差；在主尺零刻度线左侧的叫负零误差（这种规定方法与数轴的规定一致，原点以右为正，原点以左为负）。如有零误差，则一律用上述结果减去零误差（零误差为负，相当于加上相同绝对值大小的零误差），读数结果为 L＝整数部分＋小数部分－零误差。

③ 测量轴的外径时，先将两外量爪之间的距离调整到大于被测轴的外径，然后轻轻推动尺框，使两个外量爪测量面与被测面接触，加少许推力，同时轻轻摆动卡尺，找到最大尺寸，锁紧紧固螺钉，然后读数。读数结束后，松开紧固螺钉，轻轻拉开尺框，使量爪与被测面分开，然后取出卡尺。

由于存在形状误差，沿轴向测量两个不同截面，同时在同一个截面测量互相垂直的两个不同方向，然后取平均值。

测量长度、宽度、高度、深度的方法与测量外径的方法基本相同。

④ 按轴的验收极限尺寸判断轴径的合格性，填写测量记录表。

（2）千分尺测量有公差要求的直径

① 用软布将零件被测表面和千分尺的测量面擦干净。

② 测量前，必须校对零位，即用标准棒校正零位。检查方法是：先松开锁紧装置，清除油污，特别是测砧与测微螺杆间接触面、标准棒端部要清洗干净。顺时针转动活动套管，直至螺杆端部要接近测砧或标准棒端部时，旋转测力装置，此时会听到"咔咔"声，这时停止转动。观察活动套管端面与固定套管上的零刻度线或第一道线是否重合，同时观察活动套管零线是否与固定套管上的基线重合，即两零线重合。

若两零线不重合,必须校准零位。校准方法是:将固定套管上的小螺丝松动,用专用扳手(称为勾头扳手)调节套管的位置,使两零线对齐,再把小螺丝拧紧。

③ 测量。测量前将被测零件擦干净,松开千分尺的锁紧装置,转动活动套管,使测砧与测微螺杆之间的距离略大于被测零件直径;一只手拿千分尺尺架的隔热部位,将待测零件置于测砧与测微螺杆之间,另一只手转动活动套筒,当测微螺杆刚接触被测零件时,改旋测力装置,直至听到"咔咔"声;旋紧锁紧装置(防止螺杆转动),即可读数。

④ 按轴的验收极限尺寸判断轴径的合格性,填写测量记录表。

被测零件	名称	尺寸标注	最大、最小极限尺寸	尺寸公差
计量器具	名称	测量范围	示值范围	分度值
测量简图 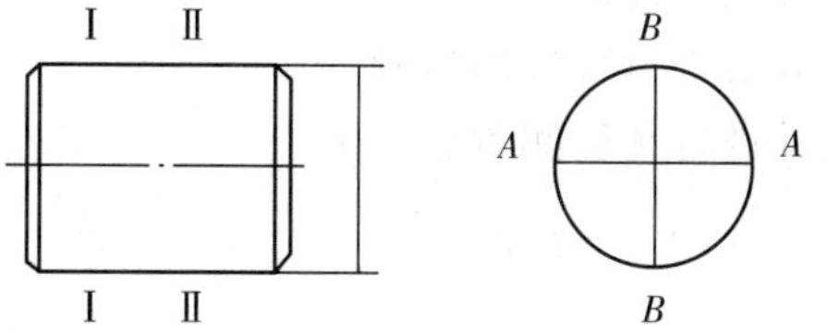				
测　量　数　据				
测量截面		Ⅰ—Ⅰ		Ⅱ—Ⅱ
测量方向	A—A			
	B—B			
实际平均值				
合格性判断				

任务 1.3　孔径的检测

1.3.1　案例导入

1)任务与要求

用内径百分表测量如图 1-25 所示的轴套的内孔直径。

2)知识目标

① 掌握光滑极限量规的使用。

② 学会量块的组合方法。

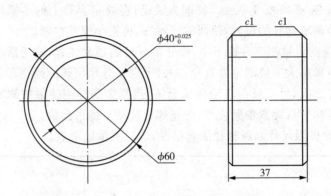

图 1-25　轴套

③ 了解百分表的结构、原理,熟悉百分表的使用方法。

④ 掌握内径百分表的零位校对方法和使用方法。

3)技能目标

① 能用光滑极限量规检测零件。

② 能正确使用内径百分表进行零件的检测。

③ 能正确选用测量工具进行孔径测量。

1.3.2　量具认识

1)光滑极限量规

光滑极限量规是一种没有刻线的专用量具,不能确定工件的实际尺寸,只能确定工件尺寸是否处于规定的极限尺寸范围内。因量规结构简单,制造容易,使用方便,因此广泛应用于成批、大量生产中。检验时,只要量规的通端能通过被检验工件,止端不能通过,该工件尺寸即为合格。

(1)量规的外形结构与功能

光滑极限量规是一种无刻度的专用定值量具。检验孔用的量规称为塞规,多为圆柱形,有通端与止端之分,成对使用,如图 1-26(a)所示。检验轴用的量规称为环规或卡规,形式较多,多以片状卡规为常见,也是通端与止端成对使用,如图 1-26(b)所示。

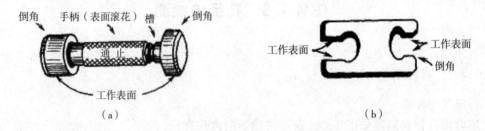

（a）　　　　　　　　　　　　　　　　（b）

图 1-26　量规的外形结构

量规的功能就是检验孔、轴尺寸的合格性。检验时,通规通过被检孔、轴,止规不能通过,则说明被验孔、轴的尺寸在公差带给定的极限尺寸范围之内,即为合格。

(2)量规的分类

量规按用途分为工作量规、验收量规和校对量规三类。

① 工作量规

工作量规是工人在生产过程中检验工件用的量规,它的通规和止规分别用代号 T 和 Z 表示。

② 验收量规

验收量规是检验部门或用户验收产品时使用的量规。工厂检验工件时,工人应使用新的或磨损较少的工作量规;检验部门应使用与加工工人用的量规型号相同但已磨损较多的通规。

用户所使用的验收量规,通规尺寸应接近被检工件的最大实体尺寸,止规尺寸应接近被检工作的最小实体尺寸。

③ 校对量规

校对量规是校对轴用工作量规的量规,以检验其是否符合制造公差和在使用中是否达到磨损极限。

(3)极限尺寸判断原则及其对量规的要求

极限尺寸判断原则。GB/T 1957—2006《光滑极限量规 技术条件》明确了极限尺寸判断原则是量规的主要理论依据,具体内容如下:

① 孔或轴的实际轮廓不允许超过最大实体边界。最大实体边界的尺寸为最大实体极限。对于孔,为它的最小极限尺寸;对于轴,为它的最大极限尺寸。

② 孔或轴任何部位的实际尺寸都不允许超过最小实体极限。对于孔,其实际尺寸不应大于它的最大极限尺寸;对于轴,其实际尺寸不应小于它的最小极限尺寸。

这两条内容体现了设计给定的孔、轴极限尺寸的控制功能,即不论实际轮廓还是任一局部实际尺寸,均应位于给定公差带内。第一条原则,将孔、轴的实际配合作用面控制在最大实体边界之内,从而保证给定的最紧配合要求;第二条原则,控制任一局部实际尺寸不超出公差范围,从而保证给定的最松配合要求。

极限尺寸判断原则为综合检验孔、轴尺寸的合格性提供了理论基础,光滑极限量规就是由此而设计出来的:通规根据第一条原则,体现最大实体边界(其尺寸为最大实体极限),控制孔、轴实际轮廓;止规根据第二条原则,体现最小实体极限,控制实际尺寸。

极限尺寸判断原则对量规的要求:极限尺寸判断原则是设计和使用光滑极限量规的理论依据。它对量规的要求是,通规测量面是与被检验孔或轴形状相对应的完整表面(即全形量规),其尺寸应为被检孔、轴的最大实体极限,其长度应等于被检孔、轴的配合长度;止规的测量面是两点状的(即非全形量规),其尺寸应为被检孔、轴的最小实体极限。

在实际生产中,使用和制造完全符合上述原则要求的量规有时比较困难,这时,在被检验工件的形状误差不致影响配合性质的前提下(如安排合理的加工工艺),允许偏离极限尺寸判断原则。如为了使量规标准化,允许通规的长度小于配合长度;用环规不便于检测时允许用卡规代替;检验小尺寸的孔时,为了方便制造可做成全形量规等。

(4)使用量规的注意事项

① 使用前要注意：

检查量规上的标记是否与被检验工件图样上标注的标记相符。如果两者的标记不相符，则不要用该量规；量规是实行定期检定的量具，经检定合格发给检定合格证书，或在量规上做标志。因此在使用量规前，应该检查是否有检定合格证书或标志等证明文件，如果有，而且能证明该量规是在检定期内，才能使用，否则不能使用该量规检验工件；量规需成对使用的，即通规和止规配对使用；检查外观质量，工作面不得有锈迹、毛刺和划痕等缺陷。

② 使用中要注意：

使量规与被测量的工件放在一起平衡温度，使两者的温度相同后再进行测量，以免影响测量结果；注意操作方法，减少测量力的影响。

对于卡规来说，当被测件的轴心线是水平状态时，基本尺寸小于 100mm 的卡规，其测量力等于卡规的自重（当卡规从上垂直向下卡时）；基本尺寸大于 100mm 的卡规，其测量力是卡规自重的一部分。所以在使用大于 100mm 的卡规时，应想办法减少卡规本身的一部分重量。为减少这部分重量所需施加的力，应标注在卡规上。而在实际生产中很少这样做，所以要凭经验操作，如图 1-27 所示。

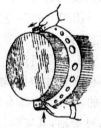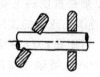

(a)凭卡规自重测量：　(b)使劲卡卡规：　(c)单手操作小　(d)双手操作大　(e)卡规正着卡：正确；
　　正确　　　　　　　错误　　　　卡规：正确　　卡规：正确　　卡规歪着卡：错误

图 1-27　正确或错误使用卡规示例

检验孔时，如果孔的轴心线是水平的，将塞规对准孔后，用手稍推塞规即可，不得用大力推塞规。如果孔的轴心线是垂直水平面的，对通规而言，当塞规对准孔后，用手轻轻扶住塞规，凭塞规的自重进行检验，不得用手使劲推塞规；对止规而言，当塞规对准孔后，松开手，凭塞规的自重进行检验，如图 1-28 所示。

正确操作量规不仅能获得正确的检验结果，而且能保证量规不受损伤。塞规的通端要在孔的整个长度上检验，而且应在 2～3 个轴向截面检验；止端要尽可能在孔的两头（对通孔而言）进行检验。卡规的通端和止端，都要围绕轴心的 3～4 个横截面进行测量。量规要成对使用，不能只用一端检验就下结论。使用前，将量规的工作表面擦净后，可以在工作表面上涂一层薄薄的润滑油。

(5)量规检验结果的仲裁

为了防止质量检验人员或用户代表与生产工人在检验同一件产品时尺寸稍有差异而发生矛盾，生产工人应该使用新的或者磨损较少的通规；检验部门或用户代表应该使用与生产工人相同型式、且已磨损较多而没有报废的通规。

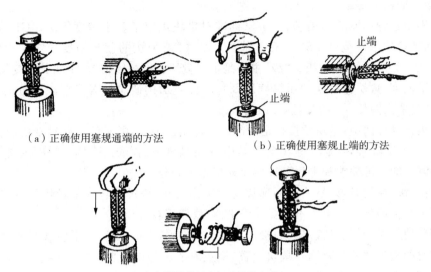

（a）正确使用塞规通端的方法

（b）正确使用塞规止端的方法

（c）错误使用塞规通端的方法

图 1-28 正确或错误使用塞规示例

使用符合 GB/T 1957—2006《光滑极限量规 技术条件》标准的量规检验工件时,如对检验结果有争议,应该使用下述尺寸的量规进行仲裁检验:通规应等于或接近工件的最大实体尺寸;止规应等于或接近工件的最小实体尺寸。

2）量块

（1）量块的概念

量块又称块规,除了作为长度基准的传递媒介外,在生产中被用来检定和校准测量工具或量仪,在相对测量时用来调整量具或量仪的零位,有时直接用于精密测量、精密划线和精密机床的调整。

量块用特殊合金钢（常用铬锰钢）制成,其线膨胀系数小,性能稳定,不易变形且耐磨性好。量块的形状为长方形六面体,它有两个相互平行的测量面和 4 个非测量面,如图 1-29 所示。测量面要求平面度很高而且非常光洁,两测量面之间具有精确的尺寸。量块上测量面的中点和与其另一测量面相研合的辅助体表面之间的垂直距离,称为量块的中心长度。量块上标出的尺寸称为量块的标称长度（或名义尺寸）。

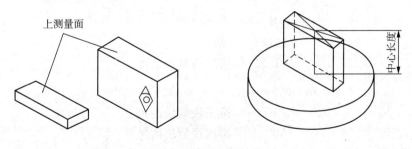

图 1-29 量块及其中心长度

（2）量块的精度等级

为了满足各种不同的应用场合，国家标准对量块规定了若干精度等级。GB/T 6093—2001《几何计量技术规范（GPS） 长度标准 量块》对量块的制造精度规定了六级，即 00 级、0 级、1 级、2 级、3 级和 K 级。"级"主要是根据量块长度极限偏差、量块长度变动量、量块测量面的平面度、量块测量面的粗糙度以及量块测量面的研合性等指标来划分的。其中 0 级最高，精度依次降低。3 级最低，K 级为校准级。

在各级计量部门中，量块常按检定后的尺寸使用。因此，国家计量局对量块的检定精度规定了 1 等，2 等，3 等，4 等，5 等，6 等。其中，1 等精度最高，依次降低。"等"主要依据量块中心长度测量的极限偏差和平面平行性允许偏差来划分。

量块按"级"使用时，以量块的标称长度为工作尺寸，该尺寸包含了量块的制造误差，并将被引入到测量结果中。由于不需要加修正值，故使用较方便。

按"等"使用时，必须以检定后的检定尺寸作为工作尺寸，该尺寸不包含制造误差，但包含了检定时的测量误差。就同一量块而言，检定时的测量误差要比制造误差小得多。所以量块按"等"使用时其精度比按"级"使用要高。例如，标称长度为 30mm 的 0 级量块，其长度的极限偏差为 ±0.00020mm，若按"级"使用，不管该量块的实际尺寸如何，均按 30mm 计，则引起的测量误差为 ±0.00020mm。但是，若该量块经检定后，确定为 3 等，其实际尺寸为 30.00012mm，测量极限误差为 ±0.00015mm。显然，按"等"使用，即按尺寸 30.00012mm 使用的测量极限误差为 ±0.00015mm，比按"级"使用测量精度高。

量块的"级"和"等"从成批制造和单个检定两种不同的角度出发，是对其精度进行划分的两种形式。

（3）量块的尺寸组合

根据 GB/T 6093—2001 规定，我国生产的成套量块有 91 块、83 块、46 块、38 块等 17 种规格。表 1-12 列出了其中 4 套量块的尺寸系列。

由于量块的一个测量面与另一量块的测量面之间具有能够研合的性能，因此可从成套的各种不同尺寸的量块中选取几块适当的量块组成所需要的尺寸。为了减少量块组的长度累积误差，选取的量块通常以不超过 4 块为宜。选取量块时，从消去所需要尺寸的最小尾数开始，逐一选取。例如，使用 83 块一套的量块组，从中选取量块组成 56.385mm。查表 1-12，可按如下步骤选择量块尺寸。

$$
\begin{array}{rl}
56.385 & \text{所需尺寸} \\
-\quad 1.005 & \text{第一块量块的尺寸} \\
\hline
55.35 & \\
-\quad 1.35 & \text{第二块量块的尺寸} \\
\hline
54 & \\
-\quad 4 & \text{第三块量块的尺寸} \\
\hline
50 & \text{第四块量块的尺寸}
\end{array}
$$

即 56.385=1.005+1.385+4+50。

表 1-12　成套量块尺寸表(GB/T 6093—2001)

套别	总块数	精度级别	尺寸系列(mm)	间隔(mm)	块数
1	91	00,0,1	0.5,1	—	2
			1.001,1.002,…,1.009	0.001	9
			1.01,1.02,…,1.49	0.01	49
			1.5,1.6,…,1.9	0.1	5
			2.0,2.5,…,9.5	0.5	16
			10,20,…,100	10	10
2	83	00,0,1 2,(3)	0.5,1,1.005	—	3
			1.01,1.02,…,1.49	0.01	49
			1.5,1.6,…,1.9	0.1	5
			2.0,2.5,…,9.5	0.5	16
			10,20,…,100	10	10
3	46	0,1,2	1	—	1
			1.001,1.002,…,1.009	0.001	9
			1.01,1.02,…,1.09	0.01	9
			1.1,1.2,…,1.9	0.1	9
			2,3,…,9	1	8
			10,20,…,100	10	10
4	38	0,1,2 (3)	1,1.005	—	2
			1.01,1.02,…,1.09	0.01	9
			1.1,1.2,…,1.9	0.1	9
			2,3,…,9	1	8
			10,20,…,100	10	10

　　研合量块组时,首先用优质汽油将选用的各块量块清洗干净,用洁布擦干,然后以大尺寸量块为基础,顺次将小尺寸量块研合上去。

　　研合方法如下:如图 1-30 所示,将量块沿着其测量面长边方向,先将两块量块测量面的端缘部分接触并研合,然后稍加压力,将一块量块沿着另一块量块推进,使两块量块的测量面全部接触,并研合在一起。使用量块时要小心,避免碰撞或跌落,切勿划伤测量面。

　　为了扩大量块的应用范围,可采用量块附件,量块附件中主要是夹持器和各种量爪,如图 1-31 所示。量块及其附件装配后,可用于测量外径、内径或用作精密划线。

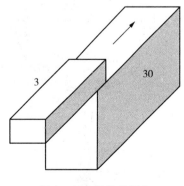

图 1-30　量块的研合

　　3)百分表

　　百分表是用来校正零件或夹具的安装位置检验零件的形状精度或相互位置精度的,是车间经常使的量具之一。百分表的读数值为 0.01mm。

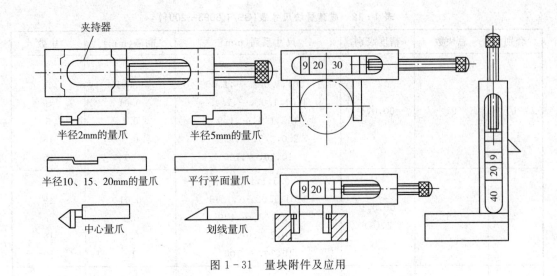

夹持器

半径2mm的量爪   半径5mm的量爪

半径10、15、20mm的量爪   平行平面量爪

中心量爪   划线量爪

图1-31   量块附件及应用

（1）百分表的结构和传动原理

百分表的外形如图1-32所示。测头8以螺纹拧装在测杆7的下方，测量时，测头与被测表面接触，当被测尺寸变化时，测杆即在装夹套筒6内平稳地上下滑动，测杆上端的齿条通过齿轮传动，带动指针1旋转，并在表盘3上指示测量结果，指针1转旋转一圈，转数指针2转过一格，指示指针1的旋转圈数。

百分表的传动机构主要是齿条—齿轮传动，如图1-33所示，也有用杠杆齿轮和蜗杆蜗轮传动的。齿条—齿轮传动具有结构简单、紧凑、外廓尺寸小、重量轻等优点，是百分表的基本结构形式。

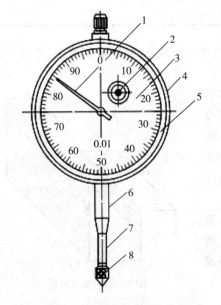

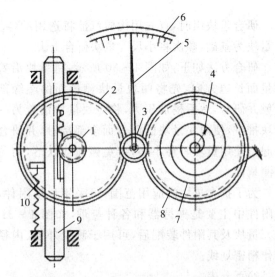

图1-32   百分表的外形

1—指针；2—转数指针；3—表盘；4—表体；
5—表圈；6—装夹套筒；7—测杆；8—测头

图1-33   百分表传动机构示意图

1—轴齿轮；2、8—片齿轮；3—中心齿轮；4—转数指针；
5—指针；6—表盘；7—游丝；9—测杆；10—弹簧

图 1-33 是百分表齿轮—齿轮传动的示意图。当被测尺寸变化引起测杆 9 上下移动时,测杆上部的齿条即带动轴齿轮 1 与同轴的片齿轮 2 转动,片齿轮 2 再带动中心齿轮 3 和同轴的指针 5 转动,在表盘 6 上指示示值。

为了消除齿轮传动中因齿侧间隙引起的回程误差,并使传动平衡可靠,与中心齿轮 3 啮合的还有片齿轮 8(与片齿轮 2 相同),游丝 7 产生的扭力矩作用在片齿轮 8 上,并使整个齿轮—齿条传动系统在正反转时都是同一齿侧单面啮合。与片齿轮 8 同轴安装的转数指针 4 指示指针 5 的回转圈数。百分表的测量力由弹簧 10 产生。

(2)百分表的使用方法

百分表适用于尺寸精度为 IT6~IT8 级零件的校正和检验。百分表按其制造精度,可分为 0 级、1 级和 2 级三种,0 级精度最高。使用时,应按照零件的形状和精度要求,选用合适的百分表精度等级和测量范围。

使用百分表,必须注意以下几点。

① 使用前,应检查测量杆活动的灵活性。即轻轻推动测量杆时,测量杆在套筒内的移动要灵活,没有任何轧卡现象,且每次放松后,指针能回复到原来的刻度位置。

② 使用百分表时,必须把它固定在可靠的夹持架上(如固定在万能表架或磁性表座上,如图 1-34 所示),夹持架要安放平稳,以免使测量结果不准确或摔坏百分表。用夹持百分表的套筒来固定百分表时,夹紧力不要过大,以免因套筒变形而使测量杆活动不灵活。

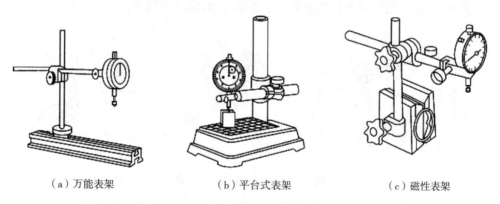

（a）万能表架   （b）平台式表架   （c）磁性表架

图 1-34 安装在专用夹持表架上的百分表

③ 用百分表或千分表测量零件时,测量杆必须垂直于被测量表面,如图 1-35(a)所示,否则将产生测量误差。测量圆柱形工件时测杆轴线要在工件轴线的垂直方向,如图 1-35(b)所示。测量圆柱形零件最好用刀口形测头,测量球面可用平面测头,测量凹面或形状复杂的表面可用尖形测头。

④ 测量时,不要使测量杆的行程超过它的测量范围;不要使测量头突然撞在零件上;不要使百分表受到剧烈的振动和撞击,亦不要把零件强迫推入测量头下,免得损坏百分表和千分表的机件而失去精度。因此,用百分表测量表面粗糙或有显著凹凸不平的零件是错误的。

⑤ 用百分表校正或测量零件时,如图 1-36 所示。应当使测量杆有一定的初始测力,即在测量头与零件表面接触时,测量杆应有 0.3~1mm 的压缩量,使指针转过半圈左右,然后转动表圈,使表盘的零位刻线对准指针。轻轻地拉动手提测量杆的圆头,拉起和放松几次,

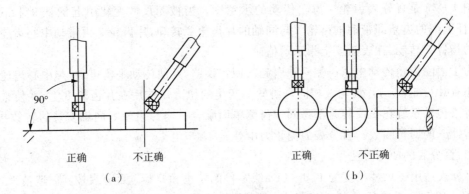

图 1-35 测量杆放置

检查指针所指的零位有无改变。当指针的零位稳定后,再开始测量或校正零件的工作。如果是校正零件,此时开始改变零件的相对位置,读出指针的偏摆值,就是零件安装的偏差数值。

⑥ 在使用百分表的过程中,要严格防止水、油和灰尘渗入表内,测量杆上也不要加油,免得粘有灰尘的油污进入表内,影响表的灵活性。

⑦ 百分表不使用时,应使测量杆处于自由状态,以免使表内的弹簧失效。

⑧ 测量读数时,测量者的视线要垂直于表盘读数,以减小视差。

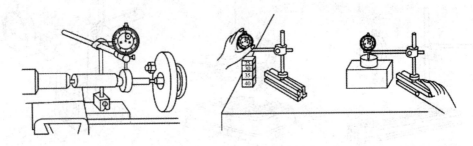

图 1-36 百分表校正与检验

4)内径百分表

内径百分表是一种用相对测量法测量孔径的常用量仪,它可测量 6~1000mm 的内尺寸,特别适宜于测量深孔。

内径百分表的结构如图 1-37 所示,它由百分表和表架组成。百分表 7 的测量杆与传动杆 5 始终接触,弹簧 6 是控制测量力的,并经传动杆 5、杠杆 8 向外顶着活动测量头 1。测量时,活动测量头 1 的移动使杠杆 8 回转,通过传动杆 5 推动百分表的测量杆,使百分表的指针偏转。由于杠杆 8 是等臂的,当活动测量头移动 1mm 时,传动杆 5 也移动 1mm,推动百分表指针回转一圈。所以,活动测量头的移动量,可以在百分表上读出来。

定位装置 9 起找正直径位置的作用,因为可换测量头 2 和活动测量头 1 的轴线实为定位装置的中垂线,此定位装置保证了可换测量头和活动测量头的轴线位于被测孔的直径位置上。

内径百分表活动测量头允许的移动量很小,它的测量范围是由更换或调整可换测量头的长度而达到的。

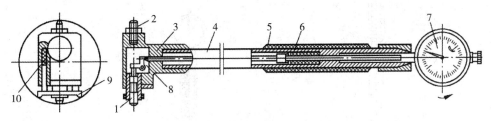

图 1-37　内径百分表
1—活动测量头;2—可换测量头;3—测头主体;4—套管;5—传动杆;
6—弹簧;7—百分表;8—杠杆;9—定位装置;10—弹簧

1.3.3　测量孔径

任务回顾

用内径百分表测量如图 1-25 所示的轴套的内孔直径。

1)准备工具和量具

内径百分表、外径千分尺、量块及其附件、被测件。

2)测量方法和步骤

(1)预调整。根据被测孔径的公称尺寸选择可换测量头 2,旋入内径百分表的测量套 3 中(先不要锁紧),将可换测量头对着测量者,再将百分表 7 安装到表架上,使其有 1mm 的预压缩量(百分表的小指针逆转 1mm)后锁紧在表架上,如图 1-37 所示。

(2)对零位。内径百分表在每次使用前,首先应用量块夹夹持的量块、标准环规或千分尺校对零位。校对零位的三种具体方法如下。

① 用量块和量块附件校对零位。按被测零件的公称尺寸组合量块,放入量块夹中夹紧,一只手拿住绝热套,另一只手将百分表的两测量头放在量块夹两量脚之间,摆动传动杆 4,带动测头在水平与垂直方向上下摆动,观察百分表示值的变化,反复几次;当百分表指针在最小值处转折摆向时,用手旋转百分表盘(百分表的滚花环),将刻度盘的零刻线转到与百分表的大指针对齐,多观察几次,看指针是否在零位转折。最后锁紧可换测头的锁紧螺母。这样的零位校对方法能保证校对零位的准确度及内径百分表的测量精度,但操作比较麻烦,且对量块的使用环境要求较高,如图 1-38 所示。

② 用标准环规校对零位。选择与被测零件公称尺寸相同的标准环规,按标准环规的实际尺寸校对内径百分表的零位。将百分表两测量头放入环规中摆动测量杆,观察百分表示值的变化,对零。此方法操作简单,并能保证校对零位的准确度。因校对零位需制造专用的标准环规,故此方法只适用于生产批量较大的零件。

③ 用外径千分尺校对零位。按被测零件的公称尺寸选择适当测量范围的外径千分尺,将外径千分尺按被测内孔的公称尺寸对好,锁紧。内径百分表的两测量头放在外径千分尺两测砧之间校对零位。受外径千分尺精度的影响,用其校对零位的准确度和稳定性均不高,从而降低了内径百分表的测量精度。但此方法易实现,在生产现场对精度要求不高的单件

或小批量零件的检验中,仍得到较广泛的应用,如图 1-39 所示。

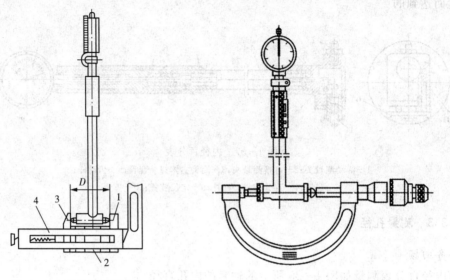

图 1-38 用量块调整尺寸 　　　　　　图 1-39 用外径千分尺调整尺寸

(3)手握绝热套,倾斜一定角度将测量头放入被测孔中,摆动量表观察指针转折点的位置,如图 1-40 所示。

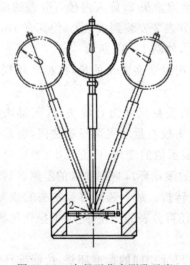

图 1-40 内径百分表测孔示意 　　　　　

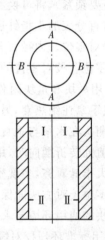

图 1-41 孔的测量位置

(4)记录相对零点的差值即工件的误差,大指针顺时针方向离开"0"位量为相对于公称尺寸减小量(为负值),大指针逆时针方向离开"0"位量为相对于公称尺寸增大量(为正值)。

(5)在孔的轴线方向的 2 个截面测量,在每个截面相互垂直的两个方向上,共测 4 个点,如图 1-41 所示。

(6)将数据记录在实验报告单中。按孔的验收极限判断其合格与否。

被测零件	名称	尺寸标注	最大、最小极限尺寸	尺寸公差
计量器具	名称	测量范围	示值范围	分度值

测量简图 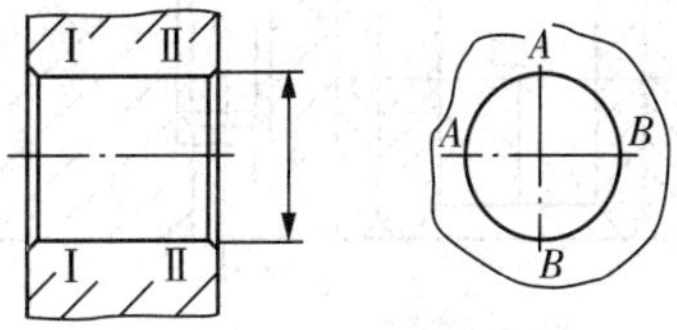				

测量数据				
测量截面	内径百分表读数			
	Ⅰ—Ⅰ		Ⅱ—Ⅱ	
测量方向　A—A				
测量方向　B—B				
实际平均值				
合格性判断				

任务 1.4　光滑圆柱体尺寸公差与配合的选用

1.4.1　案例导入

1)任务与要求

任务一:某相配合的孔和轴的公称尺寸为 $\phi 30\text{mm}$,要求间隙在 $+0.020\sim +0.055\text{mm}$ 之间,试确定孔和轴的公差等级和配合种类。

任务二:如图 1-42 所示为钻模的一部分。衬套 2 与钻模板 4 及快换钻套 1 之间都是配合表面,要求选择它们的配合制、公差等级和配合。

2)知识目标

① 理解配合制的概念及作用。

② 了解尺寸公差与配合国家标准的组成与特点。

③ 掌握常用尺寸公差与配合的选择。

3)技能目标

① 能根据配合代号判断配合制和配合种类

② 能根据要求合理选择公差等级和配合种类。

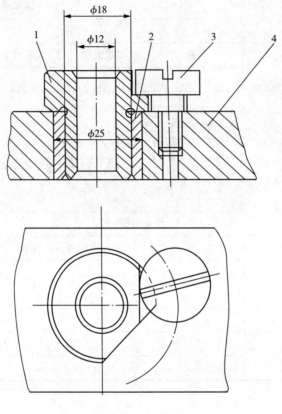

图 1-42　钻模

1.4.2　配合制

配合制:同一极限制的孔和轴组成的一种配合制度。

在生产实践中,存在各种不同性质的配合,即使配合公差确定后,也可通过改变孔、轴公差带位置,组成不同性质、不同松紧的配合。为了简化起见,无需将孔、轴公差带同时变动,只需固定一个,变更另一个,便可满足不同使用性能要求的配合,进行而达到减少定值刀、量具的规格数量,且获得良好的技术、经济效益的目的。因此,国家标准规定了两种配合制:基孔制配合和基轴制配合。

1)基孔制

基孔制是指基本偏差为一定的孔的公差带与不同基本偏差的轴的公差带形成各种配合的一种制度,如图 1-43(a)所示。

在基孔制中,孔的公差带在零线上方,孔的最小极限尺寸等于公称尺寸,孔的基本偏差是下极限偏差,且等于零,EI=0,并以基本偏差代号 H 表示,称为基准孔。

基准孔 H 与轴 a～h 形成间隙配合;与轴 j～n 一般形成过渡配合;与轴 p～zc 通常形成过盈配合。

2）基轴制

基轴制是指基本偏差为一定的轴的公差带与不同基本偏差的孔的公差带形成各种配合的一种制度。如图 1-4(b)所示。

在基轴制中,轴的公差带在零线下方,轴的最大极限尺寸等于公称尺寸,轴的基本偏差是上极限偏差,且等于零,es＝0,并以基本偏差代号 h 表示,称为基准轴。

基准轴 h 与孔 A～H 形成间隙配合;与孔 J～N 一般形成过渡配合;与孔 P～ZC 通常形成过盈配合。

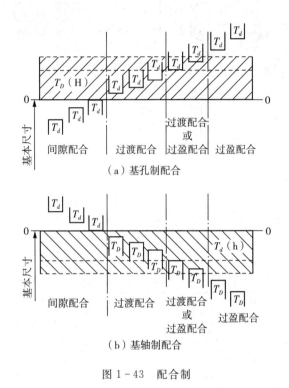

图 1-43　配合制

1.4.3　国标规定的公差带与配合

国标中规定了 20 种公差等级及孔、轴 28 种基本偏差。这样,孔可组成 543 种公差带,轴可组成 544 种公差带,由这些公差带可组成近 30 万种的配合。如果不加以限制,任意选用这些公差带和配合,将不利于生产与管理。为了减少零件、刀具、量具和工艺装备的品种及规格,国家标准对所选用的公差带与配合做出了必要的限制。

1）常用尺寸段孔、轴公差带

在常用尺寸段,GB/T 1801—2009《极限与配合　公差带和配合的选择》根据我国工业生产的实际需要,考虑今后的发展,规定了一般、常用和优先孔公差带 105 种,其中带方框的44 种为常用公差带,带圆圈的 13 种为优先公差带,如图 1-44 所示。一般、常用和优先轴公差带 119 种,其中带方框的 59 种为常用公差带,带圆圈的 13 种为优先公差带,如图 1-45所示。

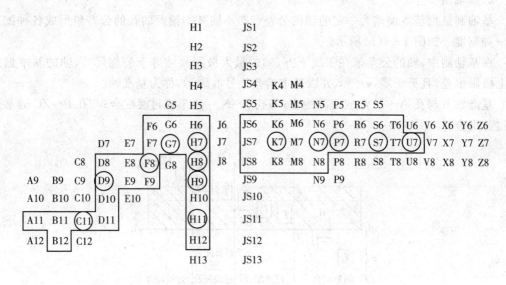

图 1-44 一般、常用和优先孔公差带

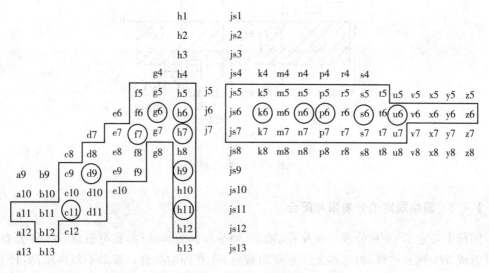

图 1-45 一般、常用和优先轴公差带

选用时公差带时,应按优先、常用、一般公差带的顺序选用,特别是优先和常用公差带,它们反映了长期生产实践中积累的丰富经验,应尽量选用。

2)常用尺寸段孔、轴公差配合

国家标准还规定了基孔制常用配合 59 种,其中优先配合 13 种,见表 1-13。基轴制常用配合 47 种,其中优先配合 13 种,见表 1-14。

表 1-13　基孔制优先、常用配合

基准孔	轴																				
	a	b	c	d	e	f	g	h	js	k	m	n	p	r	s	t	u	v	x	y	z
	间隙配合								过渡配合				过盈配合								
H6						H6/f5	H6/g5	H6/h5	H6/js5	H6/k5	H6/m5	H6/n5	H6/p5	H6/r5	H6/s5	H6/t5					
H7						H7/f6	▲H7/g6	▲H7/h6	H7/js6	▲H7/k6	H7/m6	▲H7/n6	▲H7/p6	H7/r6	▲H7/s6	H7/t6	▲H7/u6	H7/v6	H7/x6	H7/y6	H7/z6
H8					H8/e7	▲H8/f7	H8/g7	▲H8/h7	H8/js7	H8/k7	H8/m7	H8/n7	H8/p7	H8/r7	H8/s7	H8/t7	H8/u7				
				H8/d8	H8/e8	H8/f8		H8/h8													
H9			H9/c9	▲H9/d9	H9/e9	H9/f9		▲H9/h9													
H10			H10/c10	H10/d10				H10/h10													
H11	H11/a11	H11/b11	▲H11/c11	H11/d11				▲H11/h11													
H12		H12/a12						H12/h12													

注：①$\dfrac{H6}{n5}$、$\dfrac{H7}{p6}$在基本尺寸小于或等于 3mm 和$\dfrac{H8}{r7}$在小于或等于 100mm 时，为过渡配合。

②标有"▲"的代号为优先配合。

表 1-14　基轴制优先、常用配合

基准轴	孔																				
	A	B	C	D	E	F	G	H	JS	K	M	N	P	R	S	T	U	V	X	Y	Z
	间隙配合								过渡配合				过盈配合								
h5						F6/h5	G6/h5	H6/h5	JS6/h5	K6/h5	M6/h5	N6/h5	P6/h5	R6/h5	S6/h5	T6/h5					
h6						F7/h6	▲G7/h6	▲H7/h6	JS7/h6	▲K7/h6	M7/h6	▲N7/h6	▲P7/h6	R7/h6	▲S7/h6	T7/h6	▲U7/h6				
h7					E8/h7	▲F8/h7		▲H8/h7	JS8/h7	K8/h7	M8/h7	N8/h7									

（续表）

基准轴	孔																				
	A	B	C	D	E	F	G	H	JS	K	M	N	P	R	S	T	U	V	X	Y	Z
	间隙配合								过渡配合			过盈配合									
h8				$\dfrac{D8}{h8}$	$\dfrac{E8}{h8}$	$\dfrac{F8}{h8}$		$\dfrac{H8}{h8}$													
h9				▲$\dfrac{D9}{h9}$	$\dfrac{E9}{h9}$	$\dfrac{F9}{h9}$		▲$\dfrac{H9}{h9}$													
h10				$\dfrac{D10}{h10}$				$\dfrac{H10}{h10}$													
h11	$\dfrac{A11}{h11}$	$\dfrac{B11}{h11}$	▲$\dfrac{C11}{h11}$	$\dfrac{D11}{h11}$				▲$\dfrac{H11}{h11}$													
h12		$\dfrac{B12}{h12}$						$\dfrac{H12}{h12}$													

注：标有"▲"的代号为优先配合。

1.4.4 公差与配合的选用

公差与配合选择得是否恰当，对产品的性能、质量、互换性及经济性有着重要的影响。在机械设计与制造中一个重要环节，就是公差与配合的选择。其内容包括配合制的选用、公差等级和配合种类三大方面。选择原则是在满足使用要求的前提下能获得最佳的经济效益，即它是在公称尺寸已经确定的情况下进行尺寸精度设计。

1）基准制的选用

基准制的确定要从零件的加工工艺、装配工艺和经济性等方面考虑，也就是说所选择的基准制应当有利于零件的加工、装配和降低制造成本。

（1）优先采用基孔制

从加工工艺方面考虑，加工孔需要定值刀具和量具，如钻头、铰刀、拉刀和塞规。采用基孔制可减少这些刀具和量具的品种规格数量。加工轴所用的刀具一般为非定值刀具，如车刀、砂轮等。同一把车刀可以加工不同尺寸的轴件，这显然是经济合理的选择。

但采用基孔制并非在任何情况下都是有利的，在下面几种情况下就应当采用基轴制。

（2）特殊场合选用基轴制

① 在农业机械、纺织机械、建筑机械中经常使用具有一定公差等级的冷拉钢材直接做轴，不需要再进行加工，这种情况下，应该选用基轴制。

② 同一公称尺寸的轴上装配几个零件而且配合性质不同时，应该选用基轴制。比如，内燃机中活塞销与活塞孔和连杆套筒的配合，如图 1-46（a）所示。根据使用要求，活塞销与活塞孔的配合为过渡配合，活塞销与连杆套筒的配合为间隙配合。如果选用基孔制配合，三处配合分别为 H6/m5、H6/h5 和 H6/m5，公差带如图 1-46（b）所示；如果选用基轴制配合，三处配合分别为 M6/h5、H6/h5 和 M6/h5，公差带如图 1-46（c）所示。选用基孔制时，必须

把轴做成台阶形式才能满足各部分的配合要求，而且不利于加工和装配；如果选用基轴制，就可把轴做成光轴，这样有利于加工和装配。

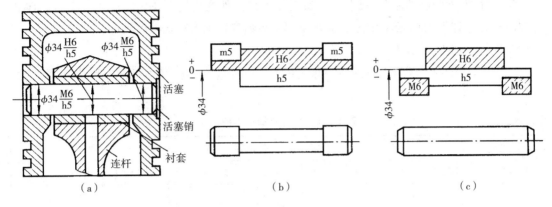

图 1-46　活塞连杆机构中的配合

③ 与标准件或标准部件配合的孔或轴，必须以标准件为基准件来选择配合制。比如，滚动轴承内圈和轴颈的配合必须采用基孔制，外圈和壳体的配合必须采用基轴制。此外，在一些经常拆卸和精度要求不高的特殊场合可以采用非基准制。比如滚动轴承端盖凸缘与箱体孔的配合，轴上用来轴向定位的隔套与轴的配合，采用的都是非基准制，如图 1-47 所示。

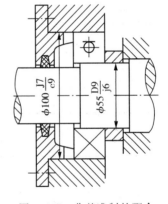

图 1-47　非基准制的配合

2)公差等级的选择

选用公差等级是为了解决使用要求与制造经济性之间的矛盾。

公差等级选用的基本原则是：在满足使用要求的前提下，尽量选用较低的公差等级。公差等级的高低，一方面将直接影响零件配合的一致性和稳定性，从而影响产品的使用性能；另一方面零件公差的大小又影响零件加工的经济性和工艺的可靠性。

总之，要正确而合理地选择公差等级，必须综合考虑使用性能和加工成本两个方面，使之具有最佳的技术经济效益。在确定公差等级时要注意以下几个问题。

① 一般非配合尺寸要比配合尺寸的精度低。

② 遵守工艺等价原则——孔、轴的加工难易程度应相当。在公称尺寸等于或小于 500mm 时，孔的公差等级比轴要低一级；公称尺寸大于 500mm 时，孔、轴的公差等级应相同。这一原则主要用于中高精度（公差等级小于或等于 IT8）的配合。

③ 在满足配合要求的前提下，孔、轴的公差等级可以任意组合，不受工艺等价原则的限制。如图 1-47 所示轴承盖与机壳体孔的连接的可靠性主要是靠螺钉连接来保证的。为了便于装卸，它们之间的配合要求很松，对配合精度要求也很低，相配合的孔件与轴件没有相对运动。所以轴承盖外径采用公差等级 IT9 是经济合理的。机壳体孔的公差等级 IT7 是由轴承的外径精度决定的。如果轴承盖的配合外径按工艺等价采用 IT6，反而是不经济、且不

合理的。这样做势必要提高制造成本,同时对提高产品质量又起不到任何作用。同理,轴承挡圈的公差等级为IT9,轴颈的公差等级为IT6也是合理的。

④ 与标准件配合的零件,其公差等级精度由标准件的精度所决定。图1-47机壳体孔与轴承外径的连接的机壳体孔的公差等级IT7与轴与轴承内径连接的轴的公差等级IT6均由标准件轴承的外、内径精度确定。

⑤ 用类比法确定零件的公差等级时,可参考各公差等级的应用范围和应用选择实例,见表1-15、表1-16、表1-17。

表1-15 公差等级应用的范围

公差等级 \ 应用范围	公差等级(IT)																			
	01	0	1	2	3	4	5	6	7	8	9	10	11	12	13	14	15	16	17	18
块规	—	—	—																	
量规				—	—	—	—	—	—											
配合尺寸							—	—	—	—	—	—	—	—						
特别精密零件的配合				—	—	—	—													
非配合尺寸（大制造公差）														—	—	—	—	—	—	—
原材料公差										—	—	—	—	—	—	—	—	—		

表1-16 各种加工方法能达到的公差等级

公差等级 \ 加工方法	公差等级(IT)																			
	01	0	1	2	3	4	5	6	7	8	9	10	11	12	13	14	15	16	17	18
研磨	—	—	—	—	—	—	—													
珩						—	—	—	—											
圆磨							—	—	—	—										
平磨							—	—	—	—	—									
金刚石车							—	—	—											
金刚石镗							—	—	—											
拉削							—	—	—	—	—									
铰孔								—	—	—	—	—								
车									—	—	—	—	—							
镗									—	—	—	—	—	—	—					
铣										—	—	—	—							
刨插												—	—	—						
钻孔												—	—	—	—					
滚压、挤压												—	—							
冲压												—	—	—	—	—				

（续表）

公差等级 加工方法	公差等级（IT）																		
	01	0	1	2	3	4	5	6	7	8	9	10	11	12	13	14	15	16	17	18
压铸													—	—	—					
粉末冶金成型																				
粉末冶金烧结							—	—	—											
砂型铸造、气割																	—	—	—	—
锻造																		—	—	

表 1 – 17　公差等级的选择及应用

公差等级	应用条件说明	应用举例
IT01	用于特别精密的尺寸传递基准	特别精密的标准量块
IT0	用于特别精密的尺寸传递基准及宇航中特别重要的精密配合尺寸	特别精密的标准量块，个别特别重要的精密机械零件尺寸，校对检验 IT6 级轴用量规的校对量规
IT1	用于精密的尺寸传递基准、高精密测量工具特别重要的极个别精密配合尺寸	高精密标准量规，校对检验 IT7 至 IT9 级轴用量规的校对量规，个别特别重要的精密机械零件尺寸
IT2	用于高精密的测量工具，特别重要的精密配合尺寸	检验 IT6 至 IT7 级工件用量规的尺寸制造公差，校对检验 IT8 至 IT11 级轴用量规的校对塞规，个别特别重要的精密机械零件尺寸
IT3	用于精密测量工具，小尺寸零件的高精度的精密配合以及和 C 级滚动轴承配合的轴径与外壳孔径	检验 IT8 至 IT11 级工件用量规和校对检验 IT9 至 IT13 级轴用量规的校对量规，与特别精密的 P4 级滚动轴承内环孔（直径至 100mm）相配的机床主轴，精密机械和高速机械的轴颈，与 P4 级向心球轴承外环相配的壳体孔径，航空及航海工业中导航仪器上特殊精密的个别小尺寸零件的精度配合
IT4	用于精密测量工具、高精度的精密配合和 P4 级、P5 级滚动轴承配合的轴径和外壳孔径	检验 IT9 至 IT12 级工件用量规和校对 IT12 至 IT14 级轴用量规的校对量规，与 P4 级轴承孔（孔径＞100mm）及与 P5 级轴承孔相配的机床主轴，精密机械和高速机械的轴颈，与 P4 级轴承相配的机床外壳孔，柴油机活塞销及活塞销座孔径，高精度（1 级至 4 级）齿轮的基准孔或轴径，航空及航海工业中用仪器的特殊精密的孔径
IT5	用于机床、发动机和仪表中特别重要的配合，在配合公差要求很小，形状公差要求很高的条件下，能使配合性质比较稳定（相当于旧国标中最高精度，即 1 级精度轴），它对加工要求较高，一般机械制造中较少应用	与 6 级滚动轴承孔相配的机床主轴，机床尾架套筒，高精度分度盘轴颈，分度头主轴，精密丝杆基准轴颈，精度镗套的外径等，发动机主轴的外径，活塞销外径与塞的配合，精密仪器的轴与各种传动件轴承的配合，航空、航海工业中仪表中重要的精密孔的配合，精密机械及高速机械的轴径，5 级精度齿轮的基准孔及 5 级、6 级精度齿轮的基准轴

（续表）

公差等级	应用条件说明	应用举例
IT6	广泛用于机械制造中的重要配合，配合表面有较高均匀性的要求，能保证相当高的配合性质，使用可靠（相当于旧国标中2级精度轴和1级精度孔的公差）	机床制造中，装配式齿轮、蜗轮、联轴器、带轮、凸轮的孔径，机床丝杆支轴承轴颈，矩形花键的定心直径，摇臂钻床的主柱等，精密仪器、光学仪器、计量仪器的精密轴，无线电工业、自动化仪表、电子仪、邮电机械及手表中特别重要的轴，医疗器械中的X线机齿轮箱的精密轴，缝纫机中重要轴类，发动机的汽缸外套外径、曲轴主轴颈，活塞销，连杆衬套，连杆和轴瓦外径外等，6级精度齿轮的基准孔和7级、8级精度齿轮的基准轴径，以及1、2级精度齿轮顶圆直径
IT7	应用条件与IT6相类似，但精度要求可比IT6稍低一点，在一般机械制造业中应用相当普遍	机械制造中装配式表铜蜗轮轮缘孔径、联轴器、皮带轮、凸轮等的孔径，机床卡盘座孔、摇臂钻床的摇臂孔、车床丝杆轴承孔、发动机的连杆孔、活塞孔、铰制螺栓定位孔等，纺织机械、印染机械中要求的较高的零件，手表的高合杆压簧等，自动化仪表、缝纫机、邮电机械中重要零件的内孔，7级、8级精度齿度的基准孔和9级、10级精度齿轮的基准轴
IT8	在机械制造中属中等精度，在仪度、仪表及钟表制造中，由于基本尺寸较小，属于较高精度范围。是应用较多的一个等级，尤其是在农业机械、纺织机械、印染机械、自行车、缝纫机械、医疗器械中应用最广	轴承座衬套沿宽度的向的尺寸配合，手表中跨齿轮，棘爪拨针轮等与夹板的配合，无线电仪表工业中的一般配合，电子仪器仪表中较重要的内孔，计算机中变数齿轮孔和轴的配合，医疗器械中牙科车头的钻头套的孔与车针柄部的配合，电机制造业中铁芯与机座的配合，发动机活塞油环槽宽，连杆轴瓦内径，低精度（9至12级精度）齿轮的基准孔和11~12级精度齿轮和基准轴，6至8级精度齿轮的顶圆
IT9	应用条件与IT8相类似，但精度要求低于IT8	机床制造中轴套外径与孔，操作件与轴、空转皮带轮与轴，操纵系统的轴与轴承等的配合，纺织机械、印染机械中的一般配合零件，发动机中机油泵体内孔，飞轮与飞轮套、汽缸盖孔径、活塞槽环的配合等，光学仪器、自动化仪表中的一般配合，手表中要求较高零件的未注公差尺寸的配合，单键连接中键宽配合尺寸，打字机中的运动件配合等
IT10	应用条件与IT9相类似，但精度要求低于IT9	电子仪器仪表中支架上的配合，打字机中铆合件的配合尺寸，闹钟机构中的中心管与前夹板，轴套与轴，手表中的未注公差尺寸，发动机中油封挡圈孔与曲轴皮带轮毂
IT11	配合精度要求较粗糙，装配后可能有较大的间隙，特别选用于要求间隙较大且有显著变动而不会引起危险的场合	机床上法兰盘止口与孔、滑块与滑移齿轮、凹槽等，农业机械、机车车箱部件及冲压加工的配合零件，钟表制造中不重要的零件，手表制造用的工具及设备中的未注公差尺寸，纺织机械中较的活动配合，印染机械中要求较低的配合，医疗器械中手术刀片的配合，不做测量基准用的齿轮顶圆直径公差

（续表）

公差等级	应用条件说明	应用举例
IT12	配合精度要求低,装配后有很大的间隙	非配合尺寸及工序间尺寸,发动机分离杆,手表制造中工艺装备的未注公差尺寸,计算机行业切削加工中未注公差尺寸的极限偏差,医疗器械中手术刀柄的配合,机床制造中扳手孔与扳手座的连接
IT13	应用条件与 IT12 相类似	非配合尺寸及工序间尺寸,计算机、打字机中切削加工零件及圆片孔、二孔中心距的未注公差尺寸
IT14	用于非配合尺寸及不包括在尺寸链中的尺寸	机床、汽车、拖拉机、冶金矿山、石油化工、电机、电器、仪器、仪表、造船、航空、医疗器械、钟表、自行车、造纸、纺织机械等工业中未注公差尺寸的切削加工零件
IT15	用于非配合尺寸及不包括在尺寸链中的尺寸	冲压件、木模铸造零件、重型机床中尺寸大于 3150mm 的未注公差尺寸
IT16	用于非配合尺寸及不包括在链中的尺寸	打字机中浇铸件尺寸,无线电制造中箱体外形尺寸,压弯延伸加工用尺寸,纺织机械中木制零件及塑料零件尺寸公差,木模制造和自由锻造时用
IT17/IT18	用非配合尺寸及不包括在尺寸链中的尺寸	塑料成型尺寸公差,医疗器械中的一般外形尺寸公差,冷作、焊接尺寸用公差

⑥ 表面粗糙度是影响配合性的一个重要因素,在选择公差等级时应同时考虑表面粗糙度的要求。普通材料用一般加工方法所能达到的表面粗糙度数值可参考表 1-18,公差等级与表面粗糙度的对应关系见表 1-19。

表 1-18　一般生产过程所能得到的典型粗糙度数值

加工方法	表面粗糙度 $Ra/\mu m$	加工方法		表面粗糙度 $Ra/\mu m$
砂模铸造	6.3～100	车端面	粗	6.3～25
型壳铸造	6.3～100		半精	1.6～12.5
金属模铸造	1.6～50		精	0.4～1.6
离心铸造	1.6～25	磨外圆	粗	0.8～6.3
精密铸造	0.8～12.5		半精	0.2～1.6
蜡模铸造	0.4～12.5		精	0.025～0.4
压力铸造	0.4～6.3	磨平面	粗	1.6～3.2
热轧	6.3～100		半精	0.4～1.6
模锻	1.6～100		精	0.025～0.4

（续表）

加工方法		表面粗糙度 $Ra/\mu m$	加工方法		表面粗糙度 $Ra/\mu m$
冷轧		0.2～12.5	珩磨	平面	0.025～1.6
挤压		0.4～12.5		圆柱	0.012～0.4
冷拉		0.2～6.3	研磨	粗	0.2～1.6
锉		0.4～25		半精	0.05～0.4
刮削		0.4～12.5		精	0.012～0.1
刨削	粗	6.3～25	抛光	一般	0.1～1.6
	半精	1.6～6.3		精	0.012～0.1
	精	0.4～1.6	滚压抛光		0.05～3.2
插削		1.6～25	超精加工	平面	0.012～0.4
钻孔		0.8～25		柱面	0.012～0.4
扩孔	粗	6.3～25	化学磨		0.8～25
	精	1.6～6.3	电解磨		0.012～1.6
金刚镗孔		0.05～0.4	电火花加工		0.8～25
镗孔	粗	6.3～50	切割	气割	6.3～100
	半精	0.8～6.3		锯	1.6～100
	精	0.4～1.6		车	3.2～25
铰孔	粗	1.6～12.5		铣	12.5～50
	半精	0.4～3.2		磨	1.6～6.3
	精	0.1～1.6	螺纹加工	丝锥板牙	0.8～6.3
拉削	半精	0.4～3.2		梳铣	0.8～6.3
	精	0.1～0.4		滚	0.2～0.8
滚铣	粗	3.2～25		车	0.8～12.5
	半精	0.8～6.3		搓丝	0.8～6.3
	精	0.4～1.6		滚压	0.4～3.2
端面铣	粗	3.2～12.5		磨	0.2～1.6
	半精	0.4～6.3		研磨	0.05～1.6
	精	0.2～1.6	齿轮及花键加工	刨	0.8～6.3
车外圆	粗	6.3～25		滚	0.8～6.3
	半精	1.6～12.5		插	0.8～6.3
	精	0.2～1.6		磨	0.1～0.8
金刚车		0.025～0.2		剃	0.2～1.6

表 1-19　公差等级与表面粗糙度的对应关系

公差等级(IT)	公称尺寸/mm	Ra 值不大于 轴	Ra 值不大于 孔	公差等级(IT)	公称尺寸/mm	Ra 值不大于 轴	Ra 值不大于 孔	公差等级(IT)	公称尺寸/mm	Ra 值不大于 轴	Ra 值不大于 孔
5	≤6	0.2	0.2	8	≤3	0.8	0.8	11	≤10	3.2	3.2
	>6~30	0.4	0.4		>3~30	1.6	1.6		>10~120	6.3	6.3
	>30~180	0.8	0.8		>30~250	3.2	3.2		>120~500	12.5	12.5
	>180~500	1.6	1.6		>250~500	3.2	6.3				
6	≤10	0.4	0.4	9	≤6	1.6	1.6	12	≤80	6.3	6.3
	>10~80	0.8	0.8		>6~120	3.2	3.2		>80~250	12.5	12.5
	>80~250	1.6	1.6		>120~400	6.3	6.3		>250~500	25	25
	>250~500	3.2	3.2		>400~500	12.5	12.5				
7	≤6	0.8	0.8	10	≤6	3.2	3.2	13	≤30	6.3	6.3
	>6~120	1.6	1.6		>6~120	6.3	6.3		>30~120	12.5	12.5
	>120~500	3.2	3.2		>120~500	12.5	12.5		>120~500	25	25

3)配合的选择

当配合制和公差等级确定后,配合的选择就应根据所选部位松紧程度的要求,确定非基准件的基本偏差,配合的选择实际上就是确定配合类别与配合的偏差代号。在实际工作中,配合的选择常常和公差等级的选择同时进行。

(1)配合类别的选择

配合类别有间隙、过渡和过盈 3 大类。选择哪类配合,应根据孔、轴配合的使用要求,参照表 1-20 从大体方向上确定应选的配合类别。

表 1-20　配合类别选择的大体方向

无相对运动	要传递转矩	要精确同轴	永久结合	过盈配合
			可拆结合	过渡配合或基本偏差为 H(h)①的间隙配合加紧固件②
		不需要精确同轴		间隙配合加紧固件
	不需要传递转矩			过渡配合或轻的过盈配合
有相对运动	只有移动			基本偏差为 H(h)、G(g)等间隙配合
	转动或转动和移动复合运动			基本偏差为 A~F(a~f)等间隙配合

①指非基准件的基本偏差代号;
②紧固件指键、销钉和螺钉等。

(2)非基准件基本偏差代号的选择

选择的方法有 3 种:计算法、试验法和类比法。

① 计算法

根据零件的材料、结构和功能要求，按照一定的理论公式的计算结果来选择配合的方法。用计算法选择配合时，关键是确定的极限间隙或极限过盈量。由于影响间隙或过盈量的因素很多，理论计算也是近似的，因此在实际应用中还需经过试验来确定。一般情况下，很少使用计算法。

② 试验法

通过模拟试验和分析来选择配合的方法。该方法主要用于特别重要的、关键性的场合。验法比较可靠，但成本较高，也很少应用。

③ 类比法

参照同类型机器或机构中经过生产实践验证的配合的实际情况，通过分析对比来确定配合的方法，此方法应用最为广泛。

用类比法选择配合种类，首先要掌握各种配合的特征和应用场合，应尽量采用国家标准所规定的常用与优先配合，表 1 - 21 所示为尺寸不超过 500mm 基孔制常用配合的特征及应用场合。

表 1 - 21 尺寸不超过 500mm 基孔制常用和优先配合的特征及应用

配合类别	配合特征	配合代号	应 用
间隙配合	特大间隙	$\dfrac{H11}{a11}$ $\dfrac{H11}{b11}$ $\dfrac{H11}{c11}$	用于高温或工作时要求大间隙的配合
	很大间隔	$\left(\dfrac{H11}{c11}\right)$ $\dfrac{H11}{d11}$	用于工作条件较差、受力变形或为了便于装配而需要大间隙的配合和高温工作的配合
	较大间隙	$\dfrac{H9}{c9}$ $\dfrac{H10}{c10}$ $\dfrac{H8}{d8}$ $\left(\dfrac{H9}{d9}\right)$ $\dfrac{H10}{d10}$ $\dfrac{H8}{e7}$ $\dfrac{H8}{e8}$ $\dfrac{H9}{e9}$	用于高速重载的滑动轴承或大直径的滑动轴承，也可用于大跨距或多支承点转轴与轴承的配合
	一般间隔	$\dfrac{H6}{f5}$ $\dfrac{H7}{f6}$ $\left(\dfrac{H8}{f7}\right)$ $\dfrac{H8}{f8}$ $\dfrac{H9}{f9}$	用于一般转速的间隙配合，当温度影响不大时，广泛应用于普通润滑油润滑处
	较小间隙	$\left(\dfrac{H7}{g6}\right)$ $\dfrac{H8}{g7}$	用于精密滑动零件或缓慢间歇回转零件的配合部位
	很小间隙和零间隙	$\dfrac{H6}{g5}$ $\dfrac{H6}{h5}$ $\left(\dfrac{H7}{h6}\right)$ $\left(\dfrac{H8}{h7}\right)$ $\dfrac{H8}{h8}$ $\left(\dfrac{H9}{h9}\right)$ $\dfrac{H10}{h10}$ $\left(\dfrac{H11}{h11}\right)$ $\dfrac{H12}{h12}$	用于不同精度要求的一般定位件的配合和缓慢移动、摆动零件的配合
过渡配合	绝大部分有微小间隙	$\dfrac{H6}{js5}$ $\dfrac{H7}{js6}$ $\dfrac{H8}{js7}$	用于易于装拆的定位配合或加紧固件可传递一定静载荷的配合
	大部分有微小间隙	$\dfrac{H6}{k5}$ $\left(\dfrac{H7}{k6}\right)$ $\dfrac{H8}{k7}$	用于稍有振动的定位配合，加紧固件可传递一定载荷。装拆方便可用木槌敲入
	大部分有微小过盈	$\dfrac{H6}{m5}$ $\dfrac{H7}{m6}$ $\dfrac{H8}{m7}$	用于定位精度较高且能抗振的定位配合。加键可传递较大载荷。可用铜锤敲入或小压力压入

（续表）

配合类别	配合特征	配合代号	应　用
过渡配合	绝大部分有微小过盈	$\left(\dfrac{H7}{n6}\right)\dfrac{H8}{n7}$	用于精确定位或紧密组合件的配合，加键可传递动载荷或冲击性载荷。只在大修时拆卸
	绝大部分有较小过盈	$\dfrac{H8}{p7}$	加键后能传递很大力矩，且承受振动和冲击的配合。装配后不再拆卸
过盈配合	轻型	$\dfrac{H6}{n5}\ \dfrac{H6}{p5}\ \left(\dfrac{H7}{p6}\right)\dfrac{H6}{r5}\ \dfrac{H7}{r6}\ \dfrac{H8}{r7}$	用于精确定位配合。一般不能靠过盈传递力矩，要传递力矩需加紧固件
	中型	$\dfrac{H6}{s5}\ \left(\dfrac{H7}{s6}\right)\dfrac{H8}{s7}\ \dfrac{H6}{t5}\ \dfrac{H7}{t6}\ \dfrac{H8}{t7}$	不需加紧固件就可传递和承受较小力矩和轴向力。加紧固件后可承受较大载荷或动载荷
	重型	$\left(\dfrac{H7}{u6}\right)\dfrac{H8}{u7}\ \dfrac{H7}{v6}$	不需加紧固件就可传递和承受较大力矩和动载荷的配合。要求零件材料有高强度
	特重型	$\dfrac{H7}{x6}\ \dfrac{H7}{y7}\ \dfrac{H7}{z6}$	能传递和承受很大力矩和动载荷的配合。需经试验后方可应用

注：① 括号内的配合为优先配合。
　　② 国家标准规定的 44 种基轴制配合的应用与本表中的同名配合相同。

④ 装配变形对配合性质的影响

对于过盈配合的薄壁筒形零件，在装配时容易产生变形，如轴套与壳体孔的配合需要有一定的过盈，以便轴套的固定，轴套内孔与轴颈的配合要保证有一定的间隙。但是轴套在压入壳体孔时，轴套内孔在压力下要产生收缩变形，使孔径缩小，导致轴套内孔与轴颈的配合性质发生变化，使机构不能正常工作。

在这种情况下，要选择较松的配合，以补偿装配变形对间隙的减小量。也可采取一定的工艺措施，如轴套内孔的尺寸留下一定的余量，先将轴套压入壳体孔，然后再加工内孔。

⑤ 生产批量的大小

在一般情况下，生产批量的大小决定了生产方式。大批量生产时，通常采用调整法加工。例如在自动机上加工一批轴件和一批孔件时，将刀具位置调至被加工零件的公差带中心，这样加工出的零件尺寸大多数处于极限尺寸的平均值附近。因此，它们形成的配合其松紧趋中。

在单件小批生产时，多用试切法加工。由于工人存在着怕出废品的心态，零件的尺寸刚刚由最大实体尺寸一方进入公差带内，则立即停车不再加工，这样多数零件的实际尺寸都分布在最大实体尺寸一方，由它们形成的配合当然也就趋紧。

在选择配合时，一定要根据以上情况适当调整，以满足配合性质的要求。

⑥ 间隙或过盈的修正

实际上影响配合间隙或过盈的因素很多，如材料的力学性能、所受载荷的特性、零件的形状误差、运动速度的高低等都会对间隙或过盈产生一定的影响,在选择配合时,都应给予考虑。表 1-22 列举了若干种影响间隙或过盈的因素及修正意见,可供选择配合时参考。

表 1-22　间隙或过盈修正表

具体情况	过盈应增或减	间隙应增或减
材料许用应力小	减	—
经常拆卸	减	—
有冲击载荷	增	减
工作时孔的温度高于轴的温度	增	减
工作时孔的温度低于轴的温度	减	增
配合长度较大	减	增
零件形状误差较大	减	增
装配时可能歪斜	减	增
旋转速度较高	增	增
有轴向运动	—	增
润滑油黏度较大	—	增
表面粗糙较高	增	减
装配精度较高	减	减
孔的材料线膨胀系数大于轴的材料	增	减
孔的材料线膨胀系数小于轴的材料	减	增
单件小批生产	减	增

1.4.5　零件尺寸公差与配合的选用

任务一

任务回顾

某相配合的孔和轴的公称尺寸为 $\phi30\text{mm}$,要求间隙在 $+0.020 \sim +0.055\text{mm}$ 之间,试确定孔和轴的公差等级和配合种类。

解:(1)选择配合制

本例无特殊要求,选用基孔制配合,基孔制配合 EI=0.

(2)选择孔、轴的公差等级

根据题意得:$T_f = T_h + T_s = |X_{max} - X_{min}|$

根据使用要求得,配合公差 $T_f' = |X_{max}' - X_{min}'| = |0.055 - (+0.020)|\text{mm} = 0.035\text{mm} = 35\mu\text{m}$。即所选孔、轴公差之和 $T_h + T_s$ 应最接近而不大于 T_f'。

查表得:孔和轴公差等级介于 IT6 和 IT7 之间,因为 IT6 和 IT7 属于高的公差等级,所以,一般取孔比轴大一级,故选为 IT7,$T_h = 21\mu\text{m}$;轴为 IT6,$T_s = 13\mu\text{m}$,则配合公差 $T_f' =$

$T_h' + T_s' = 21 + 13 = 34\mu m$，小于且最接近于 T_f'，因此满足使用要求。

（3）确定孔、轴公差带代号

因为是基孔制配合，且孔的标准公差为 IT7，所以孔的公差带为 $\phi30H7(^{+0.021}_{0})$。

又因为是间隙配合，$X_{min} = EI - es$，由已知条件知 $X_{min}' = +20\mu m$，即轴的基本偏差 es 应最接近于 $-20\mu m$。

查表，取基本偏差为 f，$es = -20\mu m$，则 $ei = es - IT6 = -20 - 13 = -33\mu m$，所以轴的公差带为 $\phi45f6(^{-0.020}_{-0.033})$。

（4）验算设计结果

以上所选孔、公差带组成的配合为 $\phi30H7/f6$。

其最大间隙：$X_{max} = [+21 - (-33)] = +54\mu m = 0.054mm < X_{max}'$

最小间隙：$X_{min} = [0 - (-20)] = +20\mu m = 0.020mm = X_{min}'$

所以，间隙在 $+0.020 \sim +0.055mm$ 之间，设计结果满足使用要求。

根据以上分析，所选 $\phi30H7/f6$ 为适宜。

任务二

任务回顾

如图 1-42 所示为钻模的一部分。衬套 2 与钻模板 4 及快换钻套 1 之间都是配合表面，要求确定它们之间的配合。

钻模分析：钻模是一种钻夹具，钻模板 4 上有衬套 2，快换钻套 1 在工作中要能迅速更换，当快换钻套 1 以其铣成缺边对正钻套螺钉 3 后可以直接装入衬套 2 的孔中，再顺时针旋转一个角度，钻套螺钉 3 的下端面就盖住快换钻套 1 的另一个缺面。这样钻削时，快换钻套 1 便不会因为切屑排出产生摩擦力而使其退出衬套 2 之外，当更换快换钻套 1 时，可将快换钻套 1 逆时针旋转一上角度后直接取下，换上一个直径不同的快换钻套而不必将钻套螺钉 3 取下。

解：（1）基准制的选择

对衬套 2 与钻模板 4 的配合以及快换钻套 1 与衬套 2 的配合，因为结构无特殊要求，按照国标规定，应选用基孔制。

（2）公差等级的选择

参看表 1-17 与表 1-20，钻模夹具各元件的连接可以按照用于配合尺寸的 IT5～IT8 级选用。重要配合尺寸，对轴可以选 IT6，对孔可以选 IT7。本例中钻模板 4 的孔、衬套 2 的孔、钻套的孔统一按照 IT7 选用，而衬套 2 的外圆、钻套 1 的外圆则按照 IT6 选用。

（3）配合种类的选择

衬套 2 与钻模板 4 的配合，要求连接牢靠，在轻微冲击和负荷下不用连接件也不会发生松动，即使衬套内孔磨损了，需要更换时拆卸的次数也不多。因此选择平均过盈率大的过渡配合 n，本例选择配合为 $\phi25H7/n6$。

快换钻套 1 与衬套 2 的配合，经常需要用手更换，故需要一定间隙保证更换时迅速，但因又要求有准确的定心，间隙不能过大，选 H7/g6，但根据 GB/T 2263—1991 规定，为了统一钻套内孔与衬套内孔的公差带，规定统一选用 F7，以利于制造，所以在衬套 2 内孔公差带为 F7 的前提下，选用相当于 H7/g6 类配合的 F7/k6 的非基准制配合具体对比如图 1-48 所示，从图上可知，两者的极限间隙基本相同。

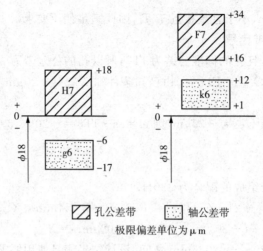

孔公差带　　　轴公差带

极限偏差单位为 μm

图 1-48　钻套的公差带图

课后习题

1. 什么是基本尺寸、极限尺寸和实际尺寸？它们之间有何区别和联系？

2. 什么是尺寸公差、极限偏差和实际偏差？它们之间有何区别和联系？

3. 什么是标准公差？什么是基本偏差？

4. 什么是基准制？在哪些情况下采用基轴制？

5. 配合有哪几种？简述各种配合的特点。

6. 计算出下表中空格处数值，并按规定填写在表中。

基本尺寸	最大极限尺寸	最小极限尺寸	上偏差	下偏差	公差	尺寸标注
孔 ϕ12	12.050	12.032				
轴 ϕ60			+0.072		0.019	
孔 ϕ30		29.959			0.021	
轴 ϕ80			−0.010	−0.056		
孔 ϕ50				−0.034	0.039	
孔 ϕ40						$\phi40^{+0.014}_{-0.011}$
轴 ϕ70	69.970				0.074	

7. 根据下表中给出的数据计算出空格中的数据，并填入空格内。

基本尺寸	孔			轴			X_{max} 或 Y_{min}	X_{min} 或 Y_{max}	T_f
	ES	EI	T_h	es	ei	T_s			
ϕ25		0				0.021	+0.074		
ϕ14		0				0.010		−0.012	
ϕ45			0.025	0				−0.050	

8. 使用标准公差和基本偏差表,查出下列公差带的上、下偏差。

(1) $\phi 32d9$　　(2) $\phi 80p6$　　(3) $\phi 120v7$　　(4) $\phi 70h11$

(5) $\phi 28k7$　　(6) $\phi 280m6$　　(7) $\phi 40C11$　　(8) $\phi 40M8$

(9) $\phi 25Z6$　　(10) $\phi 30JS6$　　(11) $\phi 35P7$　　(12) $\phi 60J6$

9. 说明下列配合符号所表示的基准制,公差等级和配合类别(间隙配合、过渡配合或过盈配合),并查表计算其极限间隙或极限过盈,画出其尺寸公差带图。

(1) $\phi 25H7/g6$　　(2) $\phi 40K7/h6$

(3) $\phi 15JS8/g7$　　(4) $\phi 50S8/h8$

10. 设有一基本尺寸为 $\phi 60mm$ 的配合,经计算确定其间隙应为 $25\sim110\mu m$;若已决定采用基孔制,试确定此配合的孔、轴公差带代号,并画出其尺寸公差带图。

项目 2　几何公差的选用及其误差检测

零件在加工过程中,不仅会产生尺寸误差,还会产生形状、位置、方向、跳动等几何误差,为提高机械零件的制造精度、机器设备的使用寿命、保证互换性生产,我国已制定了一套几何公差国家标准,如 GB/T 1182—2008《形状、方向、位置和跳动公差标注》,GB/T 1184—1996《形状和位置公差　未注公差值》,GB/T 4249—2009《公差原则》,GB/T 16671—2009《几何公差　最大实体要求、最小实体要求和可逆要求》,GB/T 17851—2008《几何公差　基准和基准体系》等。

任务 2.1　几何公差的识读

2.1.1　案例导入

1)案例任务

任务一

如图 2-1 所示为一阶梯轴,说明图中几何公差代号标注的含义(按几何公差读法及公差带含义分别说明)。

任务二

指出图 2-2 中所有标注含义。

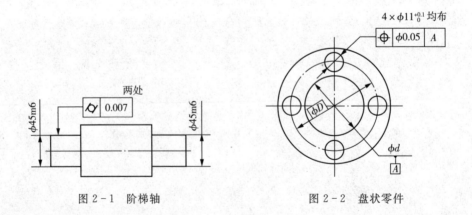

图 2-1　阶梯轴　　　　　　　　　图 2-2　盘状零件

2)知识目标

① 了解几何公差和几何要素的基本概念。

② 理解典型几何公差带的特征。

③ 掌握几何公差项目的符号。

④ 熟悉几何公差标注方法。

3) 技能目标

① 能分析图纸上零件几何精度的要求,读懂零件几何公差要求,解释几何公差的含义。

② 能正确标注几何公差。

2.1.2　几何公差概述

在机械制造中,零件加工后其表面、轴线、中心对称平面等的实际形状、方向和位置相对于所要求的理想形状、方向和位置不可避免地存在着误差。零件不仅会产生尺寸误差,还会产生形状和位置误差,即几何误差。如图 2-3 所示。

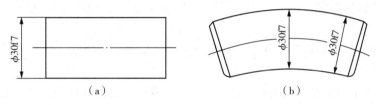

（a）　　　　　　　　　　　　（b）

图 2-3　零件样图与实物视图

1) 几何误差对零件使用性能的影响

（1）影响零件配合性质

例如圆柱表面的形状误差,在有相对运动的间隙配合中,会使间隙大小沿结合面长度方向分布不均,造成局部磨损加剧,从而降低运动精度和零件的寿命;在过盈配合中,会使结合面各处的过盈量大小不一,影响零件的连接强度。

（2）影响零件的功能要求

例如机床导轨的直线度误差,会影响运动部件的运动精度;变速箱中的两轴承孔的平行度误差,会使相互啮合的两齿轮的齿面接触不良,降低承载能力。

（3）影响零件的可装配性

例如在孔轴结合中,轴的形状误差和位置误差都会使孔轴无法装配,如图 2-4 所示。因此,为了保证零件几何要素的互换性,必须根据零件的功能要求并考虑制造经济性,对各要素的形状及其相互位置的误差加以限制,即规定适当的几何公差。

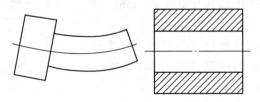

图 2-4　形位误差对零件装配性的影响

2) 几何公差的研究对象

几何公差的研究对象是几何要素简称要素。几何要素就是构成零件几何特征的点、线、面。例如,如图 2-5 所示零件的要素有:球心、锥顶(点)、圆柱和圆锥的素线、轴线、端平面、球面、圆锥面、圆柱面(面)等。

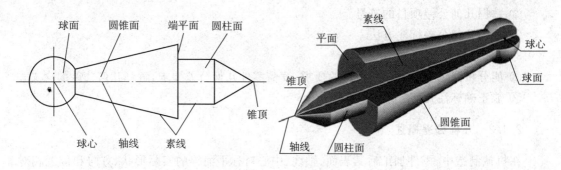

图 2-5　零件几何要素

几何要素可分为以下几类：

（1）按结构特征分类

① 组成要素

面或面上的线，即构成零件外形并且能被人们直接感觉到的点、线、面。

② 导出要素

由一个或几个组成要素得到的中心点、中心线或中心面。其特点是它不能为人们直接感觉到，而是通过相应的组成要素才能体现出来，如零件上的中心面、中心线、球心等。

（2）按存在状态分类

① 理想要素

具有几何学意义的要素，是按设计要求，由图样给定的点、线、面的理想形态。它不存在任何误差，检测中是作为评定实际要素几何误差的依据，在生产中是不可能得到的。由技术制图或其他方法确定的理论正确要素。

② 实际要素

零件上实际存在的要素，可以通过测量反映出来的要素。由于加工误差不可避免，所以实际要素总是偏离其理想要素。对具体零件而言，国家标准规定，实际要素测量时由提取要素来代替。

（3）按在几何公差中所处地位分类

① 被测提取要素

即图样中给出了几何公差要求的要素，是测量的对象。如图 2-6 所示 ϕd_2 的圆柱面和右端面，ϕd_1 的轴线。

② 基准要素

用来确定被测要素方向和位置的要素。基准要素在图样上都标有基准符号或基准代号，如图 2-6 中所示 ϕd_2 的轴线。

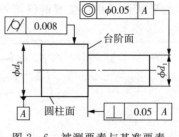

图 2-6　被测要素与基准要素

（4）按功能关系分类

① 单一要素

指仅对被测要素本身提出形状公差的要素，如图 2-6 所示 ϕd_2 的圆柱面的圆柱度公差。

② 与零件基准要素有功能要求的要素

如图 2-6 所示 ϕd_2 右端面相对于 ϕd_2 的轴线的有垂直度公差要求，此时，右端面属关联要素。

3)几何公差的几何特征及其符号

国家标准规定了 14 项几何公差,其名称、符号以及分类见表 2-1。

表 2-1 几何公差的分类、特征项目及符号

公 差		特征项目	符 号	有无基准
形状	形状	直线度	―	无
		平面度	▱	无
		圆度	○	无
		圆柱度	⌀	无
形状或位置	轮廓	线轮廓度	⌒	有或无
		面轮廓度	⌓	有或无
位置	定向	平行度	//	有
		垂直度	⊥	有
		倾斜度	∠	有
	定位	位置度	⊕	有或无
		同轴(同心)度	◎	有
		对称度	≡	有
	跳动	圆跳动	↗	有
		全跳动	⫽	有

4)几何公差的公差带

几何公差带是用来限制被测实际要素变动的区域。它是一个几何图形,只要被测要素完全落在给定的公差带内,就表示该要素的形状和位置符合要求。

几何公差带由形状、大小、方向和位置四个因素确定,如表 2-2 所示。

表 2-2 几何公差带的主要形状

序号	公差带	主要形状	应用项目	
			形状公差带	位置公差带
1	两平行直线	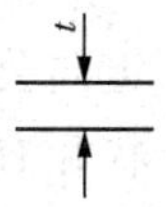	给定平面内的直线	平行度、垂直度、倾斜度、对称度和位置度等

（续表）

序号	公差带	主要形状	应用项目	
			形状公差带	位置公差带
2	两等距曲线		无基准要求的线轮廓度	有基准要求的线轮廓度
3	两同心圆		圆度	径向圆跳动
4	两平行平面		直线度、平面度	平行度、垂直度、倾斜度、对称度、位置度和端面全跳动等
5	两等距曲面		无基准要求的面轮廓度	有基准要求的面轮廓度
6	一个圆柱		轴线的直线度	平行度、垂直度、倾斜度、同轴度、位置度等
7	两同轴圆柱		圆柱度	径向全跳动
8	一个圆		平面内点的位置度、同轴（心）度	
9	一个球		空间点的位置度	

① 公差带的形状由被测要素的理想形状和给定的公差特征项目所确定。主要有表 2 - 2 所示的 9 种。

② 公差带的大小由公差值 t 确定，是指公差带的宽度 t 或直径 ϕt，如表 2 - 2 所示。

③ 公差带的方向即评定被测要素误差的方向。对于位置公差带，其方向由设计给出，应与基准保持设计给定的关系。对于形状公差带，设计不作出规定，其方向应遵守评定形状误差的基本原则——最小条件原则。

④ 公差带的位置，对于定位公差以及多数跳动公差，一般由设计确定，与被测要素的实际状况无关，可以称为位置固定的公差带；对于形状公差、定向公差和少数跳动公差，项目本身并不规定公差带位置，其位置随被测提取组成要素的形状和有关尺寸的大小而改变，可以称为位置浮动的公差带。

5)几何公差的标注方法

按几何公差国家标准的规定,在图样上标注几何公差时,应采用代号标注。无法采用代号标注时,允许在技术条件中用文字加以说明。

几何公差代号包括:几何公差框格及指引线、几何公差特征项目符号、几何公差数值和其他有关符号、基准符号等,如图 2-7 所示。

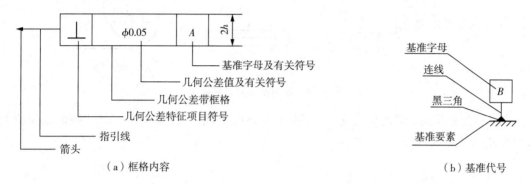

（a）框格内容　　　　　　　　　（b）基准代号

图 2-7　几何公差标注样式

（1）公差框格

几何公差框格有两格或多格等形式,按规定,框格中几何特征项目符号、几何公差数值及有关符号、基准符号等内容从左到右填写,如图 2-8 所示。

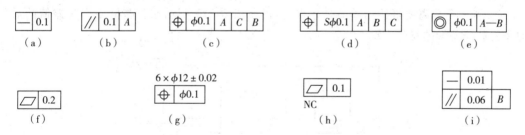

图 2-8　几何公差的框格

① 第一格:几何特征符号。

② 第二格:公差值,单位为 mm,如公差带为圆形或圆柱"ϕt"如图 2-8(c)所示;公差带为圆球形"$S\phi t$",如图 2-8(d)所示。如果需要限制被测要素在公差带内的形状,应在公差框格的下方注明,如图 2-8(h)所示(注:NC 表示表面不凸起)。

③ 第三格起为基准代号:以单个要素作基准时,用一个大写字母表示如图 2-8(b)所示;以两个要素建立公共基准时,用中间加连字符的两个大写字母表示,如图 2-8(e)所示;以两个或三个基准建立基准体系(即采用多基准)时,表示基准的大写字母按基准的优先顺序自左至右填写在各框格内,如图 2-8(c)、(d)所示。

（2）被测要素

用带箭头的指引线将公差框格与被测要素相连,指引线的箭头指向被测要素,箭头的方向为公差带的宽度方向或直径方向。指引线可以从框格的任意一端引出,引出框格时必须垂直于框格,而引向被测要素时允许弯折,但不得多于两次,其标注方法如下:

① 当公差涉及轮廓线或轮廓面时,箭头指向该要素的轮廓线或其延长线[应与尺寸线明显错开,如图2-9(a)、(b)所示];箭头也可指向引出线的水平线[引出线引自被测面,如图2-9(c)所示]。

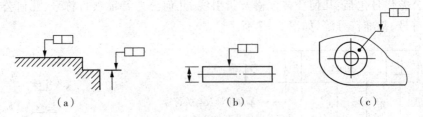

(a) (b) (c)

图2-9 被测要素为组成要素

② 当公差涉及要素的中心线、中心面或中心点时,箭头应位于相应尺寸线的延长线上(与尺寸线对齐),如图2-10所示。

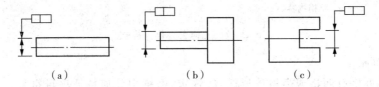

(a) (b) (c)

图2-10 被测要素为导出要素

③ 若干个分离要素给出单一公差带时,可按图2-11所示在公差框格内公差值的后面加注公共公差带的符号CZ。

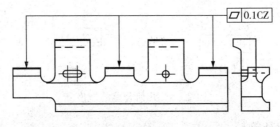

图2-11 同一公差带

④ 如果给出的公差仅适用于要素的某一指定局部,应采用粗点画线示出该局部的范围,并加注尺寸,如图2-12所示。

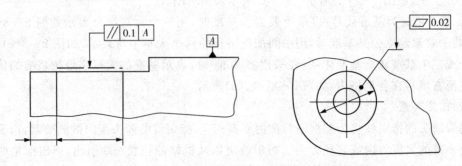

图2-12 给出的公差值适用于要素的某一指定局部

（3）基准要素

与被测要素相关的基准用一个大写字母表示。字母标注在基准方格内，与一个涂黑的或空白的三角形相连以表示基准，如图 2-13 所示；表示基准的字母还应标注在公差框格内。涂黑的和空白的基准三角形含义相同。

图 2-13   基准代号

① 当基准要素是轮廓线或轮廓面时，基准三角形放置在要素的轮廓线或其延长线上（与尺寸线明显错开），如图 2-14(a)所示；基准三角形也可放置在该轮廓面引出线的水平线上，如图 2-14(b)所示。

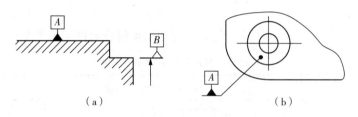

（a）   （b）

图 2-14   基准为轮廓

② 当基准是尺寸要素确定的轴线、中心平面或中心点时，基准三角形应放置在该尺寸线的延长线上，如图 2-15 所示。如果没有足够的位置标注基准要素尺寸的两个尺寸箭头，则其中一个箭头可用基准三角形代替，如图 2-15(b)、(c)所示。

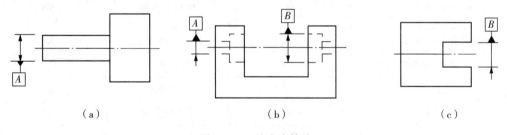

（a）   （b）   （c）

图 2-15   基准为轴线

③ 如果只以要素的某一局部作基准，则应用粗点画线示出该部分并加注尺寸，如图 2-16 所示。

（4）理论正确尺寸

当给出一个或一组要素的位置、方向或轮廓度公差时，分别用来确定其理论正确位置、方向或轮廓的尺寸称为理论正确尺寸（TED）。

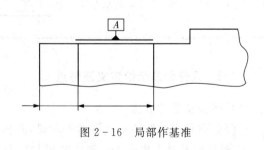

图 2-16   局部作基准

理论正确尺寸也用于确定基准体系中各基准之间的方向、位置关系。

理论正确尺寸没有公差,并标注在一个方框中,如图 2-17 所示。

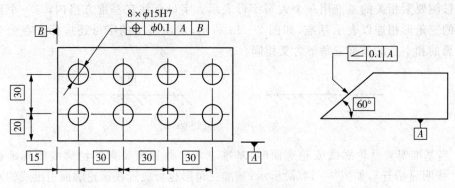

图 2-17 理论正确尺寸

(5)其他符号

国家标准 GB/T 1182—2008 中几何公差常用附加符号及说明见表 2-3 所示。

表 2-3 附加符号的说明及符号

说　明	符　号	说　明	符　号
被测要素		基准要素	
基础目标	$\phi 2$ / A1	全周(轮廓)	
理论正确尺寸	50	延伸公差带	Ⓟ
最大实体要求	Ⓜ	最小实体要求	Ⓛ
自由状态条件(非刚性零件)	Ⓕ	包容要求	Ⓔ
公共公差带	CZ	可逆要求	Ⓡ
不凸起	NC	任意横截面	ACS
注:GB/T 1182—1996 中规定的基准符号为			

2.1.3 几何公差带的定义及特点

1)几何公差带的概念

几何公差是指提取要素允许的变动量,几何公差包括以下几类:

① 形状公差是指提取单一要素的形状所允许的变动全量。

② 定向公差是关联提取要素对基准在方向上所允许的变动全量。

③ 定位公差是关联提取要素对基准在位置上所允许的变动全量。

④ 跳动公差是关联提取要素绕基准轴线回转一周或连续回转时所允许的最大跳动量。

2）形状公差带的特点及定义

形状公差带的特点是不涉及基准，其方向和位置随提取要素不同而浮动。

形状公差带的定义、标注示例和解释如表 2-4 所示。

3）定向公差特点及定义

定向公差有平行度、垂直度和倾斜度 3 项。

① 平行度是限制提取要素相对于基准在平行方向上变动量的一项指标。

② 垂直度是限制提取要素相对于基准在垂直方向上变动量的一项指标。

③ 倾斜度是限制提取要素相对于基准在倾斜方向上变动量的一项指标。

定向公差带具有综合控制被测要素的方向和形状的功能。它们都有面对面、线对面、面对线和线对线 4 种情况。其公差带的定义、标注示例和解释如表 2-5 所示。

表 2-4　形状公差带的定义、标注示例和解释

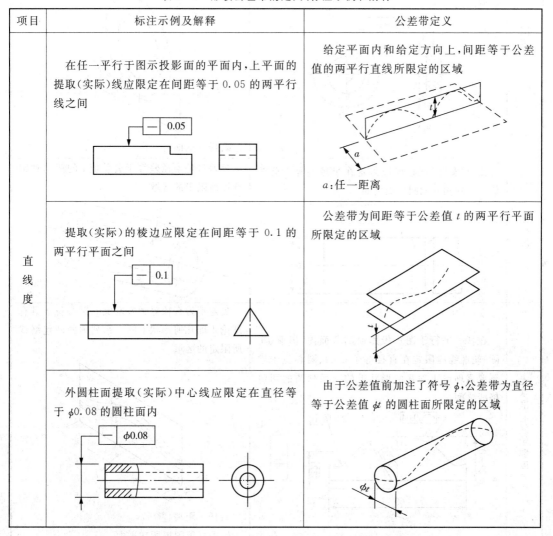

项目	标注示例及解释	公差带定义
	在任一平行于图示投影面的平面内，上平面的提取（实际）线应限定在间距等于 0.05 的两平行线之间 — 0.05	给定平面内和给定方向上，间距等于公差值的两平行直线所限定的区域 t a a：任一距离
直线度	提取（实际）的棱边应限定在间距等于 0.1 的两平行平面之间 — 0.1	公差带为间距等于公差值 t 的两平行平面所限定的区域
	外圆柱面提取（实际）中心线应限定在直径等于 $\phi 0.08$ 的圆柱面内 — $\phi 0.08$	由于公差值前加注了符号 ϕ，公差带为直径等于公差值 ϕt 的圆柱面所限定的区域 ϕt

（续表）

项目	标注示例及解释	公差带定义
平面度	提取（实际）表面应限定的在间距等于 0.08 的两平行平面之间 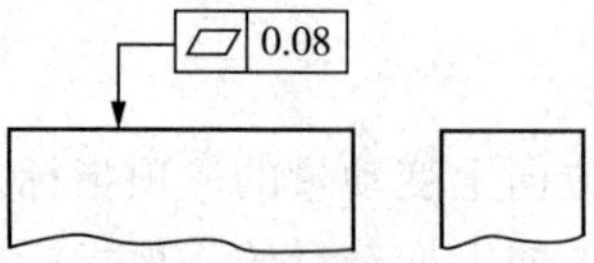 	公差带为间距等于公差值 t 的两平行平面所限定的区域 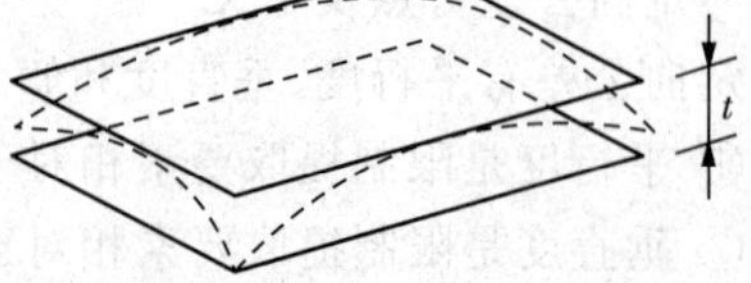
圆度	在圆柱面和圆锥面的任意横截面内，提取（实际）圆周应限定在半径差等于 0.03 的两共面同心圆之间 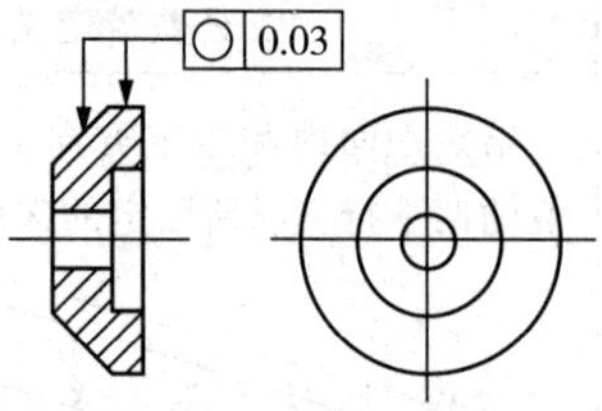 	公差带为在给定横截面内，半径差等于公差值 t 的两同心圆限定的区域 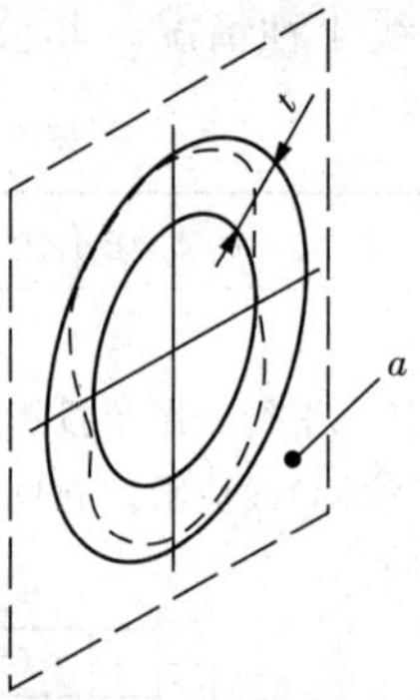 a：任一截面
圆柱度	提取（实际）圆柱面应限定在半径差等于公差值 0.1 的两同轴圆柱面之间 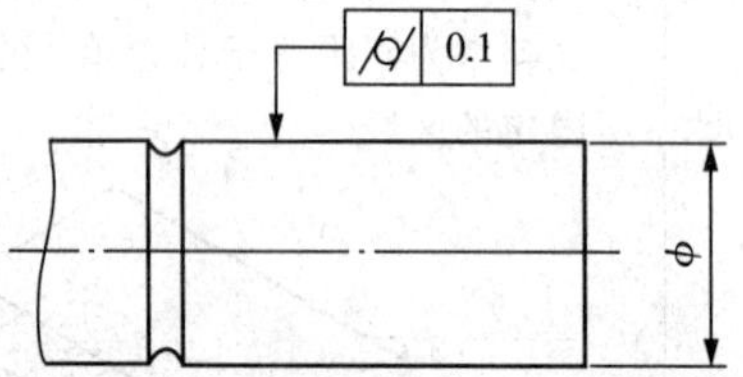 	公差带是半径差等于公差值 t 的两同轴圆柱面所限定的区域 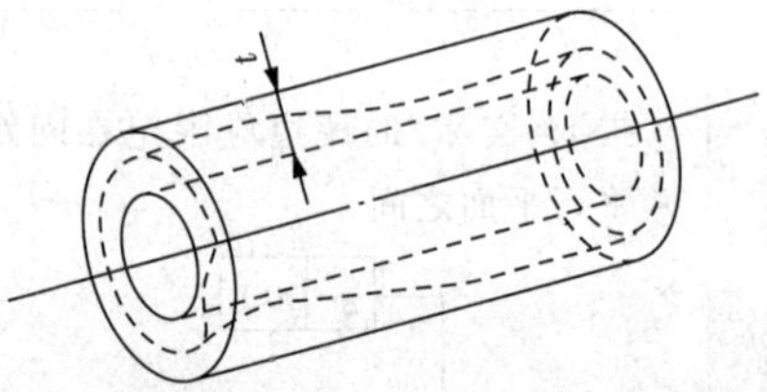
无基准的线轮廓度	在任一平行于图示投影面的截面内，提取（实际）轮廓线应限定在直径等于 0.04、圆心位于被测要素理论正确几何形状上的一系列圆的两包络线之间 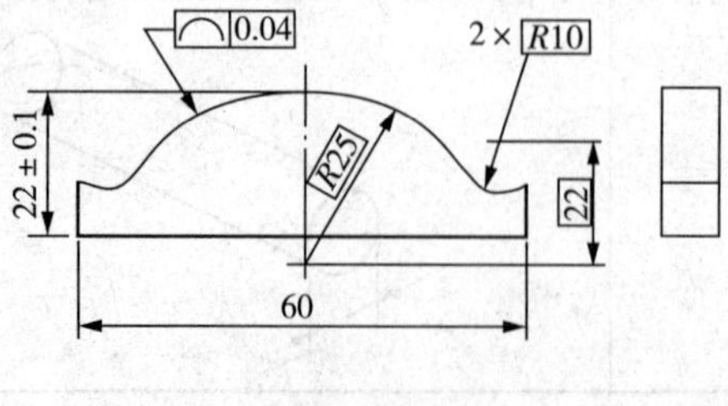 	公差带为直径等于公差值 t、圆心位于具有理论正确几何形状上的一系列圆的两包络线所限定的区域 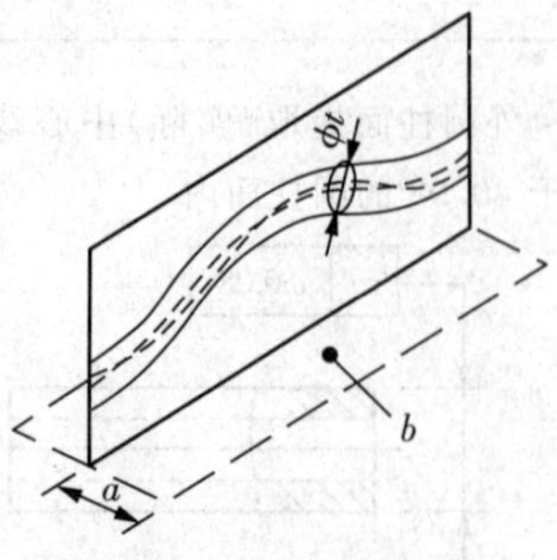 a：任一距离； b：垂直于图视所在平面

（续表）

项目	标注示例及解释	公差带定义
相对于基准体系的线轮廓度	在任一平行于图示投影面的截面内,提取(实际)轮廓线应限定在直径等于0.04,圆心位于由基准平面 A 和基准平面 B 确定的被测要素理论正确几何形状上的一系列圆的两等距包络线之间 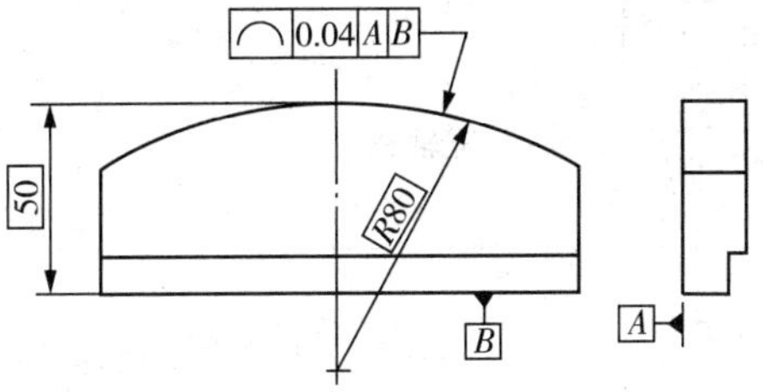 ⌒ 0.04 A B 50　R80　B　A	公差带为直径等于公差值 t、圆心位于由基准平面 A 和基准平面确定的被测要素理论正确几何形状上的一系列圆的两包络线所限定的区域 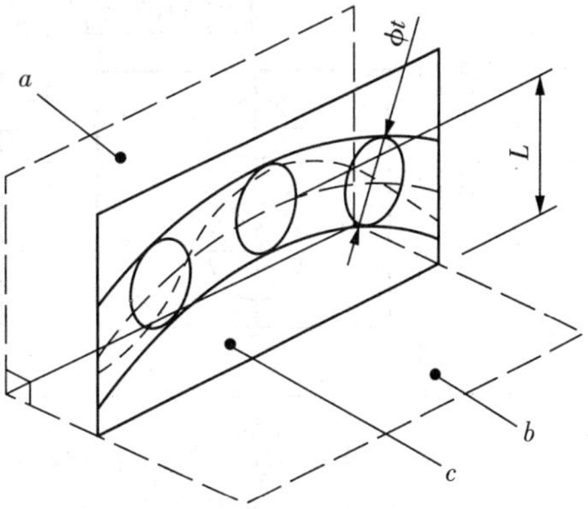 a:基准平面 A₁;b:基准平面 B₁;c:平行于基准 A 的平面
无基准的面轮廓度	提取(实际)轮廓面应限定在直径等于0.02球心位于被测要素理论正确几何形状上的一系列圆球的两等距包络面之间 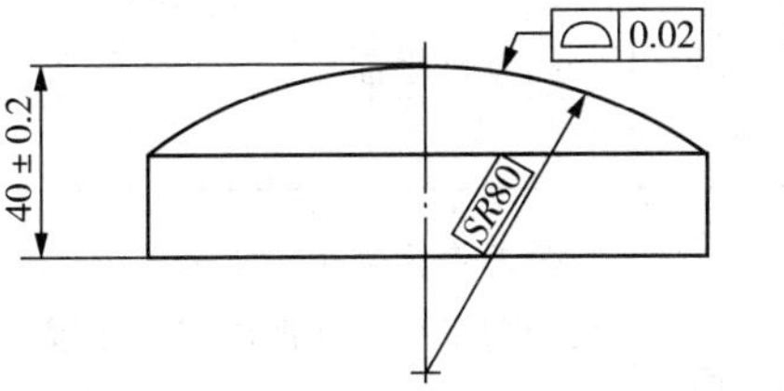 ⌒ 0.02 40 ± 0.2　SR80	公差带为直径等于公差值 t、球心位于被测要素理论正确形状上的一系列圆球的两包络面所限定的区域 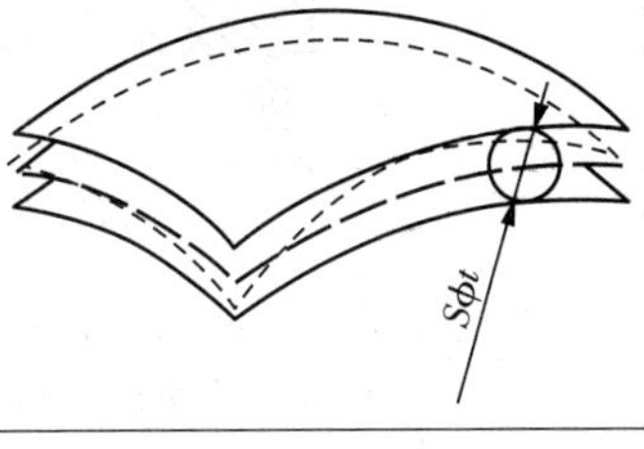
相对于基准的面轮廓度	提取(实际)轮廓面直径等于0.1,球心位于由基准平面 A 确定的被测要素理论正确几何形状上的一系列圆球的两等距包络面之间。 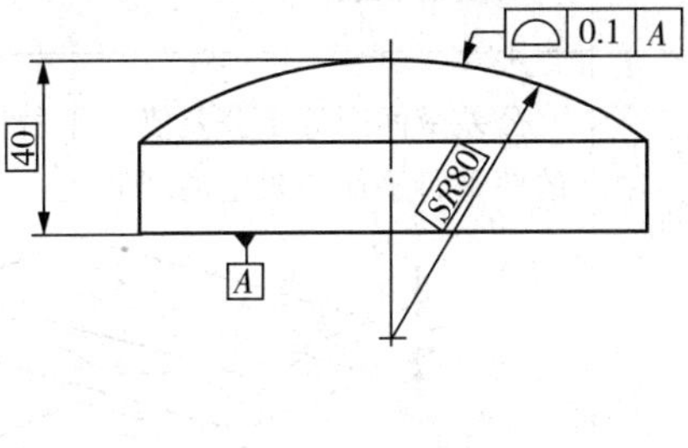 ⌒ 0.1 A 40　SR80　A	公差带为直径等于公差值 t、球心位于由基准 A 确定的被测要素理论正确几何形状上的一系列圆球的两包络面所限定的区域 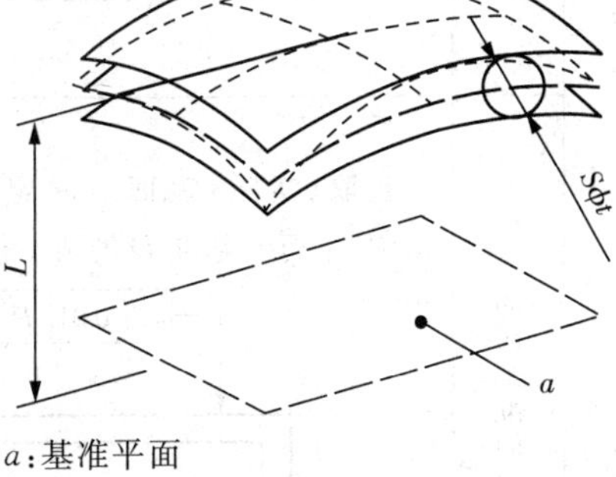 a:基准平面

注:轮廓度无基准要求时为形状公差,有基准要求时为位置公差。无基准要求时,轮廓度公差带的形状只由理论正确尺寸确定,其位置浮动;有基准要求时,轮廓度公差带的形状和位置由理论正确尺寸和基准确定,公差带的位置是固定的。

表 2-5 定向公差带的定义、标注示例和解释

项目		标注示例及解释	公差带定义
平行度	线对基准线	提取(实际)中心线应限定在平行于基准轴线 A、直径等于 φ0.03 的圆柱面内 // | φ0.03 | A	公差带是距离为公差值 0.01mm,且平行于基准平面的两平行平面间的区域 a:基准轴线
	线对基准面	提取(实际)中心线应限定在平行于基准平面 B、间距等于 0.01 的两平行平面之间 // | 0.01 | B	公差带为平行于基准平面、间距等于公差值 t 的两平行平面所限定的区域 a:基准平面
	面对基准线	提取(实际)表面应限定的间距等于 0.1、平行于基准轴 C 的两平行平面之间 // | 0.1 | C	公差带为间距等于公差值 t、平行于基准轴线的两平行平面所限定的区域 a:基准轴线
	面对基准面	提取(实际)表面应限定在间距等于 0.01、平行于基准 D 的两平行平面之间 // | 0.01 | D	公差带间距等于公差值 t、平行于基准平面的两平行平面所限定的区域 a:基准轴线

（续表）

项目		标注示例及解释	公差带定义
垂直度	线对基准线	提取（实际）中心线应限定在间距等于0.06、垂直于基准轴线 A 的两平行平面之间	公差带为间距等于公差值 t、垂直于基准线的两平行平面所限定的区域
	线对基准平面	圆柱面的提取（实际）中心线应限定在间距等于0.1和0.2，且相互垂直的两组两平行平面内。该项两组平行平面垂直于基准平面 A 且垂直于或平行于基准平面 B	公差带为间距分别等于公差值 t_1 和 t_2，且互相垂直的两组平行平面所限定的区域。该两组平行平面都垂直于基准平面 A。其中一组平行平面垂直于基准平面 B，另一组平行平面平行于基准平面 B
	线对基准平面	圆柱面的提取（实际）中心线应限定在直径等于 $\phi0.01$、垂直于基准平面 A 的圆柱面内	若公差值前加注符号 ϕ，公差带直径等公差值 ϕ、轴线垂直于基准平面的圆柱面所限定的区域
	面对基准线	提取（实际）表面应限定在间距等于0.08的两平行平面之间。该两平行平面垂直于基准轴线 A	公差带为间距等于公差值 t 且垂直于基准轴线的两平行平面所限定的区域

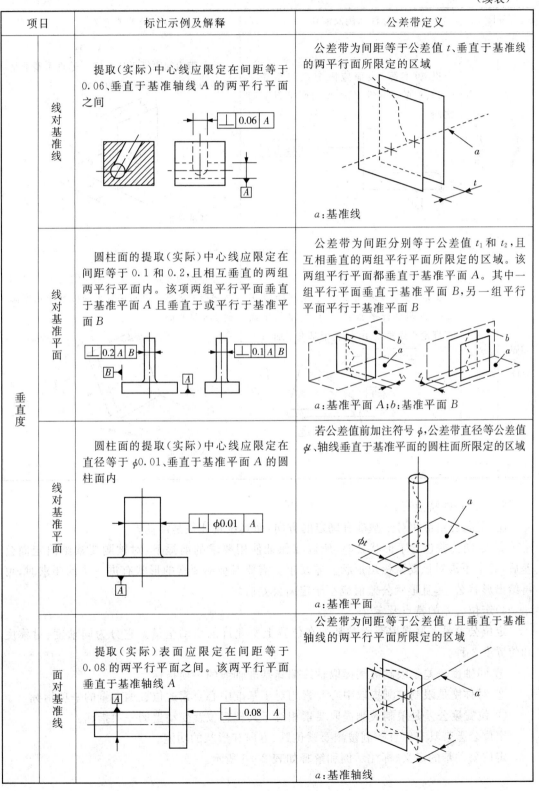

（续表）

项目		标注示例及解释	公差带定义
垂直度	面对基准面	提取（实际）表面应限定在间距等于0.08、垂直于基准平面 A 的两平行平面之间 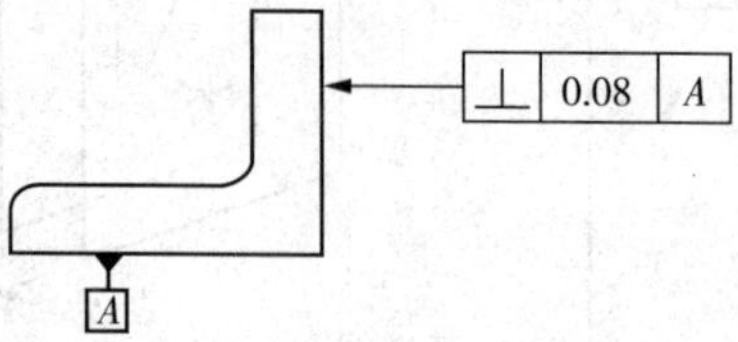 ⊥ | 0.08 | A A	公差带为间距等于公差值 t、垂直于基准平面的两平行平面所限定的区域 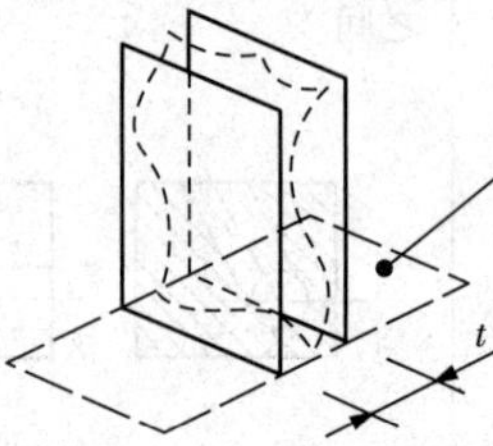 a：基准平面
倾斜度	面对基准面	提取（实际）表面应限定在间距等于0.08 的两平行平面之间，该两平行平面按理论正确角度 40°倾斜于基准平面 A ∠ | 0.08 | A 40° A 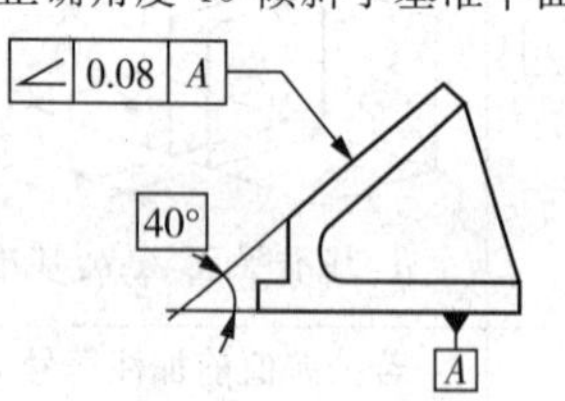	公差带为间距等于公差值 t 的两平行平面所限定的区域。该两平行平面按给定角度倾斜于基准平面 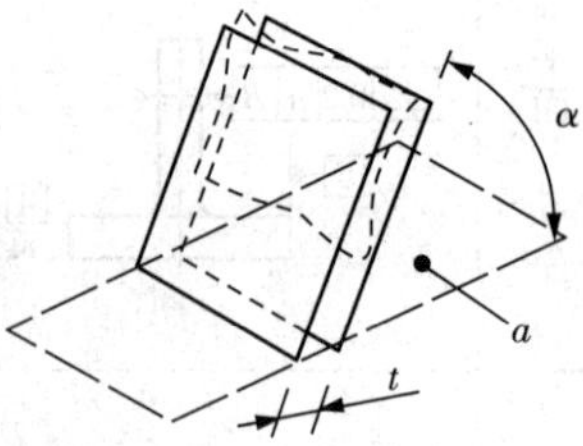 a：基准平面

定向公差的特点有：

① 定向公差带相对于基准有确定的方向，而其位置往往是浮动。

② 定向公差包含了形状公差，所以在保证使用要求的前提下，对被测要素给出定向公差后，通常不再对该要素提出形状公差要求。需要对被测要素的形状有进一步的要求时，可再给出形状公差，且形状公差值应小于定向公差值。

4）定位公差的特点及定义

定位公差是关联提取要素对基准在位置上所允许的变动全量。它分为同轴度、对称度和位置度 3 种。

① 同轴度公差是限制被测提取轴线偏离基准轴线的一项指标。

② 对称度是限制被测提取中心要素相对于基准中心要素的位置偏离量的一项指标。

③ 位置度公差是限制被测提取要素相对于其理想位置变动量的一项指标。

定位公差带具有综合控制被测要素位置、方向和形状的功能。

定位公差带的定义、标注示例和解释如表 2-6 所示。

表 2-6 定位公差带的定义、标注示例和解释

项目		标注示例及解释	公差带定义
位置度	点的位置度	提取（实际）球心应限定在直径等于 $S\phi0.3$ 的圆球面内，该圆球面的中心由基准平 A、基准平面 B、基准中心平面 C 和理论正确尺寸 30、25 确定	公差值前加注 $S\phi$，公差带为直径等于公差值 $S\phi t$ 的圆球面所限定的区域。该圆球面中心的理论正确位置由基准 A、B、C 和理论正确尺寸确定
		a:基准平面 A；b:基准平面 B；c:基准平 C
	线的位置度	提取（实际）中心线应限定在直径等于 $\phi0.08$ 的圆柱面内。该圆柱面的轴线的位置应处于由基准平面 C、A、B 和理论正确尺寸 100、68 确定的理论正确位置上	公差值前加注符号 ϕ，公差带为直径等于公差值 ϕt 的圆柱面限定的区域。该圆柱面的轴线的位置由基准平面 C、A、B 和理论正确尺寸确定
		a:基准平面 A；b:基准平面 B；c:基准平面 C
	面的位置度	提取（实际）表面应限定在间距等于 0.05，且对称于被测面的理论正确位置的两平行平面之间。该两平行平面对称于由基准平面 A、基准轴线和理论正确尺寸 15、105° 确定的被测面的理论正确位置	公差带为间距等于公差值 t，且对称于被测面理论正确位置的两平行平面所限定的区域。面的理论正确位置由基准平面、基准轴线和理论正确尺寸确定
		a:基准平面；b:基准轴线

（续表）

项目		标注示例及解释	公差带定义
对称度	中心平面的对称度	提取（实际）中心面应限定在间距等于0.08、对称于基准中心平面 *A* 的两平行平面之间 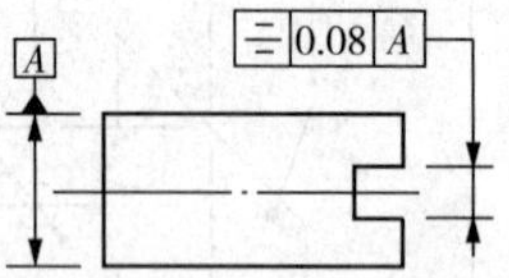	公差带为间距等于公差值 *t*，对称于基准中心平面的两平行平面所限定的区域 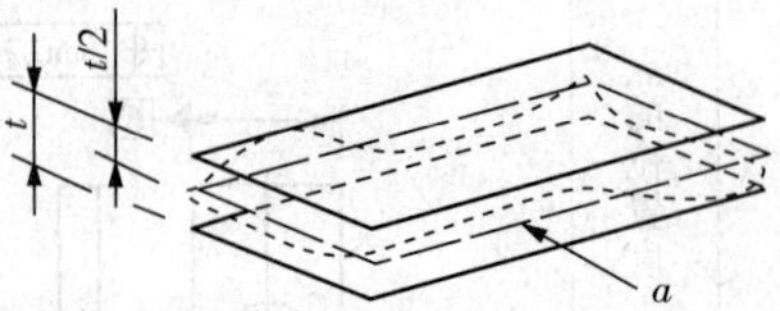　　*a*：基准中心平面
同轴度	轴线的同轴度	大圆柱面的提取（实际）中心线应限定在直径等于 $\phi 0.08$、以公共基准轴线 *A—B* 为轴线的圆柱面内 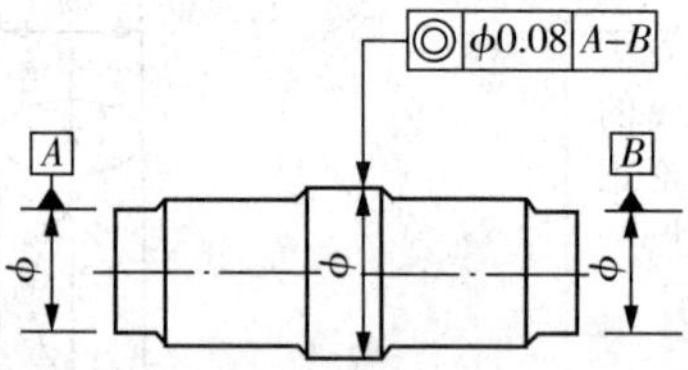	公差值前标注 ϕ，公差带为直径等于公差值 ϕt 的圆柱面所限定的区域。该圆柱面的轴线与基准轴线重合 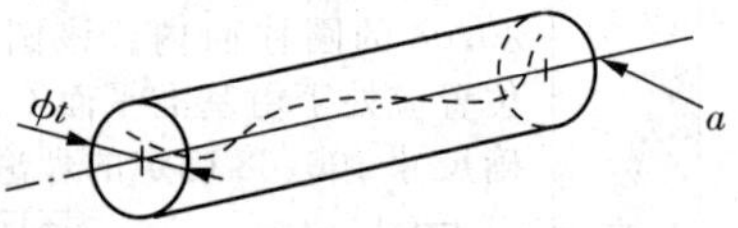

定位公差的特点有：

① 定位公差带相对于基准具有确定的位置。其中，位置度公差带的位置由理论正确尺寸确定，同轴度和对称度的理论正确尺寸为零，图上可省略不注。

② 定位公差包括了定向公差和形状公差，设计时在满足使用要求的前提下，对被测要素给出定位公差后，通常对该要素不再给出定向公差和形状公差。如果需要对方向和形状有进一步的要求，则可另行给出定向或（和）形状公差，但其数值应小于定位公差值。即 $T_{形状} < T_{定向} < T_{定位}$。

5）跳动公差的特点及定义

跳动公差是关联提取要素绕基准轴线回转一周或连续回转时所允许的最大跳动量。它分为圆跳动和全跳动。

① 圆跳动是指被测提取要素在某个测量截面内相对于基准轴线的变动量。

② 全跳动是指整个被测提取要素相对于基准轴线的变动量。

与定向、定位公差不同，跳动公差是针对特定的检测方式而定义的公差特征项目。它是被测提取要素绕基准要素回转过程中所允许的最大跳动量，也就是指示器在给定方向上指示的最大读数与最小读数之差的允许值。

跳动公差带的定义、标注示例和解释如表 2－7 所示。

表 2-7　跳动公差带的定义、标注示例和解释

项目		标注示例及解释	公差带定义
圆跳动	径向圆跳动	在任一垂直于公共基准轴线 A—B 的横截面内,提取(实际)圆应限定在半径差等于 0.1,圆心在基准轴线 A—B 上的两同心圆之间 ⊿0.1 A—B	公差带为在任一垂直于基准轴线的横截面内,半径差为公差值 t,圆心在基准轴线上的两个同心圆所限定的区域 a:基准轴线;b:横截面
	轴向圆跳动	在与基准轴线 D 同轴的任一圆柱形截面上,提取(实际)圆应限定在轴向距离等于 0.1 的两个等圆之间 ⊿0.1 D	公差带为与基准轴线同轴的任一半径的圆柱截面上,间距等于公差值 t 的两圆所限定的圆柱面区域 a:基准轴线;b:公差带;c:任一圆柱截面
	斜向圆跳动	在与基准轴线 C 同轴的任一圆锥截面上,提取(实际)线应限定在素线方向间距等于 0.1 的两个不等圆之间 ⊿0.1 C 当标注公差的素线不是直线时,圆锥截面的锥角要随所测圆的实际位置而改变 ⊿0.1 C	公差带为与基准轴线同轴的某一圆锥截面上,间距等于公差值 t 的两圆所限定的圆锥面区域。除非另有规定,测量方向应沿被测表面的法向 a:基准轴线;b:公差带

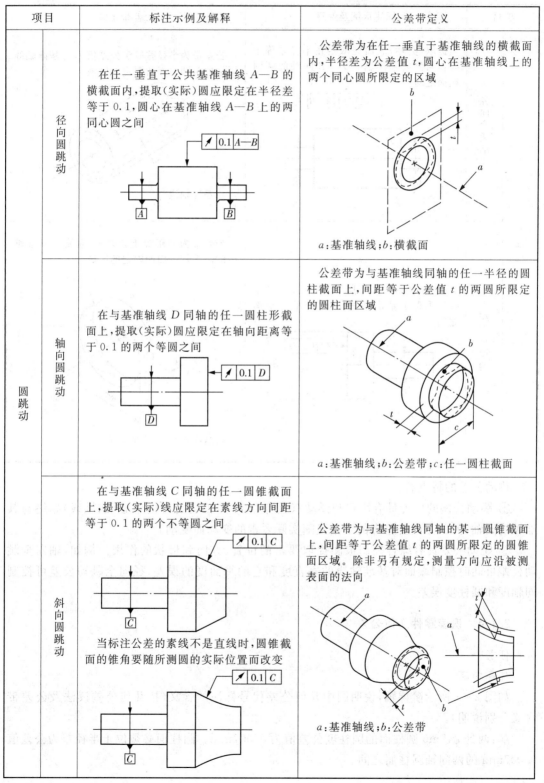

（续表）

项目		标注示例及解释	公差带定义
全跳动	径向全跳动	提取（实际）表面应限定在半径差等于0.1，与公共基准轴线 *A*—*B* 同轴的两圆柱面之间 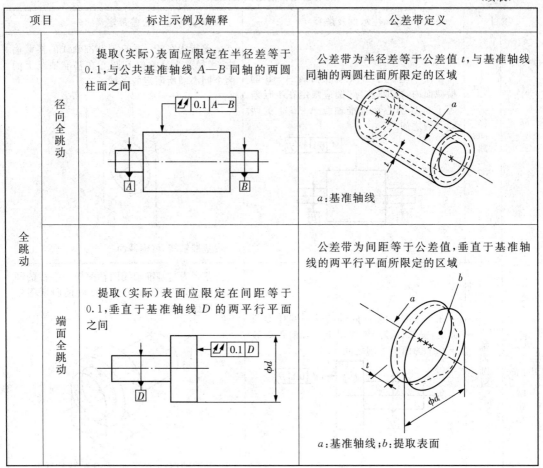	公差带为半径差等于公差值 *t*，与基准轴线同轴的两圆柱面所限定的区域 *a*：基准轴线
	端面全跳动	提取（实际）表面应限定在间距等于0.1，垂直于基准轴线 *D* 的两平行平面之间	公差带为间距等于公差值，垂直于基准轴线的两平行平面所限定的区域 *a*：基准轴线；*b*：提取表面

跳动公差的特点有：

① 跳动公差的位置具有固定和浮动双重特点，一方面公差带的中心（或轴线）始终与其准轴线同轴，另一方面公差带的半径又随实际要素的变动而变动。

② 跳动公差具有综合控制被测提取要素的位置、方向和形状的作用。例如，轴向全跳动公差可同时控制端面对基准轴线的垂直度和它的平面度的误差；径向全跳动公差可控制同轴度和圆柱度误差。

2.1.4　识读零件几何公差

任务一

任务回顾

如图 2-1 所示阶梯轴，说明图中几何公差代号标注的含义（按几何公差读法及公差带含义分别说明）。

解：两处 φ45m6 圆柱面的圆柱度公差值为 0.007mm。圆柱面必须位于半径差为公差值 0.007mm 的两同轴圆柱面之间。

任务二

任务回顾

指出如图 2-2 所示零件所有标注含义。

解：(1)四个 $\phi 11$mm 的孔，孔心线均匀分布在直径为 ϕD 的圆周上。

(2)四个 $\phi 11$mm 的孔，孔心线关于基准轴线 A 的位置度公差值为 $\phi 0.05$mm，基准 A 是 ϕd 的孔心线。

任务 2.2　几何误差的检测

2.2.1　导入案例

1)案例任务

完成如图 2-18 所示零件几何误差的检测。

2)知识目标

① 理解几何公差标注。

② 了解几何误差检测原则。

③ 掌握形状误差评定准则、检测及数据处理方法以及合格性判定。

④ 巩固对几何公差带特点的认识。

3)技能目标

① 能对图样进行正确识读及标注。

② 能根据几何项目，选择适当的测量工具及检测方法进行检测。

③ 能利用最小条件评定几何误差。

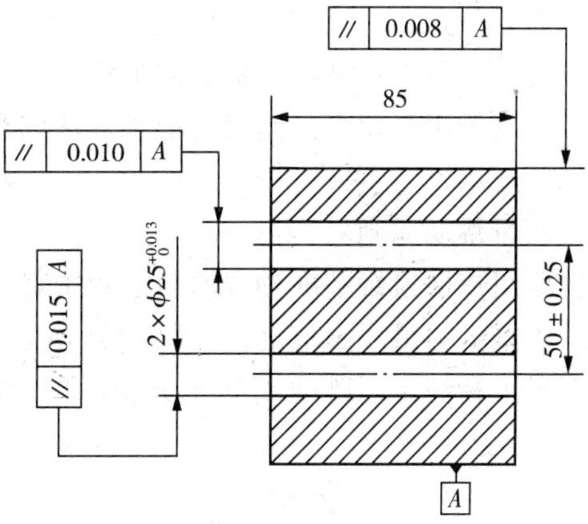

图 2-18

2.2.2　几何误差的检测原则

1)与拟合要素比较原则

将提取组成要素与其拟合要素相比较，量值由直接法或间接法获得，按这些数据来评定几何误差值。该检测原则在生产中应用最为广泛，如图 2-19 所示。

拟合要素可采用模拟法体现，例如用刀口尺的刃口、平尺的工作面、一条拉紧的钢丝绳、平台和平板的工作面以及样板的轮廓等都可作为拟合要素。

2)测量坐标值原则

测量提取组成要素的坐标值(如直角坐标值、极坐标值、圆柱面坐标值)，并经过数据处理获得几何误差值。如图 2-20 所示。

由于几何要素的特征总是可以在坐标系中反映出来，因此，利用坐标测量机或其他测量装置，对被测要素测出一系列坐标值，再经数据处理，就可以获得几何误差值。测量坐标值原则是几何误差中的重要检测原则,尤其在轮廓度和位置度误差测量中的应用更为广泛。

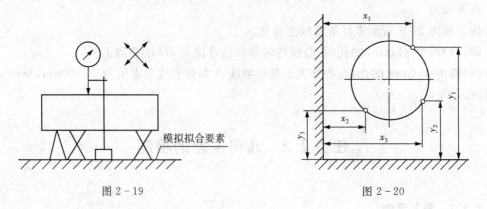

图 2-19   图 2-20

3)测量特征参数原则

测量提取组成要素上具有代表性的参数来评定几何误差。按特征参数的变动量所确定的几何误差只是一个近似值。但应用该原则往往可以简化测量过程和设备,也不需要复杂的数据处理。所以在满足功能要求的情况下,采用该原则可以取得明显的经济效益,这类方法在生产现场用得较多。测量特征参数法的典型例子是用两点法、三点法测量圆度误差,如图 2-21 所示。

4)测量跳动原则

提取组成要素绕基准轴线回转过程中,沿给定方向测量其对某基准点(或线)的变动量,即指示表最大与最小示值之差。跳动公差是按检测方法定义的,所以测量跳动的原则主要用于图样上标注了圆跳动或全跳动时误差的测量,如图 2-22 所示。

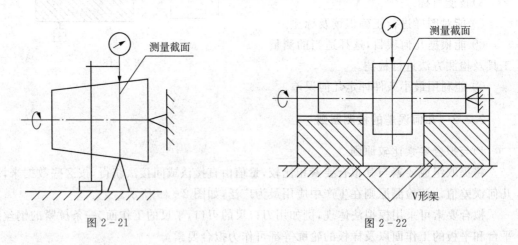

图 2-21   图 2-22

5)控制实效边界原则

检验提取组成要素是否超过实效边界,以判断合格与否。此原则用于提取组成要素采用最大实体要求的场合。例如用位置量规模拟实效边界,检验提取组成要素是否超过最大实体实效边界,以判断合格与否,如图 2-23 所示。

需要指出,测量几何误差的条件是标准参考温度 20℃ 和测量力为零,当环境条件偏离较大时,应考虑对测量结果做适当修正。

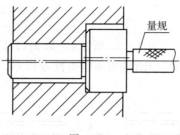

图 2 - 23

2.2.3　形状误差的评定

1) 形状误差的评定原则——最小条件

国家标准规定,最小条件是评定形状误差的基本准则。最小条件是指提取组成要素对其拟合要素的最大变动量为最小。

评定形状误差须在被测提取要素上找出拟合要素的位置。这要求遵循一条原则,即使拟合要素的位置符合最小条件。

对于组成要素,符合最小条件的拟合要素位于实体之外并与被测提取要素相接触,使被测提取要素相对于拟合要素的最大变动量为最小。如图 2 - 24(a)所示,被测提取组成要素不直,评定它的误差可用 A_1—B_1、A_2—B_2、A_3—B_3 三对的拟合要素直线包容被测提取要素,它们的距离分别为 h_1、h_2、h_3。其中 h_1 值最小,符合最小条件的拟合要素为 A_1—B_1。

对于导出要素,其拟合要素应位于被测提取要素之中,使被测提取要素对其拟合要素的最大变动量为最小。如图 2 - 24(b)所示。

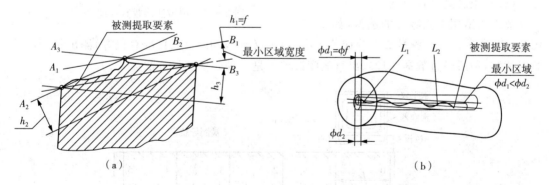

图 2 - 24　直线度误差的最小包容区

2) 形状误差评定方法——最小区域法

形状误差值的大小可用最小包容区域(简称最小区域)的宽度或直径表示。所谓最小区域,是指包容提取实际要素时,具有最小宽度或直径的包容区。

按最小包容区域法评定形状误差值是唯一的、最小的,可以最大限度地保证合格件通过。当然,在实际测量中,只要能满足零件功能要求,也允许采用近似的评定方法。例如,以两端点连线法评定直线度误差,用三点法评定平面度误差等。当采用不同评定方法所获得测量结果有争议时,应按最小区域法评定结果作为仲裁依据。

3)形状误差常用测量方法

(1)贴切法测量直线度

用刀口尺测量直线度误差,如图 2-25 所示,是以刃口作为理想直线,被测直线与之比较,根据光隙大小或用厚薄规(塞尺)测量来确定直线度误差。

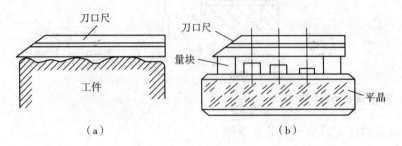

（a） （b）

图 2-25 用刀口尺测量直线度

(2)测微法测量直线度

测微法用于测量圆柱体素线或轴线的直线度误差,如图 2-26 所示。两个指示表沿圆柱体的两条素线,分别在铅垂轴截面上同步移动,记录两指示表在各自测点的读数,取各截面上的 M_1、M_2 中最大差值作为该轴截面轴线的直线度误差。

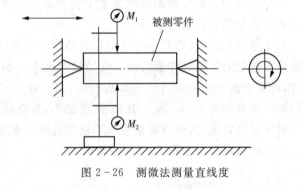

图 2-26 测微法测量直线度

(3)节距法测量直线度

节距法适用于长零件的测量,如图 2-27 所示。将被测量长度分成若干小段,用仪器(如水平仪、自准直仪等)测出每一段的相对读数,最后通过数据处理求出直线度误差。是一种间接测量方法。

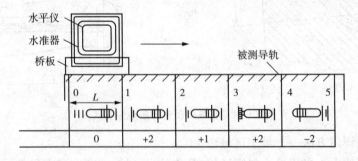

图 2-27 节距法测量直线度误差

数据处理如表 2-8 和图 2-28 所示。表中所列是从仪器读取的相对刻度数 n_i(以格为单位),按最小包容区域法求得直线度误差 $f=c\times L\times n_i=5\mu m$,其中 C 为分度值,L 为节距。

若水平仪分度值为 0.02mm/m,节距为 300mm,则直线度误差为 $f=\dfrac{0.02}{1000}\times 300\times 2.8$

$=0.0168(\mathrm{mm})$。

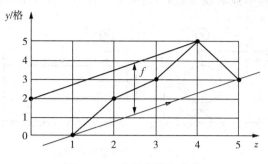

图 2 - 28　直线度误差曲线

表 2 - 8　直线度误差数据处理

测量点序号	0	1	2	3	4	5
水平仪读数/格	0	0	+2	+1	+2	-2

（4）千分表测量平面度

如图 2 - 29 所示，调整被测零件，将被测平面上两对角线的角点调成等高，或将被测平面上最远三点调成与平板等高，然后按一定的布点规律测量被测平面，指示表读数的最大值与最小值之差就是该平面的平面度误差。

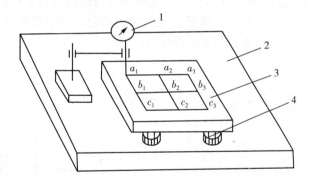

图 2 - 29　千分表测量平面度误差

1—千分表；2—平板；3—被测平面；4—可调支撑

（5）两点法测量圆度

两点法测量是用游标卡尺、千分尺等通用量具测出同一径向截面中的最大直径差，此差之半 $(d_{\max}-d_{\min})/2$ 就是该截面的圆度误差。测量多个径向截面，取其中的最大值作为被测零件的圆度误差，是测量特征参数原则的应用。

（6）三点法测量圆度

圆度误差还可用三点法测量，其测量装置如图 2 - 30 所示。被测件放在 V 形块上回转一周，指示表的最大差值之半 $(M_{\max}-M_{\min})/2$ 反映了该测量截面的圆度误差，测量多个径向截面，取其中的最大值作为被测零件的圆度误差，也是测量特征参数原则的应用。应用该原则往往可以简化测量过程和设备，也不需要复杂的数据处理。所以在满足功能要求的情况下，采用该原则可以取得明显的经济效益，这类方法在生产现场用得较多。

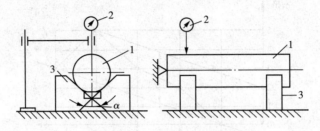

图 2-30　三点法测量圆度误差
1—被测零件；2—指示表；3—V 形块

2.2.4　位置误差的评定

位置误差是关联被测提取组成要素对其拟合理想要素的变动量，理想要素的方向或位置由基准确定。评定位置误差的大小，常采用定向或定位最小包容区域去包容被测提取要素，但这个最小包容区域与形状误差的最小包容区域有所不同，其区别在于它必须在与基准保持给定几何关系的前提下使包容区域的宽度或直径最小。如图 2-31(a)所示的面对面的垂直度误差是包容被测实际平面并包得最紧且与基准平面保持垂直的两平行平面之间的距离，这个包容区称为定向最小包容区。如图 2-31(b)所示的台阶轴，被测轴线的同轴度误差是包容被测实际轴线并包得最紧且与基准轴线同轴的圆柱面的直径，这个包容区称为定位最小包容区。定向、定位最小包容区的形状与其对应的公差带的形状相同。当最小包容区的宽度或直径小于公差值时，被测要素是合格的。

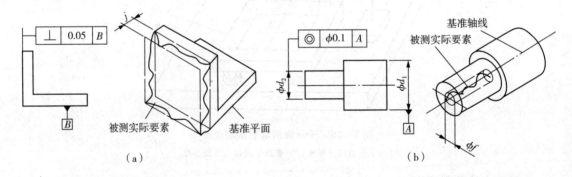

（a）　　　　　　　　　　　（b）

图 2-31　定向和定位最小包容区

1）基准的建立和体现

（1）基准的类型

对于形状误差，仅仅研究要素本身的实际形状与理想要素的偏离即可。但对于位置误差，则要研究要素相对于基准的实际位置。设计时，在图样上标出的基准通常分以下三种。

① 单一基准：由一个要素建立的基准称为单一基准，如图 2-32(a)所示。

② 组合基准（公共基准）：由两个或两个以上的要素建立的一个独立基准称为组合基准或公共基准，如图 2-32(b)所示的同轴度误差的基准是由两段轴线建立的组合基准 $A—B$。

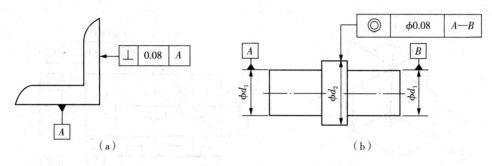

图 2-32　基准的类型

③ 基准体系(三基面体系)

由三个相互垂直的平面所构成的基准体系,如图 2-33 所示中 $2-\phi12H9$ 轴线的位置度标注示例的基准 A,B,C。应用三基面体系时,要特别注意基准的顺序。填在框格第三格的称作第一基准,填在其后的依次称作第二、第三基准。基准顺序重要性强的原因在于实际基准要素自身存在形状误差,实际基准要素之间存在方向误差;因此仅改变基准顺序,就可能造成零件加工工艺的改变,当然也会影响到零件的功能。

三基面体系中,每一个平面都是基准平面。每两个基准平面的交线构成基准轴线,三轴线的交点构成基准点。由此可见,上面提到的单一基准平面就是三基面体系中的一个基准平面;基准轴线就是三基面体系中两个基准平面的交线。参见图 2-34。

(2)基准的建立和体现

评定位置误差的基准应是拟合理想的基准要素。但基准要素本身也是实际加工出来的。也存在形状误差。因此,应该用基准提取要素的拟合理想要素来建立基准,拟合理想要素的位置应符合最小条件。

在实际检测中,基准的体现方法有模拟法、直接法、分析法和目标法 4 种,其中用得最广

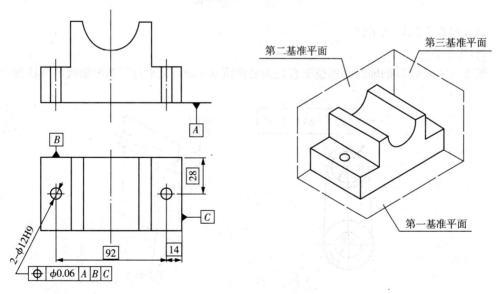

图 2-33　三基面系

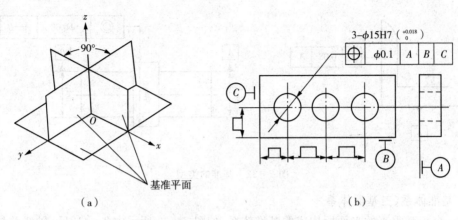

（a） （b）

图 2-34 三基面体系及应用示例

泛的是模拟法。

模拟法是用形状足够精确的表面模拟基准。例如以心轴表面体现基准孔的轴线，如图 2-35（a）所示；平板表面体现基准平面，如图 2-35（b）所示；以两顶尖体现基准轴线，如图 2-35（c）所示。

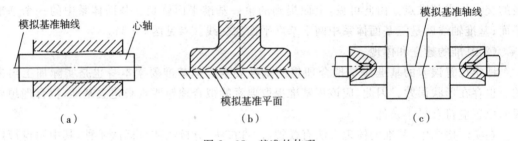

（a） （b） （c）

图 2-35 基准的体现

2)方向误差的检测示例

（1）平行度

图 2-36 表示 D 的轴线必须位于直径为公差值 0.1mm，且平行于基准轴线的圆柱面内。

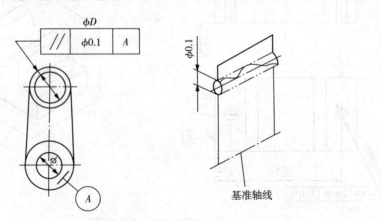

图 2-36 任意方向上平行度公差带

测量线对线平行度误差时,在两孔中都插入心轴,基准轴线和被测轴线由心轴模拟,将基准心轴放在 V 形铁上,并调整 Ⅰ—Ⅰ轴心线使二端等高,零件置放位置如图 2-37(a)所示;然后在Ⅱ—Ⅱ轴线的给定长度 L 上测量,指示表最大与最小读数差为平行度误差。当被测零件在相互垂直的两个方向上都给定公差时,则另一方向按图 2-37(b)的方法测量。

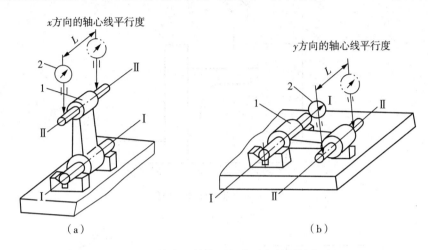

图 2-37　轴线对轴线平行度误差的测量方法
1—被测零件;2—指示器

轴线对轴线的平行度有任意方向要求时,可按上述方法分别测量 x 方向和 y 方向的平行度误差,然后按式 $f=\sqrt{f_x^2+f_y^2}$ 计算。

(2)垂直度

图 2-38 所示,表示右侧表面必须位于距离为公差值 0.05mm,且垂直于基准平面的两平行平面之间。

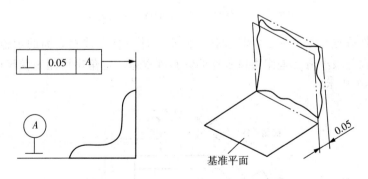

图 2-38　给定一个方向垂直度公差带

将被测零件的基准表面固定在直角座上,同时调整靠近基准的被测表面的指示计示值之差为最小值,取指示计在整个被测表面各点测得的最大与最小示值之差作为该零件的垂直度误差,必要时,可按定向最小区域评定垂直度误差,如图 2-39 所示。

(3)倾斜度

图 2-40 所示,表示斜面必须位于距离为公差值 0.08mm,且与基准平面成 45°角的两

平行平面之间（45°为理论正确角度值）。

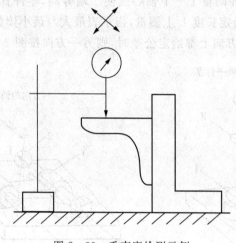

图 2 - 39 垂直度检测示例

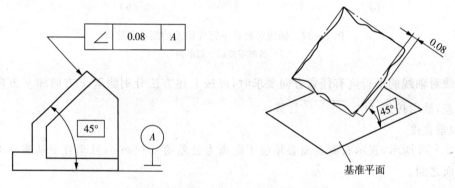

图 2 - 40 在给定方向上的倾斜度公差带

  将被测零件放置在定角座上，调被测件，使指示计在整个被测表面的示值差为最小值。取指示计的最大与最小值之差作为该零件的倾斜度误差。定角座可用正弦尺（或精密转台）代替，如图 2 - 41 所示。

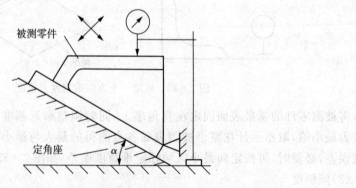

图 2 - 41 测量面对面倾斜度

3)位置误差的检测示例

（1）同轴度

图 2-42 所示,表示公差带是 0.1mm 的圆柱体,它与公共基准轴线 A—B 同轴,d 的实际轴线应位于此公差带内。

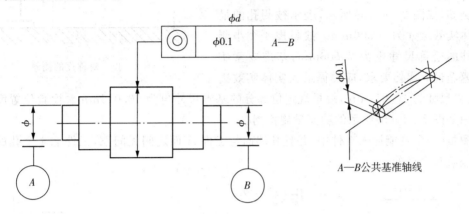

图 2-42　台阶轴的同轴度

测量时,将零件的基准轮廓要素架在两个 V 形块上,并调整公共基准轴线使二端等高。沿被测圆柱的轴剖面移动两指示器,测量各对应点的读数差值 $|M_1-M_2|$ 中最大值作为该剖面内的同轴度误差,然后转动被测零件,按上述方法测量若干个剖面,取各剖面测得的读数中的最大值(绝对值)作为该零件的同轴度误差。如图 2-43 所示。

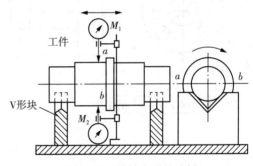

图 2-43　同轴度测量示例

（2）对称度

如图 2-44 所示,表示槽的中心面必须位于距离为公差值 0.1mm,且相对基准中心平面对称配置的两平行平面之间。

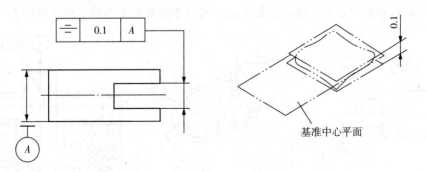

图 2-44　面对面对称度公差带

将被测零件放置在平板上,先测量被测表面与平板之间的距离;再将被测件翻转后,测量另一被测表面与平板之间的距离。取测量截面内对应两测点的最大差值作为对称度误差。如图 2-45 所示。

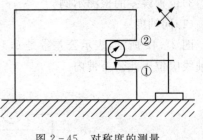

图 2-45 对称度的测量

（3）位置度

例如，如图 2-46(a)所示，表示被测孔的最大实体实效尺寸为 7.506mm。故量规 4 个小测量圆柱的公称尺寸也为 7.506mm，基准要素 B 本身遵循最大实体要求，应遵循最大实体实效边界，边界尺寸为 10.015mm，故量规定位部分的基本尺寸也为 10.015mm。检验位置度误差时可用如图 2-46(b)所示的功能量规检测。

测量时，量规能插入工件中，并且其端面与工件 A 面之间无间隙，工件上 4 个孔的位置度误差就是合格的。

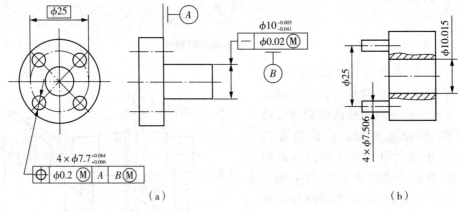

（a） （b）

图 2-46 用功能量规检测

4）跳动误差的检测示例

如图 2-47 所示，表示被测实际圆柱表面应限定在半径差等于 0.2，与公共基准轴线 A—B 同轴的两圆柱面之间。

测量时，用 V 形架模拟基准轴线，并对零件轴向限位。被测要素回转的同时，指示器缓慢地轴向移动，在整个过程中指示器最大读数与最小读数之差为该工件的径向全跳动误差。

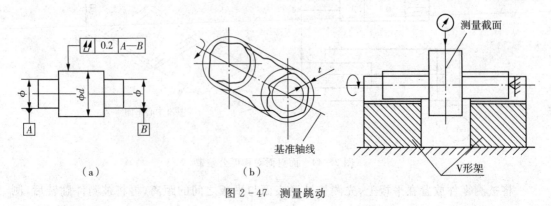

（a） （b）

图 2-47 测量跳动

2.2.5　零件几何误差检测

任务回顾

完成如图 2-18 所示零件几何误差的检测。

1)准备工具和量具

千分表、磁性表架、平板、检验芯轴。

2)测量原理

如图 2-48(a)所示,被测箱体孔轴线对基准底平面有平行度公差要求。如图 2-48(b)所示,被测箱体上孔轴线对下孔轴线有平行度公差要求。在测量中,基准平面由平板模拟,以测孔与基孔的轴线用检验芯轴模拟;千分表要装在磁性表架上使用,千分表分度值为 0.002mm。

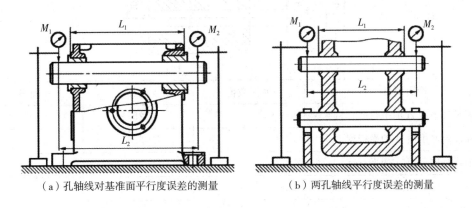

（a）孔轴线对基准面平行度误差的测量　　　　（b）两孔轴线平行度误差的测量

图 2-48　平行度测量

3)测量步骤

① 箱体孔轴线对基准平面平行度误差的测量。如图 2-48(a)所示,将基准平面放在平板上;在被测孔内插入芯轴,模拟被测孔轴线;使千分表的测头在芯轴两端对称位置测取两读数 M_1、M_2;按下式计算出平行度误差 Δf_1。

$$\Delta f_1 = \frac{L_1}{L_2} \left| M_1 - M_2 \right|$$

② 箱体两孔轴线平行度误差的测量。将检验芯轴置于被测孔中,被测孔轴线由芯轴模拟;将检验芯轴置于基准孔中,并将芯轴的两端用等高 V 形架支承于平板上,模拟基准孔的轴线;千分表测头分别在检验芯轴两端对称位置上测取两读数 M_1、M_2;按下式计算出平行度误差 Δf_2。

$$\Delta f_2 = \frac{L_1}{L_2} \left| M_1 - M_2 \right|$$

③ 将数据记录在实验报告单中,判断其合格与否,如表 2-9 所示。

表 2 - 9　零件几何公差检测表

实验内容	测 量 箱 体
仪器名称	

测 量 简 图

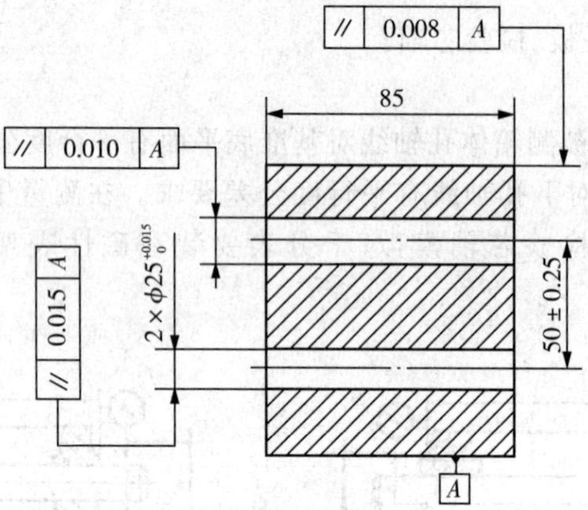

检测项目	实测数值	配分	得分
上端面对底平面 A 的平行度		25	
上孔轴线对底平面 A 的平行度		25	
下孔轴线对底平面 A 的平行度		25	
两孔距		25	

指导老师		班级		姓名		总得分	

任务 2.3　几何公差的选用

2.3.1　导入案例

1)案例任务

确定图 2 - 49 所示曲轴的几何公差,并正确标注。

2)知识目标

① 了解公差原则的基本术语及规定。

② 掌握几何公差项目代号及标注知识。

③ 理解几何公差项目及数值选择原则。

3)技能目标

① 能分析图纸上零件几何精度的要求,合理选择几何公差。

② 能正确标注几何公差。

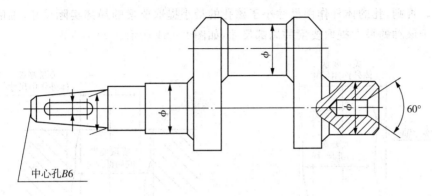

图 2-49　曲轴

2.3.2　公差原则及其应用

为了实现互换性,保证满足其功能要求,在零件设计时,对某些被测提取要素有时要同时给定尺寸公差和形位公差,这就产生了如何处理两者之间关系的问题。所谓公差原则是处理形位公差与尺寸公差的关系的基本原则。

公差原则有独立原则和相关原则,相关原则又可分成包容要求、最大实体要求(及其可逆要求)和最小实体要求(及其可逆要求)。这里,我们只介绍独立原则、包容要求和最大实体要求。

1)有关公差原则的术语及定义

(1)提取组成要素的局部尺寸(简称提取要素的局部尺寸)(D_a、d_a)

在提取实际要素的任意正截面上,两对应点之间测得的距离称为提取组成要素的局部尺寸,简称提取要素的局部尺寸。内、外表面的提取要素的局部尺寸分别用 D_a、d_a 表示。要素各处的提取要素的局部尺寸往往是不同的,如图 2-50 所示。

(2)体外作用尺寸

在被测要素的给定长度上,与实际轴(外表面)体外相接的最小理想孔(内表面)的直径(或宽度)称为孔的体外作用尺寸 D_{fe};与实际孔(内表面)体外相接的最大理想轴(外表面)的直径(或宽度)称为轴的体外作用尺寸 d_{fe},如图 2-50 所示。对于关联实际要素,该体外相接的理想孔(轴)的轴线必须与基准保持图样给定的几何关系,如图 2-51 所示。

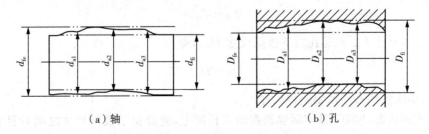

|（a）轴|（b）孔|

图 2-50　提取要素的局部尺寸与体外作用尺寸和体内作用尺寸

体外作用尺寸实际上即为零件装配时起作用的尺寸,是由被测提取要素的局部尺寸和形状(或位置)误差综合形成的。若零件没有形状误差,则其体外作用尺寸等于提取要素的局部尺寸。否则,孔的体外作用尺寸小于该孔的最小提取要素的局部实际尺寸,轴的体外作用尺寸大于该轴的最大提取要素的局部尺寸,如图 2-51 所示。

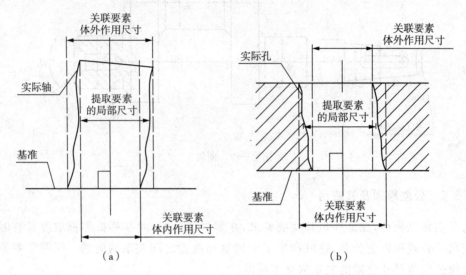

图 2-51　关联要素体内与体外作用尺寸

（3）体内作用尺寸

在被测要素的给定长度上,与实际轴（外表面）体内相接的最大理想孔（内表面）的直径（或宽度）称为孔的体内作用尺寸 D_{fi};与实际孔（内表面）体内相接的最小理想轴（外表面）的直径（或宽度）称为轴的体内作用尺寸 d_{fi},如图 2-50 所示。对于关联实际要素,该体内相接的理想孔（轴）的轴线必须与基准保持图样给定的几何关系,如图 2-51 所示。

体内作用尺寸实际上即为零件连接强度起作用的尺寸,也是由被测提取要素的局部尺寸和形状（或位置）误差综合形成的,孔的体外作用尺寸大于该孔的最大提取要素的局部尺寸,轴的体外作用尺寸小于该轴的最小提取要素的局部尺寸。

（4）最大实体状态和最大实体尺寸

最大实体状态（MMC）是实际要素在给定长度上,处处位于极限尺寸之间并且实体最大时（占有材料量最多）的状态。最大实体状态对应的极限尺寸称为最大实体尺寸（MMS）。显然,轴的最大实体尺寸 d_M 就是轴的上极限尺寸 d_{max},即

$$d_M = d_{max}$$

孔的最大实体尺寸 D_M 就是孔的下极限尺寸 D_{min},即

$$D_M = D_{min}$$

（5）最小实体状态和最小实体尺寸

最小实体状态（LMC）是实际要素在给定长度上,处处位于极限尺寸之间并且实体最小时（占有材料量最少）的状态。最小实体状态对应的极限尺寸称为最小实体尺寸（LMS）。显然,轴的最小实体尺寸 d_L 就是轴的下极限尺寸 d_{min},即

$$d_L = d_{min}$$

孔的最小实体尺寸 D_L 就是孔的上极限尺寸 D_{max}，即

$$D_L = D_{max}$$

（6）最大实体实效状态和最大实体实效尺寸

最大实体实效状态（MMVC）是在给定长度上，实际要素处于最大实体状态，且其导出要素的形状或位置误差等于给出公差值时的综合极限状态。最大实体实效状态对应的体外作用尺寸称为最大实体实效尺寸（MMVS），如图 2-52 所示。对于轴，d_{MV} 等于最大实体尺寸 d_M 加上几何公差值 t，即

$$d_{MV} = d_M + t = d_{max} + t$$

对于孔，D_{MV} 等于最大实体尺寸 D_M 减去几何公差值 t，即

$$D_{MV} = D_M - t = D_{min} - t$$

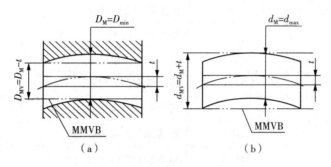

图 2-52　最大实体实效尺寸及边界

（7）最小实体实效状态和最小实体实效尺寸

最小实体实效状态（LMVC）是在给定长度上，实际要素处于最小实体状态，且其导出要素的形状或位置误差等于给出公差值时的综合极限状态。最小实体实效状态对应的体内作用尺寸称为最小实体实效尺寸（LMVS），如图 2-53 所示。对于轴，d_{LV} 等于最小实体尺寸 d_L 减去几何公差值 t，即

$$d_{LV} = d_L - t = d_{min} - t$$

对于孔，D_{LV} 等于最小实体尺寸 D_L 加上几何公差值 t，即

$$D_{LV} = D_L + t = D_{max} + t$$

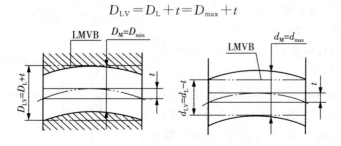

图 2-53　最小实体实效尺寸及边界

（8）理想边界

理想边界是设计所给定的具有理想形状的极限包容面。这里需要注意,孔（内表面）的理想边界是一个理想轴（外表面）;轴（外表面）的理想边界是一个理想孔。

依据极限包容面的尺寸,理想边界有最大实体边界 MMB;最小实体边界 LMB;最大实体实效边界 MMVB 和最小实体实效边界 LMVB。

边界用于综合控制实际要素的尺寸和几何误差。

为方便记忆,将以上有关公差原则的术语及表示符号和公式列在表 2 - 10 中。

表 2 - 10   公差原则术语及对应的表示符号和公式

术　语	符号和公式	术　语	符号和公式
孔的体外作用尺寸	$D_{fe} = D_a - f$	最大实体尺寸	MMS
轴的体外作用尺寸	$d_{fe} = d_a + f$	孔的最大实体尺寸	$D_M = D_{min}$
孔的体内作用尺寸	$D_{fi} = D_a + f$	轴的最大实体尺寸	$d_M = d_{max}$
轴的体内作用尺寸	$d_{fi} = d_a - f$	最小实体尺寸	LMS
最大实体状态	MMC	孔的最小实体尺寸	$D_L = D_{max}$
最大实体实效状态	MMVC	轴的最小实体尺寸	$d_L = d_{min}$
最小实体状态	LMC	最大实体实效尺寸	MMVS
最小实体实效状态	LMVC	孔的最大实体实效尺寸	$D_{MV} = D_M - t\,Ⓜ$
最大实体边界	MMB	轴的最大实体实效尺寸	$d_{MV} = d_M + t\,Ⓜ$
最大实体实效边界	MMVB	最小实体实效尺寸	LMVS
最小实体边界	LMB	孔的最小实体实效尺寸	$D_{LV} = D_L + t\,Ⓛ$
最小实体实效边界	LMVB	轴的最小实体实效尺寸	$d_{LV} = d_L - t\,Ⓛ$

2）独立原则

（1）独立原则的含义和图样标注

独立原则是指给出的尺寸公差和几何公差相互无关,分别满足要求的公差原则。即极限尺寸只控制实际尺寸,不控制要素本身的几何误差;不论要素的实际尺寸大小如何,被测要素均应在给定的几何公差带内,并且其几何误差允许达到最大值。

遵守独立原则时,实际尺寸一般用两点法测量,几何误差使用通用量仪测量。

独立原则的图样标注如图 2 - 54 所示,图样上不需加注任何关系符号。

图中所示轴的直径公差与其轴线的直线度公差采用独立原则。只要轴的实际尺寸在 $\phi49.960 \sim 50$ 之间,其轴线的直线度误差不大于 $\phi0.06$,则零件合格。

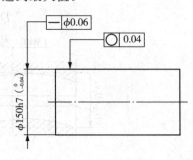

图 2 - 54   独立原则

（2）遵守独立原则零件的合格条件

对于内表面：$D_{\min} \leqslant D_a \leqslant D_{\max}$，对于外表面：$d_{\max} \geqslant d_a \geqslant d_{\min}$，即实际尺寸必须在极限尺寸范围之内，同时几何误差必须小于或等于几何公差，$f_{几何} \leqslant t_{几何}$。

（3）独立原则的应用

① 对尺寸公差无严格要求，对几何公差有较高要求时，可采用独立原则

例如，印刷机的滚筒，重要的是控制其圆柱度误差，以保证印刷时与纸面接触均匀，使图文清晰，而滚筒的直径大小对印刷质量没有影响。故可按独立原则给出圆柱度公差，而尺寸公差按一般公差处理，这样可获得最佳的技术、经济效益。倘若圆柱度要求是通过严格控制滚筒直径的变动量来达到的，就需要给出严格的尺寸公差，因而增加了工艺上的难度，经济性较差。

② 为了保证运动精度要求时，可采用独立原则

例如，当孔和轴配合后有轴向运动精度和回转精度要求时，除了给出孔和轴的直径公差外，还需给出直线度公差以满足轴向运动精度要求，给出圆度（或圆柱度）公差以满足回转精度要求，并且不允许随着孔和轴的实际尺寸变化而使直线度误差和圆度（或圆柱度）误差超过给定的公差值。这时要求尺寸公差和形状公差相互独立，彼此无关，可采用独立原则。

③ 对于非配合要求的要素，采用独立原则

例如，各种长度尺寸、退刀槽、间距、圆角和倒角等。

3）包容要求

（1）包容要求的含义和图样标注

包容要求是相关公差原则中的 3 种要求之一，包容要求表示提取组成要素处处不得超越最大实体边界，其局部尺寸不得超出最小实体尺寸。按照此要求，如果提取组成要素达到最大实体状态，就不得有任何几何误差；只有在提取组成要素偏离最大实体状态时，才允许存在与偏离量相关的几何误差。很自然，遵守包容要求时局部实际尺寸不能超出（对孔不大于，对轴不小于）最小实体尺寸。

要素遵守包容要求时，应该用光滑极限量规检验。

采用包容要求时，必须在图样上尺寸公差带或公差值后面加注符号Ⓔ，如图 2-55（a）所示，该轴的边界尺寸为 $\phi150\text{mm}$。采用包容要求，图样应同时满足下列要求，即零件实际尺寸在 $\phi149.960 \sim 150$ 之间。

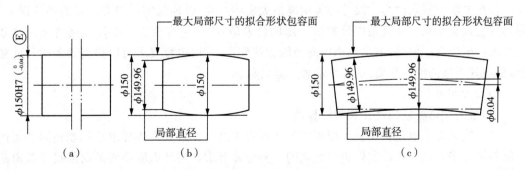

图 2-55　包容要求

（2）采用包容要求的合格条件

体外作用尺寸不得超过最大实体尺寸，提取要素的局部尺寸不得超过最小实体尺寸。

对于内表面（孔）：$D_{fe} \geqslant D_M = D_{min}$ 且 $D_a \leqslant D_L = D_{max}$。

对于外表面（轴）：$d_{fe} \leqslant d_M = d_{max}$ 且 $d_a \geqslant d_L = d_{min}$。

（3）包容要求的特点

遵守最大实体边界（MMB）的含义，是要求提取要素始终位于最大实体边界内，其实质是当提取要素的局部尺寸偏离最大实体尺寸时，允许其形状误差增大（如允许轴线直线度增大），才能使提取要素始终位于理想边界内，即反映了尺寸公差与几何公差之间的补偿关系，并形成包容要求的特点。

① 提取要素的体外作用尺寸不得超出最大实体尺寸（MMS）。

② 当提取要素的局部尺寸处处为最大实体尺寸时，不允许有任何形状误差。

③ 当提取要素的局部尺寸偏离最大实体尺寸时，其偏差量可补偿给形状误差。

④ 提取要素的局部尺寸不得超出最小实体尺寸。

可见，尺寸公差不仅限制了提取要素的局部尺寸，还控制了提取要素的形状误差。

图 2-55(a)表示轴按包容要求给出了尺寸公差和几何公差。实际轴应满足以下要求，如图 2-55(b)、(c)所示。实际轴必须在最大实体边界（MMB）之内，该 MMB 为直径等于 $\phi 150mm$ 的理想圆柱面（孔）；当轴的直径均为最大实体尺寸 $\phi 150mm$ 时，轴的直线度误差为零，即轴必须具有理想形状；当轴的直径偏离最大实体尺寸为 $\phi 149.995mm$ 时，允许轴具有 $\phi 0.005mm$ 直线度误差；当轴的直径偏离最大实体尺寸为 $\phi 149.990mm$ 时，允许轴具有 $\phi 0.010mm$ 的直线度误差；当轴的直径均为最小实体尺寸 $\phi 149.960mm$ 时，允许轴具有 $\phi 0.040mm$ 的直线度误差；轴的局部实际尺寸必须在 $\phi 149.960 \sim 150mm$ 变动。

（4）包容要求的应用

① 主要用于要求保证配合性质的场合

由于包容要求遵守最大实体边界（MMB），在间隙配合中，用 MMB 能保证预定的最小间隙，确保配合零件运转灵活，延长使用寿命。例如滑动块与槽，泵的柱塞和套管等；在过盈配合中，用 MMB 能保证预定的最大过盈，控制过盈量以避免连接材料超过其强度极限而损坏。

② 还用于配合精度要求较高的场合

包容要求中要素的实际尺寸必须偏离最大实体尺寸，以确保实际中有一定的形状误差，即形状公差必须从尺寸公差中分割出一定的公差值，因而包容要求中的尺寸精度及配合精度要求一般较高。例如，滚动轴承内圈与轴颈的配合，采用包容要求可以提高轴颈的尺寸精度，保证其严格的配合性质，确保滚动轴承运转灵活。

4）最大实体要求

（1）最大实体要求的含义和图样标注

最大实体要求也是相关公差原则中的 3 种要求之一。最大实体要求是控制被测要素的实际轮廓处于其最大实体实效边界之内的一种公差要求。当其提取要素的局部尺寸偏离最大实体尺寸时，允许其几何误差超出其给出的公差值。当最大实体要求应用于被测要素时，应在被测要素形位公差框格中的公差值后标注符号Ⓜ；当应用于基准要素时，应在几何公差框格内的基准字母代号后标注符号Ⓜ。

（2）最大实体要求应用于被测要素

最大实体要求是指被测要素的实际轮廓应遵守其最大实体实效边界（MMVC），当提取要素的局部尺寸从最大实体尺寸向最小实体尺寸方向偏离时，允许被测要素的几何误差值超出在最大实体状态下给出的公差值。这种要求的主要内容包括以下方面。

① 最大实体要求适用于中心要素。

② 图样上几何公差值是在被测要素处于最大实体状态时给出的。

③ 被测要素的实际轮廓在给定长度上处处不应超越最大实体实效边界（MMVS），若其提取要素的局部尺寸偏离最大实体尺寸，允许几何误差值增大。

④ 最大实体要求应用于基准要素时，基准要素的实际轮廓在给定长度上处处不应超越其相应的边界。若其体外作用尺寸偏离相应的边界尺寸，则允许实际基准轴线或中心平面对其相应边界的轴线或中心平面产生浮动。

⑤ 提取要素的局部尺寸应遵守最大和最小极限尺寸。

最大实体要求应用于被测要素时，被测要素应遵守最大实体实效边界。也就是说，其体外作用尺寸不得超出最大实体实效尺寸，且局部实际尺寸在最大与最小实体尺寸之间。

对于内表面（孔）：$D_{fe} \geq D_{MV} = D_{min} - t$ 且 $D_M = D_{min} \leq D_a \leq D_{max} = D_L$；

对于外表面（轴）：$d_{fe} \leq d_{MV} = d_{max} + t$ 且 $d_M = d_{max} \geq d_a \geq d_{min} = d_L$。

图 2-56(a)表示孔按最大实体要求给出了尺寸公差与几何公差。实际孔应满足以下要求，如图 2-56(b)、(c)所示。

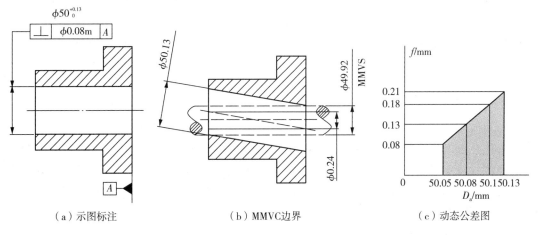

（a）示图标注　　　　（b）MMVC边界　　　　（c）动态公差图

图 2-56　最大实体要求

由图 2-56 可看出：实际孔不得超越最大实体边界（MMVC），该 MMVS 为直径等于 $\phi49.92mm$ 的理想圆柱面（轴）；当孔的直径均为最大实体尺寸 $\phi50mm$ 时，轴的直线度误差为 $\phi0.08mm$，即孔的几何公差值是在孔的最大实体状态下给定的；当孔的直径偏离最大实体尺寸为 $\phi50.05mm$ 时，允许孔具有 $\phi0.13mm$ 的垂直度误差；当孔的直径偏离最大实体尺寸为 $\phi50.10mm$ 时，允许孔具有 $\phi0.18mm$ 的垂直度误差；当孔的直径均为最小实体尺寸 $\phi50.13mm$ 时，允许轴具有 $\phi0.21mm$ 的垂直度误差；孔提取要素的局部尺寸必须在 $\phi50\sim$

50.13mm 变动。

（3）最大实体要求用于基准要素

图样上公差框格中基准字母后面标注符号Ⓜ时，表示最大实体要求用于基准要素。此时，基准应遵守相应的边界。若基准的实际轮廓偏离相应的边界，即其体外作用尺寸偏离边界尺寸，则允许基准要素在一定范围内浮动，其浮动范围等于基准要素的体外作用尺寸与其相应边界尺寸之差。

图 2-57 为最大实体要求应用于单一基准要素的示例。图中最大实体要求，应用于被测要素，同时也应用于基准要素。当基准要素的体外作用尺寸等于边界尺寸即最大实体尺寸 $d_{M1} = \phi25mm$ 时，基准轴线 A 与其边界的轴线重合，其浮动量为零。此时若被测要素的直径处处皆为最大实体尺寸 $d_M = \phi12mm$ 时，则允许的同轴度误差为图样给出的同轴度公差值 $\phi0.04mm$；

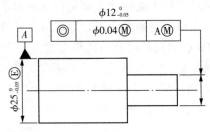

图 2-57　最大实体要求应用于基准要素

若皆为最小实体尺寸 11.95mm，则允许的同轴度误差为 0.09mm。

当基准要素的体外作用尺寸等于最小实体尺寸 $d_L = \phi24.95mm$ 时，基准轴线 A 可相对于边界的轴线浮动，其浮动范围为 0.05mm。

（4）最大实体要求的应用

最大实体要求只能用于被测中心要素或基准中心要素，主要用于保证零件的可装配性。例如，用螺栓连接的法兰盘，螺栓孔的位置度公差采用最大实体要求时，可以充分利用图样上给定的公差，这样既可以提高零件的合格率，又可以保证法兰盘的可装配性，从而达到较好的经济效益。关联要素采用最大实体要求的零形位公差时，主要用来保证配合性质，其适用场合与包容要求相同。

2.3.3　几何公差的选择

1）几何公差项目的选择

形位公差项目一般是根据零件几何特征、在机器中所处的地位和作用，并考虑检测的方便和经济效益等方面因素综合考虑确定的。在保证零件功能要求的同时，应尽量使几何公差项目减少，检测方法简单并能获得较好的经济效益。我们在选用时主要从以下几点考虑：

（1）零件的几何结构特征

它是选择被测要素公差项目的基本依据。如轴类零件的外圆可选择圆度、圆柱度；零件平面要素可选择平面度；阶梯轴（孔）可选择同轴度；凸轮类零件可选择轮廓度；等等。

（2）零件的功能使用要求

从要素的几何误差对零件在机器中所处的地位和作用的影响考虑选择所需的几何公差项目。如对导轨面提出直线度公差要求是用以保证机床工作台或刀架运动轨迹的精度；对圆柱面提出圆柱度要求是为了综合控制圆度、素线直线度和轴线直线度（如柱塞与柱塞套、阀芯与阀体等）。

（3）检测的方便性

选择的几何公差项目要同时考虑检测的可行性和经济性。如果同样能满足零件的使用要求,应选择检测简便的项目。如对轴类零件,可用径向圆跳动或径向全跳动代替圆度、圆柱度以及同轴度公差。因为跳动公差的检测方便,具有较好的综合性能。

2）几何公差值（或公差等级）的选择

国家标准将几何公差值分为两类:一类是注出公差,一类是未注公差(即一般公差)。

（1）几何公差注出公差值的规定

设计产品时,应按国家标准提供的统一数系选择几何公差值。国家标准对直线度、平面度、圆柱度、圆度、平行度、垂直度、斜度、同轴度、对称度、圆跳动、全跳动,都划分为12级。1级精度最高,12级精度最低;各项目的各级公差值如表 2-11 至表 2-14 所示;对位置度没有分等级,只提供了位置度数系,如表 2-15 所示。没有对线轮廓度和面轮廓度规定公差值。

表 2-11　直线度、平面度公差值

主参数 L/mm	公差等级											
	1	2	3	4	5	6	7	8	9	10	11	12
	公差值/μm											
≤10	0.2	0.4	0.8	1.2	2	3	5	8	12	20	30	60
>10~16	0.25	0.5	1	1.5	2.5	4	6	10	15	25	40	80
>16~25	0.3	0.6	1.2	2	3	5	8	12	20	30	50	100
>25~40	0.4	0.8	1.5	2.5	4	6	10	15	25	40	60	120
>40~63	0.5	1	2	3	5	8	12	20	30	50	80	150
>63~100	0.6	1.2	2.5	4	6	10	15	25	40	60	100	200
>100~160	0.8	1.5	3	5	8	12	20	30	50	80	120	250
>160~250	1	2	4	6	10	15	25	40	60	100	150	300
>250~400	1.2	2.5	5	8	12	20	30	50	80	120	200	400
>400~630	1.5	3	6	10	15	25	40	60	100	150	250	500
>630~1000	2	4	8	12	20	30	50	80	120	200	300	600
>1000~1600	2.5	5	10	15	25	40	60	100	150	250	400	800
>1600~2500	3	6	12	20	30	50	80	120	200	300	500	1000
>2500~4000	4	8	15	25	40	60	100	150	250	400	600	1200
>4000~6300	5	10	20	30	50	80	120	200	300	500	800	1500
>6300~10000	6	12	25	40	60	100	150	250	400	600	1000	2000
注:L 为被测要素的长度												

表 2-12 圆度、圆柱度公差值

主参数 d(D)/mm	公差等级											
	1	2	3	4	5	6	7	8	9	10	11	12
	公差值/μm											
≤3	0.1	0.2	0.5	0.8	1.2	2	3	4	6	10	14	25
>3~6	0.1	0.2	0.6	1	1.5	2.5	4	5	8	12	18	30
>6~10	0.12	0.25	0.6	1	1.5	2.5	4	6	9	15	22	36
>10~18	0.15	0.25	0.8	1.2	2	3	5	8	11	18	27	43
>18~30	0.2	0.3	1	1.5	2.5	4	6	9	13	21	33	52
>30~50	0.25	0.4	1	1.5	2.5	5	7	11	16	25	39	62
>50~80	0.3	0.5	1.2	2	3	7	8	13	19	30	46	74
>80~120	0.4	0.6	1.5	2.5	4	8	10	15	22	35	54	87
>120~180	0.6	1	2	3.5	5	9	12	18	25	40	63	100
>180~250	0.8	1.2	3	4.5	7	10	14	20	29	46	72	115
>250~315	1	1.6	4	6	8	12	16	23	32	52	81	130
>315~400	1.2	2	5	7	9	13	18	25	36	57	89	140
>400~500	1.5	2.5	6	8	10	15	20	27	40	63	97	155

注:d(D)为被测要素的直径

表 2-13 平行度、垂直度、倾斜度公差值

主参数 L/mm	公差等级											
	1	2	3	4	5	6	7	8	9	10	11	12
	公差值/μm											
≤10	0.4	0.8	1.5	3	5	8	12	20	30	50	80	120
>10~16	0.5	1	2	4	6	10	15	25	40	60	100	150
>16~25	0.6	1.2	2.5	5	8	12	20	30	50	80	120	200
>25~40	0.8	1.5	3	6	10	15	25	40	60	100	150	250
>40~63	1	2	4	8	12	20	30	50	80	120	200	300
>63~100	1.2	2.5	5	10	15	25	40	60	100	150	250	400
>100~160	1.5	3	6	12	20	30	50	80	120	200	300	500
>160~250	2	4	8	15	25	40	60	100	150	250	400	600
>250~400	2.5	5	10	20	30	50	80	120	200	300	500	800
>400~630	3	6	12	25	40	60	100	150	250	400	600	1000

（续表）

主参数 L/mm	公差等级											
	1	2	3	4	5	6	7	8	9	10	11	12
	公差值/μm											
>630～1000	4	8	15	30	50	80	120	200	300	500	800	1200
>1000～1600	5	10	20	40	60	100	150	250	400	600	1000	1500
>1600～2500	6	12	25	50	80	120	200	300	500	800	1200	2000
>2500～4000	8	15	30	60	100	150	250	400	600	1000	1500	2500
>4000～6300	10	20	40	80	120	200	300	500	800	1200	2000	3000
>6300～10000	12	25	50	100	150	250	400	600	1000	1500	2500	4000

注：L 为被测要素的长度

表 2-14　同轴度、对称度、圆跳动、全跳动

主参数 $d(D)$,B/mm	公差等级											
	1	2	3	4	5	6	7	8	9	10	11	12
	公差值/μm											
≤1	0.4	0.6	1	1.5	2.5	4	6	10	15	25	40	60
>1～3	0.4	0.6	1	1.5	2.5	4	6	10	20	40	60	120
>3～6	0.5	0.8	1.2	2	3	5	8	12	25	50	80	150
>6～10	0.6	1	1.5	2.5	4	6	10	15	30	60	100	200
>10～18	0.8	1.2	2	3	5	8	12	20	40	80	120	250
>18～30	1	1.5	2.5	4	6	10	15	25	50	100	150	300
>30～50	1.2	2	3	5	8	12	20	30	60	120	200	400
>50～120	1.5	2.5	4	6	10	15	25	40	80	150	250	500
>120～250	2	3	5	8	12	20	30	50	100	200	300	600
>250～500	2.5	4	6	10	15	25	40	60	120	250	400	800
>500～800	3	5	8	12	20	30	50	80	150	300	500	1000
>800～1250	4	6	10	15	25	40	60	100	200	400	600	1200
>1250～2000	5	8	12	20	30	50	80	120	250	500	800	1500
>2000～3150	6	10	15	25	40	60	100	150	300	600	1000	2000
>3150～5000	8	12	20	30	50	80	120	200	400	800	1200	2500
>5000～8000	10	15	25	40	60	100	150	250	500	1000	1500	3000
>8000～10000	12	20	30	50	80	120	200	300	600	1200	2000	4000

注：$d(D)$、B 为被测要素的直径、宽度

表 2-15　位置度公差值数系　　　　　　　　　　（μm）

1	1.2	1.5	2	2.5	3	4	5	6	8
$1×10^n$	$1.2×10^n$	$1.5×10^n$	$2×10^n$	$2.5×10^n$	$3×10^n$	$4×10^n$	$5×10^n$	$6×10^n$	$8×10^n$
注:n 为正整数									

（2）几何公差未注公差值的规定

图样上没有具体注明几何公差值的要素,根据国家标准规定,其几何精度由未注几何公差来控制,按以下规定执行。

GB/T 1184—1996 对未注直线度、平面度、垂直度、对称度和圆跳动各规定了 H、K、L 三个公差等级,其公差值如表 2-16 至表 2-19 所示。

圆度的未注公差值等于给出的相应的直径公差值,但不能大于其径向圆跳动的未注公差值。

圆柱度的未注公差值不做规定,但圆柱度误差由圆度、直线度和素线平行度误差三部分组成,而其中每一项误差均由它们的注出公差或未注公差控制。

平行度的未注公差值等于尺寸公差值或直线度和平面度未注公差值中的较大者。

同轴度的未注公差值可以与其径向圆跳动的未注公差值相等。

线轮廓度、面轮廓度、倾斜度、位置度和全跳动的未注公差值均由各要素的注出或未注线性尺寸公差或角度公差控制。

表 2-16　直线度和平面度未注公差值　　　　　　　　　　（mm）

公差等级	直线度和平面度基本长度的范围					
	~10	>10~30	>30~100	>100~300	>300~1000	>1000~3000
H	0.02	0.05	0.1	0.2	0.3	0.4
K	0.05	0.1	0.2	0.4	0.6	0.8
L	0.1	0.2	0.4	0.8	1.2	1.6

表 2-17　垂直度未注公差值　　　　　　　　　　（mm）

公差等级	垂直度公差短边基本长度的范围			
	~100	>100~300	>300~1000	>1000~3000
H	0.2	0.3	0.4	0.5
K	0.4	0.6	0.8	1
L	0.5	1	1.5	2

表 2-18　对称度未注公差值　　　　　　　　　　（mm）

公差等级	对称度公差基本长度的范围			
	~100	>100~300	>300~1000	>1000~3000
H	0.5			
K	0.6		0.8	1
L	0.6	1	1.5	2

表 2-19　圆跳动未注公差值　　　　　　　　　　　（mm）

公差等级	圆跳动一般公差值
H	0.1
K	0.2
L	0.5

（3）几何公差值的选择原则

公差值的选择原则是：在满足零件功能要求的前提下，考虑工艺经济性和检测条件，选择最经济的公差值。

根据零件功能要求、结构、刚性和加工经济性等条件，采用类比法，按公差数值表 2-11 至表 2-19 所示，确定要素的公差值时，还应注意下列情况：

在同一要素上给出的形状公差值应小于位置公差值。如要求平行的两个平面，其平面度公差值应小于平行度公差值。

圆柱形零件的形状公差（轴线直线度除外）一般应小于其尺寸公差值。

平行度公差值应小于其相应的距离公差值。

对于下列情况，考虑到加工的难易程度和除主参数外其他因素的影响，在满足功能要求的情况下，可适当降低 1～2 级选用。

① 孔相对于轴。

② 细长的孔或轴。

③ 距离较大的孔或轴。

④ 宽度较大（一般大于 1/2 长度）的零件表面。

⑤ 线对线、线对面相对于面对面的平行度、垂直度。

凡有关标准已对几何公差做出规定的，如与滚动轴承相配合的轴和壳体孔的圆柱度公差、机床导轨的直线度公差等，都应按相应的标准确定。如表 2-20 至表 2-23 所示的各种形位公差等级的应用举例，供选择时参考。

表 2-20　直线度、平面度公差等级应用举例

公差等级	应 用 举 例
1,2	用于精密量具、测量仪器以及精度要求极高的精密机械零件，如 0 级样板、平尺、0 级宽平尺、工具显微镜等精密测量仪器的导轨面，喷油嘴针阀体端面平面度，油泵柱塞套端面的平面度等
3	用于 0 级及 1 级宽平尺工作面，1 级样板平尺的工作面、测量仪器圆弧导轨的直线度、测量仪器的测杆等
4	用于量具、测量仪器和机床导轨，如 1 级宽平尺、0 级平板、测量仪器的 V 形导轨、高精度平面磨床的 V 形导轨和滚动导轨、轴承磨床及平面磨床床身直线度等
5	用于 1 级平板、2 级宽平尺、平面磨床的纵导轨、垂直导轨、立柱导轨和平面磨床的工作台，液压龙门刨床导轨面、六角车床床身导轨面、柴油机进排气门导杆等

（续表）

公差等级	应用举例
6	用于1级平板、普通车床床身导轨面、龙门刨床导轨面、滚齿机立柱导轨、床身导轨及工作台、自动车床床身导轨、平面磨床垂直导轨、卧式镗床、铣床工作台以及机床主轴箱导轨、柴油机进排气门导杆直线度、柴油机机体上部结合面等
7	用于2级平板、0.02游标卡尺尺身的直线度、机床床头箱体、滚齿机床身导轨的直线度、镗床工作台、摇臂钻底座工作台、柴油机气门导杆、液压泵盖的平面度,压力机导轨及滑块
8	用于2级平板、车床溜板箱体、机床主轴箱体、机床传动箱体、自动车床底座的直线度,气缸盖结合面、气缸座、内燃机连杆分离面的平面度,减速器壳体的结合面
9	用于3级平板、机床溜板箱、立钻工作台、螺纹磨床的挂轮架、金相显微镜的载物台、柴油机气缸体、连杆的分离面、缸盖的结合面、阀片的平面度、空气压缩机的汽缸体、柴油机缸孔环面的平面度以及液压管件和法兰的连接面等
10	用于3级平板、自动车床床身底面的平面度,车床挂轮架的平面度,柴油机汽缸体、摩托车的曲轴箱体、汽车变速箱的壳体、汽车发动机缸盖结合面、阀片的平面度,以及辅助机构及手动机械的支承面
11、12	用于易变形的薄片、薄壳零件,如离合器的摩擦片、汽车发动机缸盖的结合面、手动机械支架、机床法兰等

表 2-21 圆度、圆柱度公差等级应用举例

公差等级	应用举例
0、1	高精度量仪主轴,高精度机床主轴,滚动轴承的滚珠和滚柱
2	精密测量仪主轴、外套、套阀、纺锭轴承,精密机床主轴轴颈,针阀圆柱表面,喷油泵柱塞及柱塞套
3	高精度外圆磨床轴承,磨床砂轮主轴套筒,喷油嘴针、阀体,高精度轴承内外圈等
4	较精密机床主轴、主轴箱孔,高压阀门、活塞、活塞销、阀体孔,高压油泵柱塞,较高精度滚动轴承配合轴,铣削动力头箱体孔
5	一般计量仪器主轴,测杆外圆柱面,一般机床主轴轴颈及轴承孔,柴油机、汽油机的活塞、活塞销,与P6级滚动轴承配合的轴颈
6	一般机床主轴及前轴承孔,泵、压缩机的活塞、汽缸,汽油发动机凸轮轴,纺机锭子,减速传动轴轴颈,拖拉机曲轴主轴颈,与P6级滚动轴承配合的外壳孔
7	大功率低速柴油机曲轴轴颈、活塞、活塞销、连杆、汽缸,高速柴油机箱体轴承孔,千斤顶或压力油缸活塞,机车传动轴,水泵及通用减速器转轴轴颈
8	低速发动机、大功率曲柄轴轴颈,内燃机曲轴轴颈,柴油机凸轮轴承孔
9	空气压缩机缸体,通用机械杠杆与拉杆用套筒销子,拖拉机活塞环、套筒孔

表 2－22　平行度、垂直度、倾斜度、端面圆跳动公差等级应用举例

公差等级	应 用 举 例
1	高精度机床、测量仪器、量具等主要工作面和基准面
2、3	精密机床、测量仪器、量具、夹具的工作面和基准面,精密机床的导轨,精密机床主轴轴向定位面,滚动轴承座圈端面,普通机床的主要导轨,精密刀具、量具的工作面和基准面,光学分度头心轴端面
4、5	普通机床导轨,重要支承面,机床主轴孔对基准的平行度,精密机床重要零件,计量仪器、量具、模具的工作面和基准面,床头箱体重要孔,通用减速器壳体孔,齿轮泵的油孔端面,发动机轴和离合器的凸缘,汽缸支承端面,安装精密滚动轴承壳体孔的凸肩
6、7、8	一般机床的工作面和基准面,压力机和锻锤的工作面,中等精度钻模的工作面,机床一般轴承孔对基准的平行度,变速器箱体孔,主轴花键对定心直径部位表面轴线的平行度,一般导轨、主轴箱体孔、刀架、砂轮架、汽缸配合面对基准轴线,活塞销孔对活塞中心线的垂直度,滚动轴承内、外圈端面对轴线的垂直度
9、10	低精度零件,重型器械滚动轴承端盖,柴油机、曲轴颈、花键轴和轴肩端面,带式运输机法兰盘等端面对轴线的垂直度,减速器壳体平面

表 2－23　同轴度、对称度、径向跳动公差等级应用举例

公差等级	应 用 举 例
1、2	旋转精度要求很高、尺寸公差高于 1 级的零件,如精密测量仪器的主轴和顶尖,柴油机喷油嘴针阀
3、4	机床主轴轴颈,砂轮轴轴颈,汽轮机主轴,测量仪器的小齿轮轴,安装高精度齿轮的轴颈
5	机床主轴轴颈,机床主轴箱孔,计量仪器的测杆,涡轮机主轴,柱塞油泵转子,高精度滚动轴承外圈,一般精度轴承内圈
6、7	内燃机曲轴,凸轮轴轴颈,柴油机机体主轴承孔,水泵轴,油泵柱塞,汽车后桥输出轴,安装一般精度齿轮的轴颈,涡轮盘,普通滚动轴承内圈,印刷机传墨辊的轴颈,键槽
8、9	内燃机凸轮轴孔,水泵叶轮,离心泵体,汽缸套外径配合面对工作面,运输机机械滚筒表面,棉花精梳机前、后滚子,自行车中轴

3)基准要素的选择

基准是确定关联要素间方向和位置的依据。在选择位置公差项目时,需要正确选用基准。选择基准时,一般应从以下几方面考虑:

① 根据零件各要素的功能要求,一般以主要配合表面,如轴颈、轴承孔、安装定位面,重要的支承面等作为基准。如轴类零件,常以两个轴承为支承运转,其运动轴线是安装轴承的两轴颈共有轴线。因此,从功能要求来看,应选这两处轴颈的公共轴线(组合基准)为基准。

② 根据装配关系应选零件上相互配合、相互接触的定位要素作为各自的基准。如盘、套类零件,一般是以其内孔轴线径向定位装配或以其端面轴向定位,因此根据需要可选其轴线或端面作为基准。

③ 根据加工定位的需要和零件结构,应选择较宽大的平面、较长的轴线作为基准,以使

定位稳定。对结构复杂的零件,一般应选 3 个基准面,根据对零件使用要求影响的程度,确定基准的顺序。

④ 根据检测的方便程度,应选择在检测中装夹定位的要素为基准,并尽可能将装配基准、工艺基准与检测基准统一起来。

4)公差原则的选择

根据零部件的装配及性能要求进行选择,如需较高运动精度的零件,为保证不超出几何公差可采用独立原则;如要求保证配合零件间的最小间隙以及采用量规检验的零件均可采用包容原则;如果只要求可装性的配合零件可采用最大实体原则。

表 2-24 列出了 3 种公差原则的应用场合和示例,可供选择参考。

表 2-24   公差原则的应用场合

公差原则	应用场合	示 例
独立原则	尺寸精度与形位精度需要分别满足要求	齿轮箱体孔的尺寸精度与两孔轴线的平行度,连杆活塞销孔的尺寸精度与圆柱度;滚动轴承内、外圈滚道的尺寸精度与形状的精度
	尺寸精度与形位精度要求相差较大	滚筒类零件尺寸精度要求很低,形状精度要求较高,平板的形状精度要求很高,尺寸精度要求不高;冲模架的下模座尺寸精度要求不高,平行度要求较高,通油孔的尺寸精度有一定要求,形状精度无要求
	尺寸精度与形位精度无联系	滚子链条的套筒或滚子内、外圆柱面的轴线同轴度与尺寸精度,齿轮箱体孔的尺寸精度与孔轴线间的位置精度,发动机连杆上的尺寸精度与孔轴线间的位置精度
	保证运动精度	导轨的形状精度要求严格,尺寸精度要求次要
	保证密封性	汽缸套的形状精度要求严格,尺寸精度要求次要
	未注公差	凡未注尺寸公差与未注形位公差的都采用独立原则,例如退刀槽倒角、圆角等非功能要素
包容要求	保证《公差与配合》国标规定的配合性质	$\phi20H7$ 孔与 $\phi20h6$ 轴的配合,可以保证配合的最小间隙等于零
最大实体要求	用于中心要素,保证零件的可装配性	如轴承盖上用于穿过螺钉的通孔,法兰盘上用于穿过螺栓的通孔,同轴度的基准轴线
最小实体要求	主要用来保证零件的强度和最小壁厚	如空心的圆柱凸台、带孔的小垫圈等的中心要素

2.3.4   选择零件的几何公差

任务回顾

确定如图 2-49 所示曲轴零件的几何公差,并正确标注。

解:

(1)曲拐左、右端主轴颈是两处支撑点,与主轴承配合,可用作其他标注的基准。应严格控制它的形状和位置误差,公差项目选为圆柱度和两轴颈的同轴度。但考虑到两轴颈的同轴度误差在生产中不便于检测,可用径向圆跳动公差来控制同轴度误差。查表 2-23 确定径向圆跳动公差等级为 7 级,查表 2-14 得公差值 $t=0.025\text{mm}$,基准是 C、D 两中心孔的锥面部分的轴线所构成的公共轴线。查表 2-21 确定主轴颈圆柱度公差等级为 6 级,查表 2-12 得公差值 $t=0.006\text{mm}$。

(2)曲拐部分与连杆配合,为了保证可装配性和运动精度,应控制圆柱度和其轴线与曲轴主轴颈(两处支撑轴颈)的轴线之间的平行度。查表 2-22 确定平行度公差等级为 6 级,查表 2-13 得公差值 $t=0.02\text{mm}$,基准是 A、B 两主轴颈的实际轴线所构成的公共轴线。查表 2-21 确定曲拐圆柱度公差等级为 7 级,查表 2-12 得公差值 $t=0.01\text{mm}$。

(3)曲轴左端锥体部分通过键连接与减震器配合。为保证运动平稳,应控制其径向圆跳动。查表 2-23 确定径向圆跳动公差等级为 7 级,查表 2-14 得公差值 $t=0.025\text{mm}$,基准是 A、B 两主轴颈的实际轴线所构成的公共轴线。

(4)曲轴左端锥体部分键槽的对称度,查表 2-23 得公差等级为 7 级,查表 2-14 得公差值 $t=0.025\text{mm}$,基准是锥体的轴线。如图 2-58 所示。

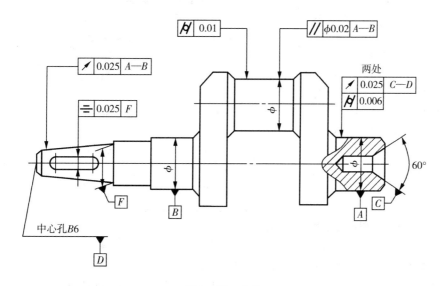

图 2-58 曲轴

课后习题

1. 几何公差有哪些项目名称? 各采用什么符号表示?
2. 什么是最小条件? 什么是最小包容区域?
3. 体外作用尺寸和体内作用尺寸与最大实体实效尺寸和最小实体实效尺寸有何区别?
4. 什么是独立原则和包容要求? 各应用在什么场合?
5. 国家标准规定了哪几条几何误差的检测原则? 检测几何误差时是否必须遵守这些原则?
6. 比较下列公差项目的区别和联系。

(1)圆度公差与圆柱度公差；

(2)圆度公差与径向圆跳动公差；

(3)同轴度公差与径向圆跳动公差。

7. 判断题

(1)任何被测提取要素都同时存在有几何误差和尺寸误差。

(2)几何公差的研究对象是零件的几何要素。

(3)相对其他要素有功能要求而给出位置公差的要素称为单一要素。

(4)基准要素是用来确定提取组成要素的理想方向或(和)位置的要素。

(5)在国家标准中，将几何公差分为12个等级，1级最高，依次递减。

(6)平面度公差带与端面全跳动公差带的形状是相同的。

(7)直线度公差带一定是距离为公差值 t 的两平行平面之间的区域。

(8)圆度公差带和径向圆跳动公差带形状是不同的。

(9)形状公差带的方向和位置都是浮动的。

(10)在被测件回转一周过程中，指示器读数的最大差值即为单个测量圆锥面上的斜向圆跳动。

8. 选择题

(1)零件上的提取组成要素可以是(　　)。

A. 理想要素和实际要素　　　　　　　　B. 理想要素和组成要素

C. 组成要素和导出要素　　　　　　　　D. 导出要素和理想要素

(2)下列属于形状公差项目的是(　　)。

A. 平行度　　　　　B. 平面度　　　　　C. 对称度　　　　　D. 倾斜度

(3)下列属于位置公差项目的是(　　)。

A. 圆度　　　　　　B. 同轴度　　　　　C. 平面度　　　　　D. 全跳动

(4)下列属于跳动公差项目的是(　　)。

A. 全跳动　　　　　B. 平行度　　　　　C. 对称度　　　　　D. 线轮廓度

(5)国家标准中，几何公差为基本级的是(　　)。

A.5 级与 6 级　　　　B.6 级与 7 级　　　　C.7 级与 8 级　　　　D.8 级与 9 级

(6)直线度、平面度误差的未注公差可分为(　　)。

A.H 级和 K 级　　　　　　　　　　　B.H 级和 L 级

C.L 级和 K 级　　　　　　　　　　　D.H 级、K 级和 L 级

(7)几何公差带是指限制实际要素变动的(　　)。

A. 范围　　　　　　B. 大小　　　　　　C. 位置　　　　　　D. 区域

(8)径向全跳动公差带的形状与(　　)的公差带形状相同。

A. 同轴度　　　　　B. 圆度　　　　　　C. 圆柱度　　　　　D. 轴线的位置度

(9)若某平面对拟合(基准)轴线的端面全跳动为 0.04mm，则它对同一拟合(基准)轴线的端面圆跳动一定(　　)。

A. 小于 0.04mm　　　　　　　　　　　B. 不大于 0.04mm

C. 等于 0.04mm　　　　　　　　　　　D. 不小于 0.04mm

(10)公差原则是指(　　)。

A. 确定公差值大小的原则　　　　　　　B. 制定公差与配合标准的原则

C. 形状公差与位置公差的关系　　　　　D. 尺寸公差与形位公差的关系

9. 改正图 2-59、图 2-60 所示，几何公差标注的错误。

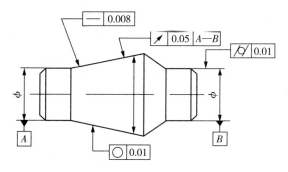

图 2-59　习题 9 图

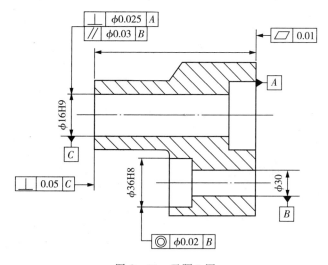

图 2-60　习题 9 图

10. 用文字解释图 2-61 中各形位公差标注的含义,并说明被测提取要素和基准要素是什么及公差特征项目符号是什么。

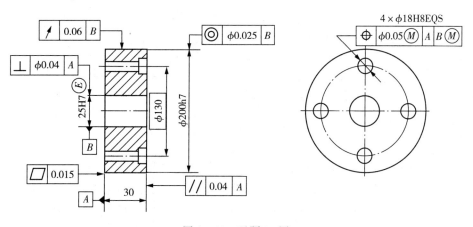

图 2-61　习题 10 图

项目 3　表面粗糙度的选用及其检测

任务 3.1　表面粗糙度的识读

3.1.1　案例导入

1）案例任务

解释图 3-1 所示零件上标出的各表面粗糙度要求的含义。

2）知识目标

① 了解表面粗糙度基本概念。

② 掌握表面粗糙度的幅度参数。

③ 掌握表面粗糙度标注方法。

3）技能目标

① 能读懂零件表面粗糙度的要求。

② 能正确标注表面粗糙度。

3.1.2　表面粗糙度基础知识

表面粗糙度的国家标准有 GB/T 3505—2009《产品几何技术规范（GPS）　表面结构　轮廓法　术语、定义及表面结构参数》、GB/T 1031—2009《产品几何技术规范（GPS）　表面结构　轮廓法　表面粗糙度参数及其数值》、GB/T 131—2006《产品几何技术规范（GPS）技术产品文件中表面粗糙度的表示法》等。

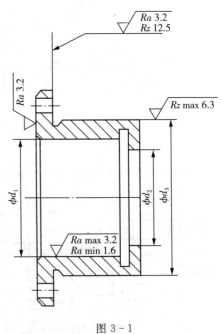

图 3-1

1）表面粗糙度的概念

经过机械加工的零件表面,总是存在着宏观和微观的几何形状误差。加工表面上微小的峰谷高低程度及其间距状况,称为表面粗糙度。它主要是由切削加工过程中刀具和被加工工件间的相对运动及刀具和被加工工件表面间的摩擦、切削过程中切屑分离时表层金属材料的塑性变形,还有机床—刀具—工件—夹具组成的工艺系统的高频振动等因素引起的。

表面粗糙度是实际表面几何形状误差的微观特性,而形状误差则是宏观的,表面波纹度介于两者之间。目前还没有划分它们的统一标准,通常以一定的波距与波高之比来划分,如图 3-2 所示。一般波距与波幅的比值小于 40 者属于表面粗糙度;大于 1000 者属于宏观几何形状误差;介于两者之间者属于表面波度误差。波距 λ 小于 1mm 属于表面粗糙度;波距 λ 大于 10mm 属于宏观几何形状误差;波距 λ 在 1~10mm 的属于表面波纹度。

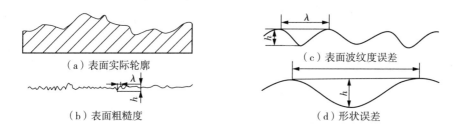

（a）表面实际轮廓　　　　　（c）表面波纹度误差

（b）表面粗糙度　　　　　（d）形状误差

图 3-2　表面误差示意图

2）表面粗糙度对零件使用性能的影响

（1）对耐磨性的影响

相互接触的表面由于凹凸不平,只能在轮廓峰顶处接触,实际有效接触面积减小,单位面积上压力增大,滑动时,表面磨损加剧。

（2）对配合性质的影响

对于间隙配合,表面越粗糙,微观峰顶在工作时磨损越快,导致间隙增大;若是过盈配合,则在装配时零件表面的峰顶会被挤平,减小实际有效过盈量,降低连接强度。

（3）对腐蚀性的影响

表面越粗糙,越容易使腐蚀性气体或液体附着于表面的微观凹谷,并渗入到金属内层,使腐蚀加剧。

（4）对疲劳强度的影响

表面越粗糙,表面的微观凹谷一般越深,对应力集中越敏感,零件表面在交变载荷作用下,疲劳损坏的可能性就越大,疲劳强度就降低。

3）表面粗糙度的评定

（1）主要术语及定义

① 实际轮廓

实际轮廓是指平面与提取（实际）表面相交所得的轮廓,如图 3-3 所示。

② 取样长度 lr

用于判别被评定轮廓特征的 X 轴向的一段基准线长度,称为取样长度 lr,如图 3-4 所示。规定取样长度是为了限制和减弱表面波纹度对表面粗糙度测量结果的影响。一般取样长度至少包含 5 个轮廓峰和轮廓谷,表面越粗糙,取样长度应越大。

③ 评定长度 ln

评定长度是指评定轮廓表面 X 轴方向上的一段长度,如图 3-4 所示。由于被加工表面粗糙度不一定很均匀,为了合理、客观反映表面质量,通常取几个连续取样长度,一般 $ln=5lr$。如果加工表面比较均匀,可取 $ln<5lr$,反之,则取 $ln>5lr$。

一般取评定长度 $ln=5lr$,具体数值见表 3-1。

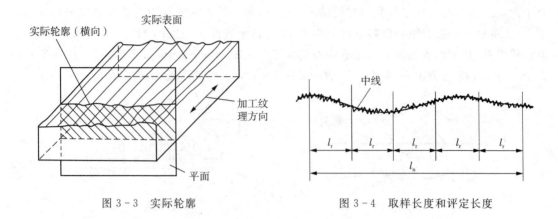

图 3-3　实际轮廓

图 3-4　取样长度和评定长度

表 3-1　取样长度和评定长度的取值

$Ra/\mu m$	$Rz/\mu m$	lr/mm	$ln(ln=5lr)/mm$
$\geqslant 0.008 \sim 0.02$	$\geqslant 0.025 \sim 0.10$	0.08	0.4
$>0.02 \sim 0.1$	$>0.10 \sim 0.50$	0.25	1.25
$>0.1 \sim 2.0$	$>0.50 \sim 10.0$	0.8	4.0
$>2.0 \sim 10.0$	$>10.0 \sim 50.0$	2.5	12.5
$>10.0 \sim 80.0$	$>50.0 \sim 320$	8.0	40.0

④ 轮廓中线

轮廓最小二乘中线在取样长度范围内,实际被测轮廓线上的各点至该线的距离平方和为最小,如图 3-5 所示。

$$\int_0^{lr} Z_i^2 \, \mathrm{d}x = \min$$

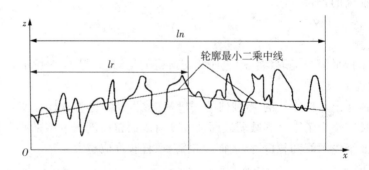

图 3-5　轮廓最小二乘中线示意图

轮廓算术平均中线是在取样长度范围内,将实际轮廓划分上下两部分,且使上下面积相等的直线,如图 3-6 所示。

$$\sum_{i=1}^{n} F_i = \sum_{i=1}^{n} F'_i$$

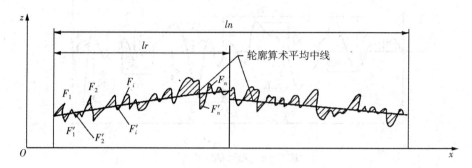

图 3-6　轮廓算术平均中线

GB/T 131—2006 中规定,一般以轮廓的最小二乘中线为基准线。但在轮廓图形上确定最小二乘中线的位置比较困难,可用算术平均中线代替,通常用目测估计确定算术平均中线,所以它具有较大的实用性。

(2)表面粗糙度的评定参数

国家标准 GB/T 3505—2000 规定了粗糙度轮廓的幅度、间距、形状等方面的评定参数。

① 幅度参数

轮廓算术平均偏差 Ra:在一个取样长度内,被测实际轮廓上各点到轮廓中线的距离的绝对值的算术平均值,如图 3-7 所示。公式表示为

$$Ra = \frac{1}{n} \sum_{i=1}^{n} |Z(x_i)|$$

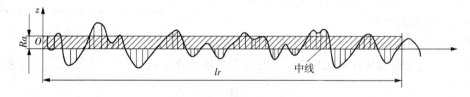

图 3-7　轮廓算数平均偏差

Ra 参数能客观全面地反映表面微观几何形状特性,其值越大,表面越粗糙;一般用电动轮廓仪进行测量,是普遍采用的评定参数。

轮廓最大高度 Rz:在一个取样长度内,最大轮廓峰高 Zp 和最大轮廓谷深 Zv 之和,如图 3-8 所示。公式表示为

$$Rz = |Zp_{max}| + |Zv_{max}|$$

Rz 参数对不允许出现较深加工痕迹的表面和小零件的表面质量有着实际意义,尤其是在交变载荷作用下,是防止出现疲劳破坏源的一项保证措施。因此 Rz 参数主要应用于有交变载荷作用的场合(辅助 Ra 使用),以及小零件的表面(不便使用 Ra)。

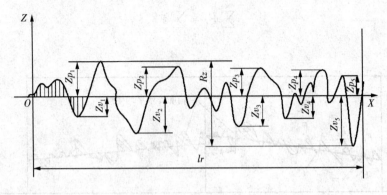

图 3-8 轮廓最大高度

② 间距特征参数

轮廓单元的平均宽度 Rsm：在一个取样长度内，粗糙度轮廓单元宽度的平均值，如图 3-9 所示。公式表示为

$$Rsm = \frac{1}{m} \sum_{i=1}^{m} Xs_i$$

GB/T 3505—2009 规定：粗糙度轮廓峰与粗糙度轮廓谷的组合称为粗糙度轮廓单元，中线与粗糙度轮廓单元相交线段的长度称为轮廓单元的宽度，用符号 Xs_i 表示。

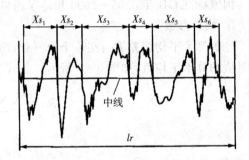

图 3-9 轮廓单元宽度

Rsm 是评定轮廓表面的间距参数，反映轮廓表面峰谷的疏密程度，Rsm 值越大、峰谷越稀、密封性越差。故有密封功能要求的工件表面应附加此参数。

轮廓支承长度率 $Rmr(c)$：指在给定水平位置 c 上，轮廓的实体材料长度 $Ml(c)$ 与评定长度的比率，如图 3-10 所示。公式表示为

$$Rmr(c) = \frac{Ml(c)}{ln} = \frac{1}{ln} \sum_{i=1}^{n} b_i$$

水平位置 c 上轮廓的实体材料长度 $Ml(c)$ 是指评定长度内，在一水平位置 c 上，用一条平行于 X 轴的直线从峰顶向下移一水平截距 c 时，与轮廓单元相截所得的各段截线长度之和。

轮廓支承长度率 $Rmr(c)$ 是反映零件表面耐磨性能的指标。当 c 一定时，其值越大，表示零件表面凸起的实体部分越大、承载面积就越大、支承能力和耐磨性就好，如图 3-11 所示。

轮廓单元的平均宽度 Rsm 和轮廓支承长度率 $Rmr(c)$ 相对幅度参数而言称为附加参数，只有在零件表面有特殊要求时才选用。

4）表面粗糙度在图样上的标注

国家标准 GB/T 131—2006 对表面粗糙度符号、代号及标注做了相关规定。

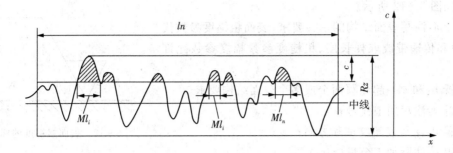

图 3-10　轮廓支承长度率

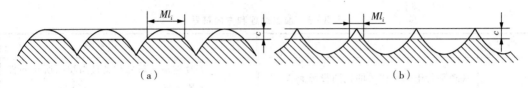

（a）　　　　　　　　　　　　　　（b）

图 3-11　微观形状与轮廓支承长度率

（1）表面粗糙度符号

国家标准表面粗糙度符号及含义的规定见表 3-2 所示。

表 3-2　表面粗糙度符号及含义

符号名称	符　号	含　义
基本图形符号	H_2　H_1　60^0　60^0	由两条不等长的与标注表面成 60^0 夹角的直线构成,在图样上用细实线画出。基本图形符号仅用于简化代号标注,没有补充说明时不能单独使用
扩展图形符号		在基本图形符号上加一短横线,表示指定表面是用去除材料的方法获得,如通过机械加工获得的表面
扩展图形符号		在基本图形符号上加一个圆圈,表示指定表面是用不去除材料的方法获得,此图形符号也可用于表示保持上道工序形成的表面,不管这种状况是通过去除或不去除材料形成的
完整图形符号		在以上各种符号的长边上加一横线,以便标注表面结构特征的补充信息

注:表面结构是表面粗糙度、表面波纹度、表面缺陷、表面纹理和表面几何形状的总称,本章只涉及表面粗糙度的标注,所以为了便于理解,将"表面结构的符号和代号"等名词简称为"表面粗糙度符号和代号"。

（2）表面粗糙度代号的注写

为了明确表面结构要求,除了标注表面结构参数和数值外,必要时应标注补充要求,包括传输带、取样长度、加工工艺、表面纹理及方向、加工余量等。这些要求在图形符号中的注写位置如图 3-12 所示。

位置 a:注写表面结构的单一要求(表面粗糙度参数代号、数值和传输带或取样长度、粗糙度参数幅度参数允许值);

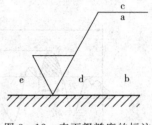

位置 b:和 a 一起注写两个或多个表面结构要求;

位置 c:注写加工代号;

位置 d:注写表面纹理和方向;

位置 e:注写加工余量(mm)。

图 3-12 表面粗糙度的标注

如表 3-3 所示为表面纹理标注。

表 3-3 加工纹理和方向符号

符号	示意图	符号	示意图
=	纹理平行于标注代号的视图投影面	X	纹理呈两斜向交叉且与视图所在的投影面相交
⊥	纹理垂直于标注代号的视图投影面	C	纹理呈近似同心圆且圆心与表面中心相关
M	纹理呈多方向	R	纹理呈近似放射状且与表面圆心相关
P	纹理呈微粒、凸起、无方向		

（3）表面粗糙度代号

表面粗糙度符号注写参数代号及数值等要求，即称为表面结构代号。表面结构代号的含义见表 3-4 所示。

表 3-4　表面粗糙度代号应用示例

符　号	含　义
√ $Rz\ 0.4$	表示不允许去除材料，单向上限值，默认传输带，R 轮廓，粗糙度的最大高度 $0.4\mu m$，评定长度为 5 个取样长度（默认），"16％规则"（默认）
√ $Rz\ \text{max}\ 0.2$	表示去除材料，单向上限值，默认传输带，R 轮廓，粗糙度最大高度的最大值 $0.2\mu m$，评定长度为 5 个取样长度（默认），"最大规则"
√ $0.008-0.8/Ra\ 3.2$	表示去除材料，单向上限值。传输带 $0.008\sim0.8mm$，R 轮廓。算术平均偏差 $3.2\mu m$，评定长度为 5 个取样长度（默认），"16％规则"（默认）
√ $0.08/Ra3\ 3.2$	表示去除材料，单向上限值。传输带：根据 GB/T 6062，取样长度 $0.8\mu m$（λs 默认 $0.0025\mu m$），R 轮廓，算术平均偏差 $3.2\mu m$，评定长度含 3 个取样长度，"16％规则"（默认）
√ $U\ Ra\ \text{max}\ 3.2$ $L\ Ra\ 0.8$	表示不允许去除材料，双向极限值，两极限值均使用默认传输带，R 轮廓，上限值：算术平均偏差 $3.2\mu m$，评定长度为 3 个取样长度（默认），"最大规则"，下限值：算术平均偏差 $0.8\mu m$，评定长度为 5 个取样长度（默认），"16％规则"（默认）
铣 √ C $0.08-4/Ra\ 50$ $0.08-4/Ra\ 6.3$	双向极限值：上限值 $Ra=50\mu m$；下限值 $Ra=6.3\mu m$；均为"16％规则"（默认）；两个传输带均 $0.008\sim4mm$；默认的评定长度 $5\times4=20mm$；表面纹理呈近似同心圆且圆心与表面中心相关 加工方法：铣
磨 √ ⊥ $Ra\ 1.6$ $-2.5/Rz\ \text{max}\ 6.3$	两个单向上限值： ① $Ra=1.6\mu m$，"16％规则"，默认传输带，默认评定长度（$5\times\lambda c$）； ② $Rz\text{max}=6.3\mu m$，"最大规则"，传输带$-2.5\mu m$，评定长度默认（$5\times2.5mm$），表面纹理垂直于视图投影面 加工方法：磨削
$Cu/Ep\cdot Ni5bCr0.3r$ √ $Rz\ 0.8$	单向上限值： $Rz=0.8\mu m$；"16％规则"；默认传输带；默认评定长度（$5\times\lambda c$） 表面处理：铜件，镀镍/铬 表面要求：对封闭轮廓的所有表面有效

（4）表面粗糙度代号在图样上的标注

表面粗糙度要求对每一表面一般只标注一次，并尽可能标注在相应的尺寸及其公差的同一视图上。除非另有说明，所标注的表面结构要求是对完工零件表面的要求。

表面粗糙度代号在图样上的注写和读取方向与尺寸的注写和读取方向一致，如图 3-13 所示；一般标注于可见轮廓线或其延长线上，符号应从材料外指向并接触表面，必要时也可用箭头或者黑点的指引线引出标注，如图 3-14 所示；在不致引起误解时，也可以标注在给定的尺寸线上,如图 3-15 所示;表面粗糙度代号还可标注在形位公差框格的上方,如图 3-16 所示。

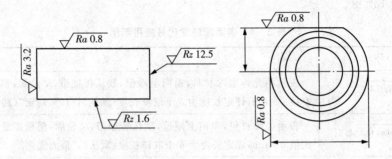

图 3-13　表面粗糙度代号的注写方向

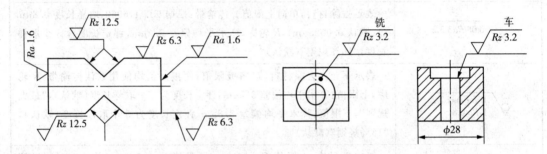

图 3-14　表面粗糙度在轮廓线上或指引线上的标注示例

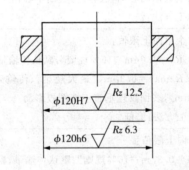

图 3-15　表面粗糙度要求标注在尺寸线上

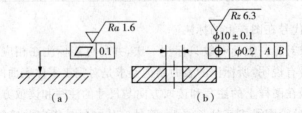

图 3-16　表面粗糙度要求标注在几何公差框格的上方

(5)表面粗糙度在图样中的简化注法

① 有相同表面粗糙度要求的简化注法

如果在工件的多数(包括全部)表面有相同的表面粗糙度要求，则其表面粗糙度要求可统一标注在图样的标题栏附近。此时(除全部表面有相同要求的情况外)，表面粗糙度要求的符号后面应有:在圆括号内给出无任何其他标注的基本符号，如图 3-17(a)所示;在圆括号内给出不同的表面粗糙度要求，如图 3-17(b)所示。

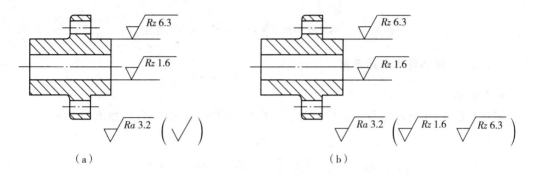

Rz 6.3
Rz 1.6
Ra 3.2
(a)
Rz 6.3
Rz 1.6
Ra 3.2
Rz 1.6
Rz 6.3
(b)

图 3-17　大多数表面有相同表面粗糙度要求的简化注法

② 多个表面有共同要求的注法

当多个表面具有相同的表面粗糙度要求或图纸空间有限时，可以采用简化注法。

用带字母的完整符号的简化注法。可用带字母的完整符号，以等式的形式，在图形或标题栏附近，对有相同表面结构要求的表面进行简化标注，如图 3-18 所示。只用表面结构符号的简化注法。可用表面结构符号，以等式的形式给出对多个表面共同的表面结构要求，如图 3-19 所示。

z
y
z
U Rz 1.6
L Ra 0.8
y
Ra 3.2

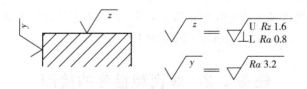

图 3-18　在图纸空间有限时的简化注法

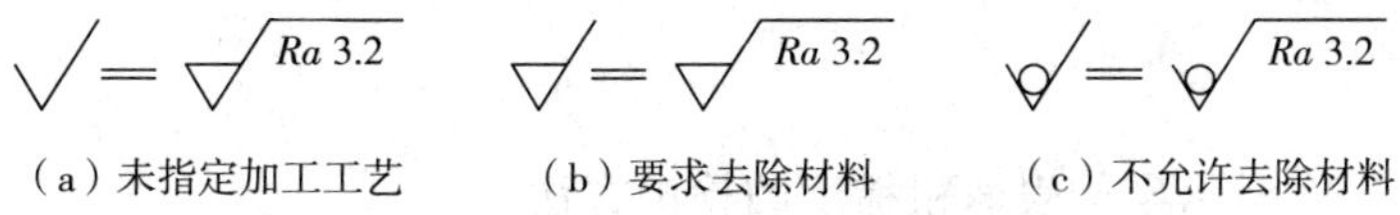

Ra 3.2
Ra 3.2
Ra 3.2
(a) 未指定加工工艺
(b) 要求去除材料
(c) 不允许去除材料

图 3-19　多个表面粗糙度要求的简化注法

③ 两种或多种工艺获得的同一表面的注法

由几种不同的工艺方法获得的同一表面，当需要明确每种工艺方法的表面结构要求时，可按图 3-20 进行标注。

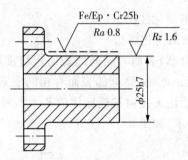

图 3-20 两种或多种工艺获得的同一表面的注法

3.1.3 识读零件表面粗糙度

任务回顾

解释如图 3-1 所示零件上标出的各表面粗糙度(如图 3-21 所示)要求的含义。

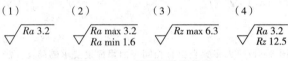

图 3-21 表面粗糙度代号

解:(1)该表面粗糙度代号尖底标注在该零件的左端面,表明该零件左端面用去除材料的方法获得,表面粗糙度 Ra 的单向上限值为 $3.2\mu m$。

(2)该表面粗糙度代号尖底标注在 ϕd_1 的圆柱内表面,表明该孔的表面用去除材料的的方法获得,表面粗糙度 Ra 的最大值为 $3.2\mu m$,最小值为 $1.6\mu m$。

(3)该表面粗糙度代号尖底标注在 ϕd_3 的圆柱外表面,表明 ϕd_3 的圆柱外表面用去除材料的方法获得,表面粗糙度 Rz 的最大值为 $6.3\mu m$。

(4)该表面粗糙度代号尖底标注在台阶右表面,表明该零件台阶右表面去除材料的方法获得,表面粗糙度 Ra 的值为 $3.2\mu m$,Rz 的值为 $12.5\mu m$。

任务 3.2　表面粗糙度的检测

3.2.1 案例导入

1)案例任务

选择如图 3-22 所示零件表面粗糙度的检测方法。

2)知识目标

① 了解表面粗糙度的测量方法。

② 加深理解表面粗糙度的评定参数。

③ 熟悉表面粗糙度检测及评定知识。

3)技能目标

① 能读懂零件表面粗糙度要求,采用正确方法进行检测。

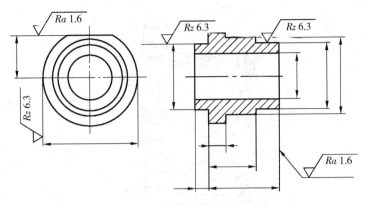

图 3-22　套类零件

② 能正确使用表面粗糙度测量仪器。

3.2.2　表面粗糙度的测量方法

目前常用的表面粗糙度的测量方法主要有：比较法、光切法、针描法、干涉法等。

1）比较法

比较法是将被测表面与已知其评定参数值的粗糙度样板通过视觉、触觉或其他方法进行比较，对被检表面的粗糙度作出判断的一种方法。比较样板的选择应使其材料、形状和加工方法与被测表面尽量一致，如图 3-23 所示。

比较法简单实用，适合于车间生产检验。缺点是评定结果的可靠性很大程度上取决于检测人员的经验，精度较低，只能做定性分析。

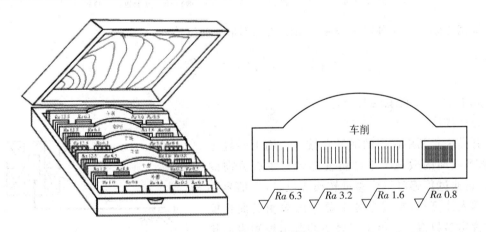

图 3-23　表面粗糙度样板

2）光切法

光切法是利用"光切原理"测量表面粗糙度的一种方法。常用的仪器是光切显微镜，又称双管显微镜，如图 3-24(a)所示。该仪器适宜测量车、铣、刨等加工方法所加工的金属零件的平面或外圆表面。光切法的基本原理如图 3-24(b)所示。

光切法主要用于测定 Rz 值，测量范围一般为 $0.8\sim50\mu m$。

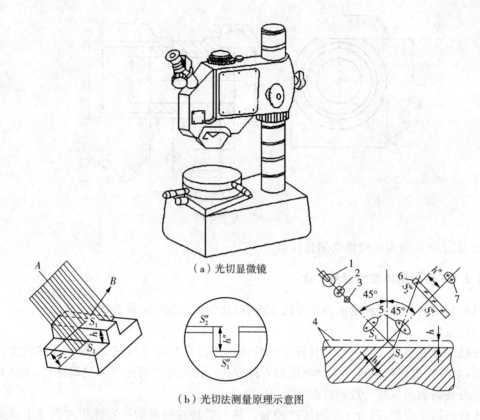

（a）光切显微镜

（b）光切法测量原理示意图

图 3-24 光切法测量表面粗糙度

1—光源；2—聚光镜；3—窄缝；4—工件表面；5—透镜；6—分划板；7—目镜

根据光学系统原理得出被测表面的微观不平度高度值 h：

$$h = h' \times cos\ 45° = \frac{h'' \times \cos 45°}{N}$$

式中，N——物镜放大倍数。

3）针描法

针描法是利用仪器的触针在被测表面上轻轻划过，被测表面的微观不平度将使触针作垂直方向的位移，再通过传感器将位移量转换成电量，经信号放大后送入计算机，在显示器上显示出被测表面粗糙度的评定参数值。也可由记录器绘制出被测表面轮廓的误差图形，其工作原理如图 3-25 所示。

按针描法原理设计制造的表面粗糙度测量仪器通常称为轮廓仪。根据转换原理的不同，可以有电感式轮廓仪、电容式轮廓仪、压电式轮廓仪等。轮廓仪可测 Ra、Rz、Rsm 及 $Rmr(c)$ 等多个参数。

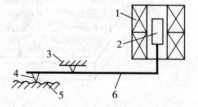

图 3-25 针描法测量原理示意图

1—电感线圈；2—铁心；3—支点；
4—触针；5—被测表面；6—杠杆

4）干涉法

干涉法是利用光波干涉原理测量表面粗糙度的一种方法。常用的仪器称为干涉显微镜。干涉显微镜主要用于测量 Rz 值,由于表面太粗不能形成干涉条纹,故干涉显微镜测量 Rz 值的范围为 $0.05 \sim 0.8 \mu m$,适于测量表面粗糙度要求较高的表面。

3.2.3 测量零件的表面粗糙度

任务回顾

选择如图 3-21 零件表面粗糙度的检测方法,检测项目如图 3-26 所示。

图 3-26

解:(1)根据该表面粗糙度代号所显示检测项目和测量值大小,为保证测量的精度,确定该削平面和右端面 $Ra1.6$ 使用电动轮廓仪测量。

(2)根据该表面粗糙度代号所显示检测项目和测量值大小,为保证测量的精度,确定该零件的外圆柱面 $Rz6.3$ 用光切显微镜测量。

任务 3.3 表面粗糙度的选用

3.3.1 案例导入

1)案例任务

结合如图 3-27 所示零件的尺寸精度要求,确定各面表面粗糙度,进行标注。

2)知识目标

① 了解表面粗糙度评定参数的选择原则。

② 理解表面粗糙度参数值的选择原则。

3)技能目标

① 能分析图纸上零件精度的要求,合理选择表面粗糙度参数。

② 会在图样上正确标注表面粗糙度要求。

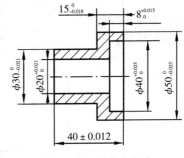

图 3-27 零件的尺寸

3.3.2 表面粗糙度的选择原则

1)表面粗糙度选用原则

选择粗糙度参数总的原则是:既要满足零件使用功能要求,又要兼顾工艺性和经济性。也就是说在满足使用要求的前提下,尽可能选用较大的表面粗糙度值。

2)表面粗糙度评定参数的选择

在选择表面粗糙度评定参数时,应能够充分合理的反应表面微观几何形状的真实情况。在机械零件精度设计中,一般只给出幅度参数 Ra 或 Rz 及其允许值,对于有特殊要求的零件的重要表面可附加选用间距参数或其他的评定参数及相应的允许值。

评定参数 Ra 能够较客观地反映表面微观几何形状特征,且所用仪器的测量方法比较简单,能连续测量,测量效率高。因此,在常用的参数值范围(Ra 为 $0.025 \sim 6.3 \mu m$,Rz 为

$0.1\sim25\mu m$）内，一般仅选用高度参数，国标推荐优先选用 Ra。当零件材料较软时，不能选用 Ra，因为 Ra 一般采用触针测量，材料较软时易划伤零件表面，且测量不准确。

评定参数 Rz，仅考虑了峰顶和峰谷。故在反映微观几何形状特征方面不如 Ra 全面。同时，Rz 值测量结果因测量点的不同而有差异。但 Rz 值易于在光学仪器上测得，且计算方便，因而是用得较多的参数。当零件表面过于粗糙（$Ra>6.3\mu m$）或太光滑（$Ra<0.025\mu m$）时，可选用 Rz。

3）表面粗糙度评定参数值的确定

在实际应用中，由于表面粗糙度和零件的功能关系十分复杂，很难全面而准确地按零件的功能要求确定表面粗糙度的评定参数值，所以在具体选用时多采用类比法来确定零件表面的评定参数值。

表 3-5 列出了轴和孔的表面粗糙度参数推荐值。

表 3-5 轴和孔的表面粗糙度参数推荐值

表面特征			$Ra/\mu m$ 不大于		
	公差等级	表面	基本尺寸/mm		
			到 50	大于 50～500	
经常装拆零件的配合表面（如挂轮、滚刀）	5	轴	0.2	0.4	
		孔	0.4	0.8	
	6	轴	0.4	0.8	
		孔	0.4～0.8	0.8～1.6	
	7	轴	0.4～0.8	0.8～1.6	
		孔	0.8	1.6	
	8	轴	0.8	1.6	
		孔	0.8～1.6	1.6～3.2	
	公差等级	表面	基本尺寸/mm		
			到 50	大于 50～120	大于 120～500
过盈配合的配合表面（a）装配按机械压入法（b）装配按热处理法	5	轴	0.1～0.2	0.4	0.4
		孔	0.2～0.4	0.8	0.8
	6～7	轴	0.4	0.8	1.6
		孔	0.8	1.6	1.6
	8	轴	0.8	0.8～1.6	1.6～3.2
		孔	1.6	1.6～3.2	1.6～3.2
	—	轴	1.6		
		孔	1.6～3.2		

（续表）

表面特征		$Ra/\mu m$ 不大于					
精密定心用配合的零件表面	表面	径向跳动公差$/\mu m$					
		2.5	4	6	10	16	25
		$Ra/\mu m$ 不大于					
	轴	0.05	0.1	0.1	0.2	0.4	0.8
	孔	0.1	0.2	0.2	0.4	0.8	1.6
滑动轴承的配合表面	表面	公差等级				液体湿摩擦条件	
		6～9		10～12			
		$Ra/\mu m$ 不大于					
	轴	0.4～0.8		0.8～3.2		0.1～0.4	
	孔	0.8～1.6		1.6～3.2		0.2～0.8	

根据类比法初步确定表面粗糙度后，再对比工作条件做适当调整。这时应注意下述一些原则：

（1）同一零件上，工作表面的粗糙度值比非工作表面小。

（2）摩擦表面、承受重载荷和交变载荷表面的粗糙度数值应选小值。摩擦表面 Ra 或 Rz 值比非摩擦表面小。

（3）配合精度要求高的结合面、小间隙配合表面，粗糙度选小值。

（4）在确定表面粗糙度参数值时，应注意与尺寸公差和几何公差协调。通常尺寸公差值和几何公差值越小，表面粗糙度值应越小。设计时可参考表 3-6。

表 3-6 表面粗糙度参数值与尺寸公差、形状公差值的一般的关系　　　　（％）

形状公差 t 约占尺寸公差 T 的百分比(t/T)	表面粗糙度参数值占尺寸公差百分比	
	Ra/T	Rz/T
约 60	≤5	≤20
约 40	≤2.5	≤10
约 25	≤1.25	≤5

（5）要求防腐蚀、密封性能好或外表美观的表面粗糙度数值应较小。

（6）有关标准已对表面粗糙度要求做出规定的（如轴承、量规等），应按相应标准确定表面粗糙度数值。

3.3.3 选择零件的表面粗糙度

任务回顾

结合如图 3-27 所示零件的尺寸精度要求，确定各面表面粗糙度，进行标注。

解:圆柱面尺寸精度均是 IT7 级,所以选用 $Ra0.8\mu m$;

轴向长度为非配合尺寸,故选用 $Ra1.6\mu m$。

标注如图 3-28 所示。

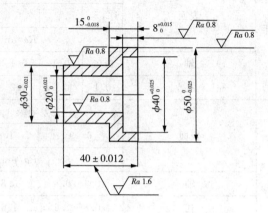

图 3-28 表面粗糙度的选用与标注

思考与习题

1. 表面粗糙度对零件的使用性能有哪些影响?

2. 评定表面粗糙度时,为什么要规定取样长度? 有了取样长度,为何还要规定评定长度?

3. 表面粗糙度国家标准中规定了哪些评定参数? 哪些是基本参数?

4. 选用表面粗糙度时应考虑哪些原则?

5. 表面粗糙度评定参数 Ra 称为_____,Rz 称为_____。

6. 表面粗糙度符号中,基本符号为_____,表示表面可用任何方法获得。

7. 零件表面粗糙度为 $12.5\mu m$,可用任何方式获得,其标注为_____。

8. 测量表面粗糙度时,为排除波纹度和形状误差对表面粗糙度的影响,应把测量长度限制在一段足够短的长度上,该长度称为_____。

9. 解释如图 3-29 所示的表面粗糙度标注代号的含义。

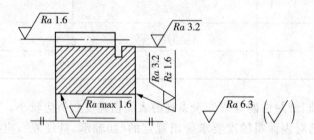

图 3-29 习题 9 图

10. 试将下列表面粗糙度要求标注在题图 3-30 所示的图样上(各表面均采用去除材料法获得)。

(1)ϕ_1 圆柱的表面粗糙度参数 Ra 的上限值为 $3.2\mu m$;

(2)左端面的表面粗糙度参数 Ra 的最大值为 $1.6\mu m$;

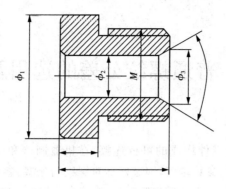

图 3-30 习题 10 图

(3)右端面的表面粗糙度参数 Ra 的上限值为 $1.6\mu m$；

(4)内孔的表面粗糙度参数 Rz 的上限值为 $0.8\mu m$；

(5)螺纹工作面的表面粗糙度参数 Ra 的上限值为 $3.2\mu m$，下限值为 $1.6\mu m$；

(6)其余各面的表面粗糙度参数 Ra 的上限值为 $12.5\mu m$。

项目 4　普通螺纹公差的选用及其检测

螺纹连接是利用螺纹零件构成的可拆连接,在机器制造和仪器制造中应用十分广泛。螺纹的互换程度很高,几何参数较多,国家标准对螺纹的牙型、参数、公差与配合等都做了规定,以保证其几何精度。螺纹主要用于紧固连接、密封、传递动力和运动等。

螺纹的种类繁多,常用螺纹按用途分为普通螺纹、传动螺纹和紧密螺纹。按牙型可分为三角形螺纹、梯形螺纹和矩形螺纹等。本章主要介绍普通螺纹及其公差标准。

普通螺纹通常又称为紧固螺纹。其作用是使零件相互连接或紧固成一体,并可拆卸。普通螺纹牙型是将原始三角形的顶部和底部按一定比例截取而得到的,有粗牙和细牙螺纹之分。

传动螺纹用于传递动力和精确位移,它要求具有足够的强度和保证位移精度。传递螺纹有梯形、三角形、锯齿形和矩形等,机床中的丝杆、螺母常采用梯形牙型。

紧密螺纹主要用于对气体和液体的密封。如管螺纹的连接,在管道中不得漏气、漏水、漏油。对这类螺纹结合的主要要求是具有良好的旋合性及密封性。

任务 4.1　普通螺纹的识读

4.1.1　导入案例

1)案例任务

任务一

解释下列螺纹标记的含义。

$$M40 \times 7(14/2) - 5g6g - LH$$

任务二

一螺纹配合为 M20×2—6H/5g6g,试查表求出内、外螺纹的中径、小径和大径的极限尺寸;内、外螺纹的中径、小径和大径的极限偏差。

2)知识目标

① 了解螺纹基本参数。

② 掌握普通螺纹的代号。

③ 掌握螺纹相关表格的查用方法。

3)技能目标

① 能识读螺纹代号。

② 能查用螺纹相关表格。

4.1.2　普通螺纹基础知识

1)普通螺纹的基本牙型和主要几何参数

按 GB/T 192—2003 规定,普通螺纹的基本牙型,如图 4-1 所示,它是在螺纹轴剖面上,将高度为 H 的原始等边三角形的顶部截去 $H/8$ 和底部截去 $H/4$ 后形成的。内、外螺纹的大径、中径、小径和螺距等基本几何参数都在基本牙型上定义。

(1)大径 $D(d)$:大径是指与外螺纹牙顶(或与内螺纹牙底)相重合的假想圆柱面的直径。国家标准规定,大径的基本尺寸作为普通螺纹的公称直径。内、外螺纹的大径分别用 D、d 表示,如图 4-1 所示。

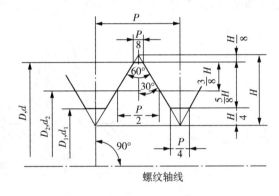

图 4-1　普通螺纹的基本牙型图

(2)小径 D_1 或 d_1:小径是指与外螺纹牙底或内螺纹牙顶相重合的假想圆柱面的直径。外螺纹的大径和内螺纹的小径统称为顶径,外螺纹的小径和内螺纹的大径统称为底径,如图 4-1 所示。

(3)中径 D_2 或 d_2:中径是一个假想圆柱面的直径,该圆柱面的母线位于牙体和牙槽宽度相等处,即 $H/2$ 处,如图 4-1 所示。

(4)单一中径 D_{2s} 或 d_{2s}:单一中径是一个假想圆柱面的直径,该圆柱面的母线位于牙槽宽度等于螺距基本尺寸一半处,如图 4-2 所示。单一中径用三针法测得,用来表示螺纹中径的实际尺寸。当无螺距偏差时,单一中径与中径相等;有螺距偏差时,其单一中径与中径数值不相等。

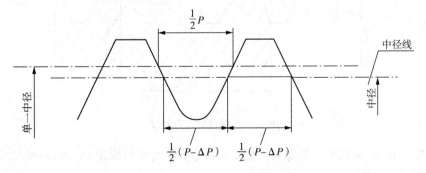

图 4-2　螺纹的单一中径与中径

（5）螺距 P 和导程 L：螺距是指螺纹相邻两牙在中径线上对应两点间的轴向距离；导程是指同一条螺旋线上相邻两牙在中径线上对应两点间的轴向距离，螺距和导程的关系是

$$L = nP$$

式中，n 是螺纹的头数或线数。

（6）牙型角 α 和牙型半角 $\alpha/2$：牙型角是指螺纹牙型上相邻两侧间的夹角，如图 4-3(a) 所示。公制普通螺纹的牙型角为 $60°$。牙型半角 $\alpha/2$ 是指牙型角的一半，公制普通螺纹的牙型角为 $30°$。

（7）牙侧角（α_1、α_2）：牙侧角是在螺纹牙型上牙侧与螺纹轴线的垂线之间的夹角，如图 4-3(b) 中的 α_1 和 α_2。对于普通螺纹，在理论上，$\alpha = 60°$、$\alpha/2 = 30°$、$\alpha_1 = \alpha_2 = 30°$。

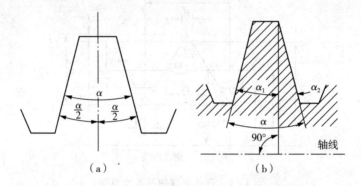

图 4-3　牙型角、牙型半角和牙侧角

（8）原始三角形高度 H：是指原始三角形顶点到底边的垂直距离。原始三角形为一等边三角形，H 与螺纹螺距 P 的几何关系为 $H = \sqrt{3}P/2$，如图 4-1 所示。

（9）螺纹旋合长度 L：是指两个相配合螺纹沿螺纹轴线方向相互旋合部分的长度，如图 4-4 所示。

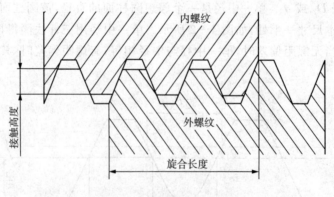

图 4-4　螺纹的旋合长度

在实际工作中，如需要求某螺纹（已知公称直径即大径和螺距）中径、小径尺寸时，可根据基本牙型进行计算：

$$D_2(d_1) = D(d) - 2 \times \frac{3}{8} H = D(d) - 0.6495P$$

$$D_1(d_1) = D(d) - 2 \times \frac{5}{8} H = D(d) - 1.0825P$$

如有资料,则不必计算,可直接查螺纹表格。GB/T 196—2003 规定了普通螺纹的基本尺寸,见表 4 - 1。

表 4 - 1　普通螺纹的基本尺寸(摘自 GB/T 196 - 2003)

公称直径（大径）D、d	螺距 P		中径 D_2,d_2	小径 D_1,d_1	公称直径（大径）D、d	螺距 P		中径 D_2,d_2	小径 D_1,d_1
	粗牙	细牙				粗牙	细牙		
10	1.5	1.5	9.026	8.376	20	2.5	2.5	18.376	17.294
		1.25	9.188	8.647			2	18.701	17.835
		1	9.350	8.917			1.5	19.026	18.376
		0.75	9.513	9.188			1	19.350	18.917
		(0.5)	9.675	9.459			(0.75)	19.613	19.188
							(0.5)	19.675	19.459
12	1.75	1.75	10.863	10.106	24	3	3	22.051	20.752
		1.5	11.026	10.376			2	22.701	21.835
		1.25	11.188	10.647			1.5	23.026	22.376
		1	11.350	10.917			1	23.350	22.917
		(0.75)	11.513	11.188			(0.75)	23.513	23.188
		0.5	11.675	11.459					
16	2	2	14.701	13.835	30	3.5	3.5	27.727	26.211
		1.5	15.026	14.376			(3)	28.051	26.752
		1	15.350	14.917			2	28.701	27.835
		(0.75)	15.513	15.188			1.5	29.026	28.376
		(0.5)	15.675	15.459			1	29.350	28.917
							(0.75)	29.513	29.188

注:带括号的螺距尽量不用。

3)螺纹几何参数误差对互换性的影响

影响螺纹互换性的几何参数有:螺纹的大径、中径、小径、螺距和牙型半角。螺纹的大径和小径处一般有间隙,不会影响螺纹的配合性质,而内、外螺纹连接是依靠旋合后的牙侧面接触的均匀性来实现的。因此影响螺纹互换性的主要因素是螺距误差、牙型半角误差和中径偏差。

(1)螺距误差对螺纹互换性的影响

螺距误差包括与旋合长度无关的局部误差和与旋合长度有关的累积误差,从互换性的观点看,应考虑与旋合长度有关的累积误差。

在车间生产条件下,很难对螺距逐个地分别检测,因而对普通螺纹不采用规定螺距公差的办法,而是采取将外螺纹中径减小或内螺纹中径增大,以保证达到旋合的目的。用螺距误差换算成中径的补偿值称为螺距误差的中径当量,以 f_P 表示。

由于螺距有误差,在旋合长度上产生螺距累积误差 ΔP_Σ,使内、外螺纹无法旋合,见图4-5。

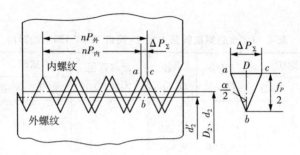

图 4-5 螺距误差对互换性的影响

为讨论方便,设内、外螺纹的中径和牙型半角均无误差,内螺纹无螺距误差,仅外螺纹有螺距误差。此误差 ΔP_Σ 相当于使外螺纹中径增大一个 f_P 值,此 f_P 值称为螺距误差的中径当量或补偿值。

从 $\triangle abc$ 中可知:

$$f_P = |\Delta P_\Sigma| \cot \frac{\alpha}{2}$$

米制普通螺纹牙型半角 $\frac{\alpha}{2} = 30^0$,则 $f_P = 1.732 |\Delta P_\Sigma|$。

(2)牙型半角误差对螺纹互换性的影响

牙型半角误差是指实际牙型半角与理论牙型半角之差。牙型半角误差产生的原因主要是牙型角不准确和牙型角平分线不垂直于螺纹轴线,也可能是两者的综合。

牙型半角误差是螺纹牙侧相对于螺纹轴线的方向误差,它对螺纹的旋合性和连接强度均有影响。牙型半角误差对互换性的影响如图4-6所示。假定内螺纹具有基本牙型,外螺纹的中径及螺距与内螺纹相同。外螺纹的左右牙型半角存在误差 $\Delta \frac{\alpha_1}{2}$ 和 $\Delta \frac{\alpha_2}{2}$。当内、外螺纹旋合时,左右牙型将产生干涉(图4-6中的阴影部分),从而影响旋合性。若将外螺纹中径减小或内螺纹中径增大 $f_{\alpha/2}$,可以避免干涉。$f_{\alpha/2}$ 为牙型半角误差的中径补偿值。

在图4-6(a)中,外螺纹的 $\Delta \frac{\alpha}{2} = \frac{\alpha}{2}(外) - \frac{\alpha}{2}(内) < 0$,则其牙顶部分的牙侧有干涉现象。

在图4-6(b)中,外螺纹的 $\Delta \frac{\alpha}{2} = \frac{\alpha}{2}(外) - \frac{\alpha}{2}(内) > 0$,则其牙底部分的牙侧有干涉现象。

在图4-6(c)中,当左右牙型半角误差不相等时,两侧干涉区的干涉量也不相同,中径补偿值 $f_{\alpha/2}$ 取平均值。根据三角形的正弦定理可以导出:

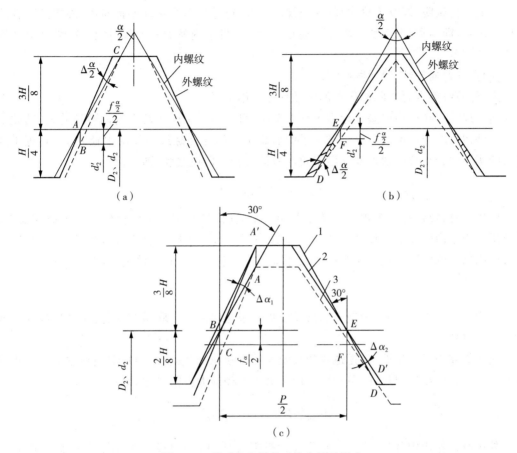

图 4-6 牙型半角误差对旋合性的影响

$$f_{\alpha/2}=0.073P\left(K_1\left|\Delta\frac{\alpha_1}{2}\right|+K_2\left|\Delta\frac{\alpha_2}{2}\right|\right)$$

式中，$f_{\alpha/2}$——牙型半角误差的中径补偿值，单位 μm；

P——螺距，单位 mm；

$\Delta\dfrac{\alpha_1}{2}$、$\Delta\dfrac{\alpha_2}{2}$——左、右牙型半角误差，单位′；

K_1、K_2——修正系数。

当 $\Delta\dfrac{\alpha_1}{2}$（或 $\Delta\dfrac{\alpha_2}{2}$）$>0$ 时，在 $\dfrac{1}{4}H$ 处发生干涉，K_1（或 K_2）$=2$（对内螺纹取 3）；

当 $\Delta\dfrac{\alpha_1}{2}$（或 $\Delta\dfrac{\alpha_2}{2}$）$<0$ 时，在 $\dfrac{3}{8}H$ 处发生干涉，K_1（或 K_2）$=3$（对内螺纹取 2）。

（3）单一中径误差对互换性的影响

螺纹中径在制造过程中不可避免会出现一定的误差，即单一中径对其公称中径之差。如仅考虑中径的影响，那么只要外螺纹中径小于内螺纹中径就能保证内螺纹、外螺纹的旋合性，反之就不能旋合。但如果外螺纹中径过小，内螺纹中径又过大，则会降低连接强度。所以，为了确保螺纹的旋合性，中径误差必须加以控制。

以上分析说明:螺纹无论中径误差、螺距误差,还是牙型半角误差都对内、外螺纹配合旋入性有影响,即当内(外)螺纹产生上述误差后,相当于内螺纹中径减少了,外螺纹中径增大了。

(4)保证普通螺纹互换性的条件

内、外螺纹旋合时实际起作用的中径称为作用中径。

当外螺纹存在螺距误差和牙型半角误差时,只能与一个中径较大的内螺纹旋合,其效果相当于外螺纹的中径增大。这个增大了的假想中径称为外螺纹的作用中径 d_{2m}。它等于外螺纹的实际中径与螺距误差及牙型半角误差的中径补偿值之和,即

$$d_{2m}=d_{2s}+(f_P+f_{a/2})$$

同理,当内螺纹存在螺距误差及牙型半角误差时,只能与一个中径较小的外螺纹旋合,其效果相当于内螺纹的中径减小了。这个减小了的假想中径称为内螺纹的作用中径 D_{2m}。它等于内螺纹的实际中径与螺距误差及牙型半角误差的中径补偿值之差,即

$$D_{2m}=D_{2s}-(f_P+f_{a/2})$$

作用中径把螺距误差、牙型半角误差及单一中径误差三者联系在一起,保证螺纹互换性的最主要参数。

判断螺纹中径合格性,根据螺纹的极限尺寸判断原则(泰勒原则),即内螺纹的作用中径应不小于中径最小极限尺寸;单一中径应不大于中径最大极限尺寸,即

$$D_{2m}\geqslant D_{2min},D_{2s}\leqslant D_{2max}$$

外螺纹的作用中径应不大于中径最大极限尺寸,单一中径应不小于中径最小极限尺寸,即

$$d_{2m}\leqslant d_{2max},d_{2s}\geqslant d_{2min}。$$

4)螺纹的公差带

国家标准 GB/T 197—2003《普通螺纹 公差》将螺纹公差带的两个基本要素:公差带大小(公差等级)和公差带位置(基本偏差)进行标准化,组成各种螺纹公差带。螺纹配合由内、外螺纹公差带组合而成。考虑到旋合长度对螺纹精度的影响,由螺纹公差带与螺纹旋合长度构成螺纹精度,从而形成了比较完整的螺纹公差体制,如图 4 - 7 所示。

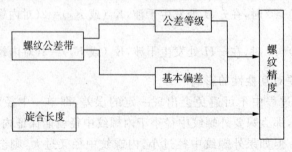

图 4 - 7 普通螺纹公差制结构

（1）螺纹公差带的大小和公差等级

国家标准规定了内、外螺纹的公差等级，其值和孔、轴公差值不同，有螺纹公差的系列和数值。普通螺纹公差带的大小由公差值确定，公差值又与螺距和公差等级有关。

GB/T 197—2003 规定的普通螺纹公差等级如表 4-2 所示。各公差等级中 3 级最高，9级最低，6 级为基本级。

表 4-2 普通螺纹的公差等级

螺纹直径	公差等级	螺纹直径	公差等级
内螺纹中径 D_2	4,5,6,7,8	外螺纹中径 d_2	3,4,5,6,7,8,9
内螺纹小径 D_1	4,5,6,7,8	外螺纹大径 d	4,6,8

由于外螺纹的小径与中径、内螺纹的大径和中径是同时由刀具切出的，其尺寸在加工过程中自然形成，由同刀具保证，因此国家标准中对内螺纹的大径和外螺纹的小径均没有规定具体的公差值，只规定内、外螺纹牙底实际轮廓的任何点均不能超过基本偏差所确定的最大实体牙型。同时内螺纹较难加工，因此同样公差等级的内螺纹中径公差比外螺纹中径公差大 32% 左右，以满足工艺等价原则。

螺纹的公差值是由经验公式计算而来，普通螺纹的中径和顶径公差如表 4-3、表 4-4 所示。

表 4-3 内、外螺纹中径公差

公差直径 D/mm		螺距	内螺纹中径公差 $T_{D_2}/\mu m$						外螺纹中径公差 $T_{d_2}/\mu m$					
			公差等级						公差等级					
>	≤	P/mm	4	5	6	7	8	3	4	5	6	7	8	9
5.6	11.2	0.75	85	106	132	170	—	50	63	80	100	125	—	—
		1	95	118	150	190	236	56	71	95	112	140	180	224
		1.25	100	125	160	200	250	60	75	95	118	150	190	236
		1.5	112	140	180	224	280	67	85	106	132	170	212	295
11.2	22.4	1	100	125	160	200	250	60	75	95	118	150	190	236
		1.25	112	140	180	224	280	67	85	106	132	170	212	265
		1.5	118	150	190	236	300	71	90	112	140	180	224	280
		1.75	125	160	200	250	315	75	95	118	150	190	236	300
		2	132	170	212	265	335	80	100	125	160	200	250	315
		2.5	140	180	224	280	355	85	106	132	170	212	265	335
22.4	45	1	106	132	170	212	—	63	80	100	125	160	200	250
		1.5	125	160	200	250	315	75	95	118	150	190	236	300
		2	140	180	224	280	355	85	106	132	170	212	265	335
		3	170	212	265	335	425	100	125	160	200	250	315	400
		3.5	180	224	280	355	450	106	132	170	212	265	335	425
		4	190	236	300	375	415	112	140	180	224	280	355	450
		4.5	200	250	315	400	500	118	150	190	236	300	375	475

表 4-4　内、外螺纹顶径公差

公差项目 公差等级 螺距 P/mm	内螺纹小径公差 T_{D_1}/μm					外螺纹大径公差 T_d/μm		
	4	5	6	7	8	4	6	8
0.75	118	150	190	236	—	90	140	—
0.8	125	160	200	250	315	95	150	236
1	150	190	236	300	375	112	180	280
1.25	170	212	265	335	425	132	212	335
1.5	190	236	300	375	475	150	236	375
1.75	212	265	335	425	530	170	265	425
2	236	300	375	475	600	180	280	450
2.5	280	355	450	560	710	212	335	530
3	315	400	500	630	800	236	375	600

（2）螺纹公差带的位置和基本偏差

螺纹公差带是以基本牙型为零线布置的,所以螺纹的基本牙型是计算螺纹偏差的基准。内、外螺纹的公差带相对于基本牙型的位置,与圆柱体的公差带位置一样,由基本偏差来确定。对于外螺纹,基本偏差是上偏差 es,对于内螺纹,基本偏差是下偏差 EI,则外螺纹下偏差 ei＝es－T,内螺纹上偏差 ES＝EI＋T(T 为螺纹公差)。

国标对内螺纹的中径和小径规定了 G、H 两种公差带位置,以下偏差 EI 为基本偏差,由这两种基本偏差所决定的内螺纹的公差带均在基本牙型之上,如图 4-8(a)、(b)所示。

国标对外螺纹的中径和大径规定了 e、f、g、h 四种公差带位置,以上偏差 es 为基本偏差,由这四种基本偏差所决定的外螺纹的公差带均在基本牙型之下,如图 4-8(c)、(d)所示。

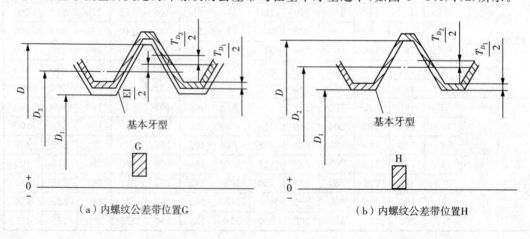

（a）内螺纹公差带位置G　　　　　　　（b）内螺纹公差带位置H

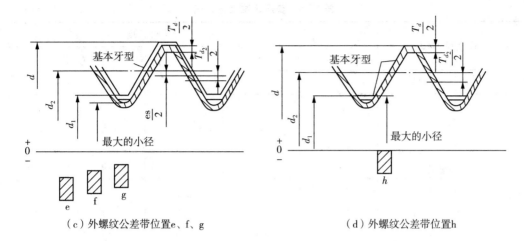

（c）外螺纹公差带位置e、f、g　　　　　　　（d）外螺纹公差带位置h

图 4-8　内、外螺纹基本偏差

内、外螺纹基本偏差的含义和代号取自《公差与配合》标准中相对应的孔和轴,其值见表 4-5。

表 4-5　内、外螺纹的基本偏差

螺纹 基本偏差 螺距 P/mm	内螺纹		外螺纹			
	G	H	e	f	g	h
	EI/μm		es/μm			
0.75	+22		-56	-38	-22	
0.8	+24		-60	-38	-24	
1	+26		-60	-40	-26	
1.25	+28		-63	-42	-28	
1.5	+32	0	-67	-45	-32	0
1.75	+34		-71	-48	-34	
2	+38		-71	-52	-38	
2.5	+42		-80	-58	-42	
3	+48		-85	-63	-48	

5)螺纹的旋合长度

内、外螺纹的旋合长度是螺纹精度设计时应考虑的一个因素。GB/T 197—2003 根据螺纹的公称直径和螺距基本值规定了三组旋合长度,分别是:短旋合长度(以 S 表示)、中等旋合长度(以 N 表示)、长旋合长度(以 L 表示)。设计时一般选用中等旋合长度组,只有当结构或强度上需要时,才选用普通螺纹旋合长度短旋合长度组或长旋合长度组,如表 4-6 所示。

表 4-6 普通螺纹旋合长度 单位：mm

公称直径 D,d		螺距 P	旋合长度			
			S		N	L
>	≤		≤	>	≤	>
5.6	11.2	0.75	2.4	2.4	7.1	7.1
		1	2	2	9	9
		1.25	4	4	12	12
		1.5	5	5	15	15
11.2	22.4	0.75	2.7	2.7	8.1	8.1
		1	3.8	3.8	11	11
		1.25	4.5	4.5	13	13
		1.5	5.6	5.6	16	16
		1.75	6	6	18	18
		2	8	8	24	24
		2.5	10	10	30	30

6）螺纹标记

普通螺纹的完整标记由螺纹代号、螺纹公差带代号和旋合长度代号组成。螺纹公差带代号包括中径公差带代号和顶径（外螺纹大径和内螺纹小径）公差带代号。公差带代号是由表示其大小的公差等级数字和表示其位置的基本偏差代号组成。当中径和顶径不同时，应分别注出，前者为中径，如 5g6g；当中径和顶径公差带相同时，合并标注即可，如 6H、6g。对细牙螺纹还需要标注出螺距。

普通螺纹标记示例

外螺纹：

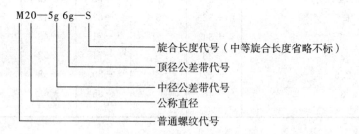

M20—5g 6g—S

- 旋合长度代号（中等旋合长度省略不标）
- 顶径公差带代号
- 中径公差带代号
- 公称直径
- 普通螺纹代号

内螺纹：

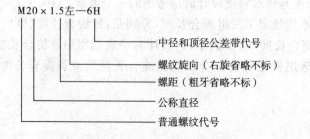

M20×1.5左—6H

- 中径和顶径公差带代号
- 螺纹旋向（右旋省略不标）
- 螺距（粗牙省略不标）
- 公称直径
- 普通螺纹代号

必要时,在螺纹公差带代号之后加注旋合长度代号 S 或 L(中等旋合长度不标注)。

4.1.3　识读普通螺纹代号

任务一

任务回顾

解释螺纹标记的含义:M40×7(14/2)—5g6g—LH。

解:普通外螺纹,公称尺寸 40mm,螺距 7mm,导程 14mm,线数 2,左旋,中径公差带代号 5g,顶径公差带代号 6g。

任务二

任务回顾

一螺纹配合为 M20×2—6H/5g6g,试查表求出内、外螺纹的中径、小径和大径的极限尺寸;内、外螺纹的中径、小径和大径的极限偏差。

解:

(1)确定内、外螺纹中径、小径和大径的基本尺寸

根据标注可知:螺纹的大径 $D=d=20$mm,螺距 $P=2$mm

查表 4-1 可得:螺纹的中径 $D_2=d_2=18.701$m

　　　　　　　　螺纹的小径 $D_1=d_1=17.835$mm

(2)确定内外螺纹的极限偏差

根据标注可知:内螺纹的基本偏差代号为 H,公差等级为 6 级;

　　　　　　　　外螺纹的基本偏差代号中径、顶径为 g,公差等级分别为 5 级、6 级。

查表 4-3 可得:中径公差　内螺纹 $T_{D_2}=0.212$mm;外螺纹 $T_{d_2}=0.125$mm

查表 4-4 可得:顶径公差　内螺纹 $T_{D_1}=0.375$mm;外螺纹 $T_d=0.280$mm

查表 4-5 可得:基本偏差　内螺纹 $EI(D_2,D_1)=0$;外螺纹 $es(d_2,d)=-0.038$mm

通过计算:内螺纹 $ES(D_2)=+0.212$mm;$ES(D_1)=+0.375$mm

　　　　　外螺纹 $ei(d_2)=-0.163$mm;$ei(d)=-0.318$mm

(3)计算内、外螺纹的极限尺寸

$D_{2max}=D_2+ES(D_2)=18.913$mm;$D_{2min}=D_2+EI(D_2)=18.701$m

$D_{1max}=D_1+ES(D_1)=18.210$mm;$D_{1min}=D_1+EI(D_1)=17.835$m

$d_{2max}=d_2+es(d_2)=18.663$mm;$d_{2min}=d_2+ei(d_2)=18.538$mm

$d_{max}=d+es(d)=19.962$mm;$d_{min}=d+ei(d)=19.682$mm

任务 4.2　普通螺纹公差的选用

4.2.1　导入案例

1)案例任务

生产中某螺纹连接,已知螺纹公称直径为 12mm,螺距 1.5mm,旋合长度 14mm。大批

量生产,要求旋合性好,易拆卸,又要有一定连接强度,要求确定内、外螺纹公差带的代号。

(2)知识目标

① 了解螺纹公差带的选用方法。

(3)技能目标

① 能合理选用螺纹公差。

4.2.2 普通螺纹精度及公差带的选用

1)螺纹公差带的选用

螺纹的公差等级和基本偏差相组合可以生成许多公差带,考虑到定值刀具和量具规格增多会造成经济和管理上的困难,同时有些公差带在实际使用中效果不好,因此,国家标准对内、外螺纹公差带进行了筛选,选用公差带时可参考表 4-7。除非特别需要,一般不选用表外的公差带。

表 4-7 普通螺纹的选用公差带

公差精度	公差带位置 G			公差带位置 H		
	S	N	L	S	N	L
精密	—	—	—	4H	5H	6H
中等	(5G)	6G *	(7G)	5H *	6H *	7H *
粗糙		(7G)	(8G)	—	7H	8H

公差精度	公差带位置 e			公差带位置 f			公差带位置 g			公差带位置 h		
	S	N	L	S	N	L	S	N	L	S	N	L
精密	—	—	—	—	—	—	—	(4g)	(5g4g)	(3h4h)	4h *	(5h4h)
中等	—	6e *	(7e6e)	—	6f *	—	(5g6g)	6g *	(7g6g)	(5h6h)	6h	(7h6h)
粗糙	—	(8e)	(9e8e)	—	—	—	—	8g	(9g8g)	—	—	—

注:选用顺序为,带星号的优先选,括号内的最后选;带方框的用于大量生产的紧固件螺纹。

2)螺纹配合的选用

内、外螺纹的选用公差带可以任意组成各种配合。国家标准要求完工后的螺纹配合最好是 H/g,H/h 或 G/h 的配合。为了保证螺纹旋合后有良好的同轴度和足够的连接强度,可选用 H/h 配合。要装拆方便,一般选用 H/g 配合。对于需要涂镀保护层的螺纹,根据涂镀层的厚度选用配合。镀层厚度为 $5\mu m$ 左右,选用 6H/6g;镀层厚度为 $10\mu m$ 左右,则选用 6H/6f;若内、外螺纹均涂镀,可选用 6G/6e。

4.2.3 选择普通螺纹代号

任务回顾

生产中某螺纹连接,已知螺纹公称直径为 12mm,螺距 1.5mm,旋合长度 14mm。大批量生产,要求旋合性好,易拆卸,又要有一定连接强度,要求确定内、外螺纹公差带的代号。

解:查表 4-1、表 4-6 可知,该螺纹为中等旋合长度组(N)的细牙螺纹。工作精度无特殊要求,因此选择中等精度。

该螺纹用于大批量生产,又要有一定连接强度要求,查表 4 – 7,选用内螺纹公差带为 6H,外螺纹公差带为 6g。

确定内、外螺纹公差带的代号 M12×1.5—6H/6g。

任务 4.3　普通螺纹的检测

4.3.1　导入案例

1)案例任务

大批量生产螺柱 M30×2—7g,在生产过程中如何进行质量控制?

2)知识目标

① 了解普通螺纹的检测方法。

② 掌握普通螺纹的测量原理。

3)技能目标

① 能对螺纹进行常规检测。

4.3.2　普通螺纹的测量方法

螺纹的测量方法可分为综合检验和单项测量两类。

1)综合检验

综合检验主要用于检验只要求保证可旋合性的螺纹,用按泰勒原则设计的螺纹量规对螺纹进行检验,适用于成批生产。

螺纹量规有塞规和环规(或卡规)之分,塞规用于检验内螺纹,环规(或卡规)用于检验外螺纹。螺纹量规的通端用来检验被测螺纹的作用中径,控制其不得超出最大实体牙型中径,因此它应模拟被测螺纹的最大实体牙型,并具有完整的牙型,其螺纹长度等于被测螺纹的旋合长度。螺纹量规的通端还用来检验被测螺纹的底径。螺纹量规的止端用来检测被测螺纹的实际中径,控制其不得超出最小实体牙型中径。为了消除螺距误差和牙型半角误差的影响,其牙型应做成截短牙型,而且螺纹长度只有 2~3.5 牙。

内螺纹的小径和外螺纹的大径分别用光滑极限量规检验。

图 4 – 9 和图 4 – 10 分别表示用螺纹量规检验外螺纹和内螺纹的情况。

2)单项测量

螺纹的单项测量是指分别测量螺纹的各项几何参数,主要是中径、螺距和牙型半角。螺纹量规、螺纹刀具等高精度螺纹和丝杠螺纹均采用单项测量方法,对普通螺纹作工艺分析时也常进行单项测量。

单项测量螺纹参数的方法很多,应用最广泛的是螺纹千分尺量法、三针量法和影像量法。

(1)用螺纹千分尺测量

在实际生产中,车间测量低精度外螺纹中径常用螺纹千分尺。螺纹千分尺的结构和一

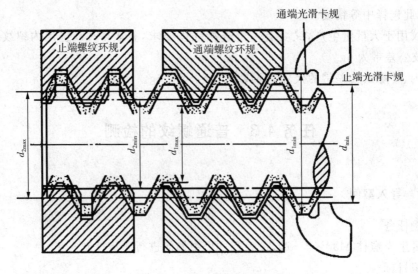

图 4-9　用螺纹量规检验外螺纹

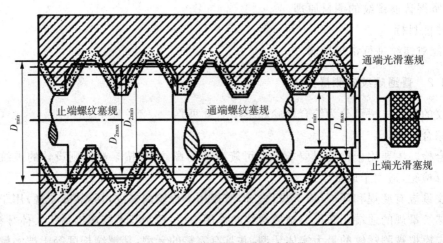

图 4-10　用螺纹量规检验内螺纹

般外径千分尺相似,只是两个测量面可以根据不同螺纹牙型和螺距选用不同的测头。螺纹
千分尺结构如图 4-11 所示。

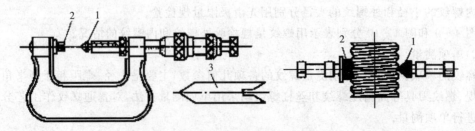

图 4-11　螺纹千分尺测外螺纹中径
1-锥型测头;2-V 形测头;3-校对量杆

（2）三针法

三针法主要用于测量精密外螺纹的单一中径（如螺纹塞规、丝杠螺纹等）。测量时，将三根直径相同的精密量针分别放在被测螺纹的沟槽中，然后用光学或机械量仪测出针距 M，如图 4-12 所示。

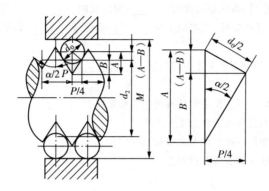

图 4-12　三针法测量螺纹中径

根据被测螺纹已知的螺距 P、牙型半角 $\frac{\alpha}{2}$ 和量针直径 d_0，按下式算出被测螺纹的单一中径 d_{2s}。

$$d_{2s}=M-d_0\left(1+\frac{1}{\sin\frac{\alpha}{2}}\right)+\frac{P}{2}\cot\frac{\alpha}{2}$$

为了消除牙型半角误差对测量结果的影响，应使量针在中径线上与牙侧接触，必须选择量针的最佳直径，使量针与被测螺纹沟槽接触的两个切点间的轴向距离等于 $P/2$，如图 4-12 所示。

量针的最佳直径为：

$$d_{0最佳}=\frac{P}{2\cos\frac{\alpha}{2}}$$

（3）影像法

影像法测量螺纹是用工具显微镜将被测螺纹的牙型轮廓放大成像，按被测螺纹的影像测量其螺距、牙型半角和中径。各种精密螺纹，如螺纹量规、丝杠等，均可在工具显微镜上测量。

4.3.3　检测螺纹

任务回顾

大批量生产螺柱 M30×2—7g，在生产过程中如何进行质量控制？

解：由于是大批量生产，生产过程中要求检测迅速、方便。因此，采用环规进行抽检、综合测量。

课后习题

1. 填空题

(1)影响螺纹互换性的五个基本几何要素是螺纹的大径、中径、小径、螺距和_____。

(2)保证螺纹结合的互换性,即保证结合的_____和连接的_____。

(3)螺纹得基本偏差,对于内螺纹,基本偏差是_____用代号_____表示;对于外螺纹,基本偏差是_____,用代号 es 表示。

(4)内、外螺纹的公差带相对于基本牙型的位置,由_____确定。

2. 问答题

(1)普通螺纹的中径、单一中径、作用中径有何区别和联系?

(2)为什么说螺纹精度与螺纹的旋合长度有关?

(3)普通螺纹精度等级如何选择?应考虑些什么问题?

(4)螺纹在图样上的标注主要有哪些内容?

3. 名词解释题

(1)M10×1—5g6g—S

(2)M10×1—6H

(3)M20×2 左—6H/5g6g

(4)M10—5g—40

(5)M36—6H/6g

4. 综合题

(1)查表确定 M20×2—5g6g 的基本偏差、中径和大径的公差,并计算中径和大径的极限尺寸。

(2)查表确定 M24—6H/6g 内、外螺纹的中径、小径和大径的基本偏差,计算内、外螺纹的中径、小径和大径的极限尺寸,给出内、外螺纹的公差带图。

项目5 键连接的公差选用及其检测

键连接和花键连接是机械产品中普遍应用的结合方式之一,它用做轴和轴上传动件(如齿轮、带轮、手轮和联轴器等)之间的可拆连接,用以传递扭矩,有时也用作轴上传动件的导向。根据键连接的功能,其使用要求如下:

(1)键和键槽侧面应有足够的接触面积,以承受载荷,保证键连接的可靠性和寿命;

(2)键嵌入键槽要牢固可靠,防止松动脱落,并便于拆装;

(3)对导向键,键与键槽间应有一定的间隙,以保证相对运动和导向精度要求。

任务5.1 键配合的选用

5.1.1 导入案例

1)案例任务

任务一

如图5-1所示为一平键连接,完成轴键槽和轮毂键槽尺寸公差、形位公差和表面粗糙度的标注。

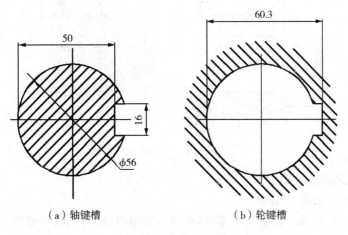

（a）轴键槽　　　　　　　　　　（b）轮键槽

图5-1 键槽尺寸

任务二

如图5-2所示,某矩形花键连接,花键的 $N=6$,$d=23\text{mm}$,小径处配合为 H7/f7;$D=$

26mm,大径处配合为 H10/a11;$B=6$,键宽配合为 H11/d10,对该花键连接进行标注。

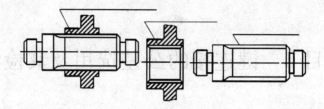

图 5-2　矩形花键标注

2)知识目标

① 掌握平键连接的公差与配合、形位公差和表面粗糙度的选用与标注。

② 掌握矩形花键连接的定心方式及理由。

③ 掌握矩形花键连接的公差与配合、形位公差和表面粗糙度的选用与标注。

④ 了解平键与花键连接采用的基准制及理由。

3)技能目标

① 能熟练查取平键连接、矩形花键连接的相关表格。

② 能正确选用平键连接、矩形花键连接的公差与配合、形位公差和表面粗糙度。

③ 能正确标注平键连接、矩形花键连接的公差与配合、形位公差和表面粗糙度。

5.1.2　平键连接的公差选用

键又称单键,分为平键、半圆键、切向键和楔形键等。由于单键连接中平键应用最广,故这里仅介绍平键的公差与配合。其结构及尺寸参数如图 5-3 所示。

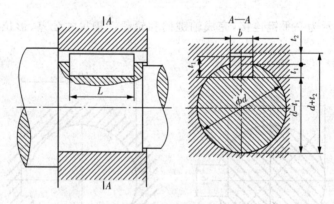

图 5-3　平键连接

1)平键连接的公差与配合

(1)配合尺寸的公差与配合

平键连接包括键、轴和轮毂三个零件,有键与轴键槽、键与轮毂键槽两个配合,其中键为标准件,配合采用基轴制。

平键连接所传递的扭矩是通过键的侧面同时与轴键槽和轮毂键槽的侧面相配合来实现的,因此其宽度 b 是配合尺寸。

国家标准对键宽 b 只规定了一种公差带,即 h8(旧标准为 h9)。键连接的具体配合分为较松连接、一般连接和较紧连接三类,其公差带从国标 GB/T 1095~1099.1—2003 中选取,平键连接配合公差带图参见图 5-4。

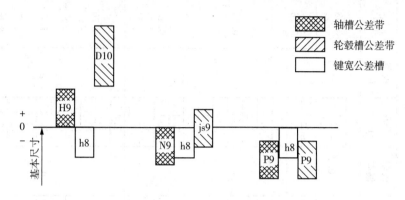

图 5-4　键宽与键槽宽 b 的公差带图

各种配合的配合性质和适用场合见表 5-1。

表 5-1　键与键槽的配合

配合	尺寸 b 的公差带			配合性质及适用场合
	键	轴槽	轮毂槽	
较松		H9	D10	用于导向平键,导向平键装在轴上,借螺钉固定,轮毂可在轴上滑动,也可用于薄型平键
一般	h8	N9	JS9	普通平键或半圆键压在轴槽中固定,轮毂顺着键侧套到轴上固定。用于传递一般载荷,也用于薄型平键、楔键的轴槽和轮毂槽
较紧		P9	P9	普通平键或半圆键压在轴槽和轮毂槽中,均固定。用于传递重载和冲击载荷或双向传递扭矩,也用于薄型平键

(2)非配合尺寸的公差与配合

平键连接的非配合尺寸中,轴键槽深 t 和轮毂键槽深 t_2 及槽底面与侧面交角半径 r 的极限尺寸由 GB/T 1095—2003《平键　键槽的剖面尺寸》规定,见表 5-2。键高 h 的公差带取 h11,键长 L 的公差带取 h14,轴键槽长度的公差带取 H14。

(3)平键连接的几何公差和表面粗糙度

键槽的几何公差主要是指键槽的实际中心平面对基准轴线的对称度公差。键槽的对称度误差使键与键槽间不能保证面接触,致使传递扭矩时键工作表面负荷不均匀,从而影响键连接的配合性质。同时对称度误差还会影响键连接的自由装配。

为了保证键连接正常工作,国家标准对键和键槽的几何公差做出以下规定:

① 对称度公差等级按 GB/T 1184—1996《形状和位置公差》选取(以键宽 h 为主参数),一般取 7~9 级。

表 5-2 普通平键键槽的尺寸与公差

单位:mm

轴 公称直径 d	键 公称尺寸 $b×h$	宽度 b 公称尺寸 b	键槽 宽度 b 极限偏差 较松键连接 轴(H9)	较松键连接 毂(D10)	一般键连接 轴(N9)	一般键连接 毂(Js9)	较紧键连接 轴和毂(P9)	深度 轴 t_1 公称尺寸	轴 t_1 极限偏差	深度 毂 t_2 公称尺寸	毂 t_2 极限偏差	半径 r 最小	半径 r 最大
自6~8	2×2	2	+0.025 0	+0.060 +0.020	−0.004 −0.029	±0.0125	−0.006 −0.031	1.2	+0.1 0	1	+0.1 0	0.08	0.16
>8~10	3×3	3						1.8		1.4			
>10~12	4×4	4	+0.030 0	+0.078 +0.030	0 −0.036	±0.015	−0.012 −0.042	2.5		1.8		0.16	0.25
>12~17	5×5	5						3.0		2.3			
>17~22	6×6	6						3.5		2.8			
>22~30	8×7	8	+0.036 0	+0.098 +0.0040	0 −0.036	±0.018	−0.015 −0.051	4.0	+0.2 0	3.3	+0.2 0	0.25	0.40
>30~38	10×8	10						5.0		3.3			
>38~44	12×8	12	+0.043 0	+0.120 +0.050	0 −0.043	±0.0215	−0.018 −0.061	5.0		3.3			
>44~50	14×9	14						5.5		3.8			
>50~58	16×10	16						6.0		4.3		0.40	0.60
>58~65	18×11	18						7.0		4.4			
>65~75	20×12	20	+0.052 0	+0.149 +0.065	0 −0.052	±0.026	−0.022 −0.074	7.5		4.9			
>75~85	22×14	22						9.0		5.4			
>85~95	25×14	25						9.0		5.4			
>95~110	28×16	28						10.0		6.4			
>110~130	32×18	32	+0.062 0	+0.180 +0.080	0 −0.062	±0.031	−0.026 −0.088	11.0		7.4		0.70	1.0
>130~150	36×20	36						12.0		8.4			
>150~170	40×22	40	+0.074 0	+0.220 +0.100	0 −0.074	±0.037	−0.032 −0.106	13.0	+0.30 0	9.4	+0.30 0		
>170~200	45×25	45						15.0		10.4			
>200~230	50×28	50						17.0		11.4			
>230~260	56×32	56	+0.087 0	+0.260 +0.120	0 −0.087	±0.0435	−0.037 −0.124	20.0		12.4		1.2	1.6
>260~290	63×32	63						20.0		12.4			
>290~330	70×36	70						22.0		14.4			
>330~380	80×40	80						25.0		15.4			
>380~440	90×45	90						28.0		17.4		2.0	2.5
>440~500	100×50	100						31.0		19.5			

注:$(d−t_1)$ 和 $(d+t_2)$ 两组组合尺寸按相应的 t_1 和 t_2 的极限偏差选取,但 $d−t_1$ 的极限偏差值应取负号。

② 对长键($L/b \geq 8$),规定键的两工作侧面在长度方向上的平行度,平行度公差也按 GB/T 1184—1996 选取:当 $b \leq 6\text{mm}$ 时,取 7 级;$b \geq 8 \sim 36\text{mm}$ 时,取 6 级;$b \geq 40\text{mm}$ 时,取 5 级。

键和键槽配合面的表面粗糙度 Ra 值一般取 $1.6 \sim 6.3\mu m$,非配合面的 Ra 值取 $12.5\mu m$。

(4)平键连接的图样标注

键槽尺寸和几何公差、表面粗糙度的图样标注如图 5-5 所示。

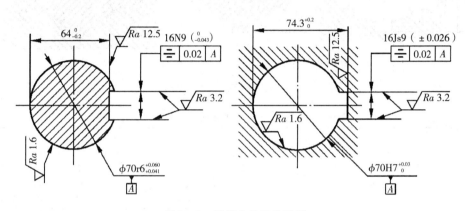

图 5-5　键槽公差标注示例

5.1.3　花键连接的公差选用

花键连接由内花键(花键孔)和外花键(花键轴)组成。它可做固定连接,也可做滑动连接。与单键相比,花键连接具有定心精度高、导向性好、承载能力强和连接可靠等优点,因而在机械结构中应用较多。

花键连接按其键齿截面形状不同分为矩形花键、渐开线花键和三角形花键三种,其结构如图 5-6 所示。其中矩形花键应用最为广泛。

（a）矩形花键　　　　（b）渐开线花键　　　　（c）三角形花键

图 5-6　花键连接的种类

1)尺寸系列

GB/T 1144—2001《矩形花键尺寸、公差和检验》,规定了矩形花键的主要尺寸有小径 d、大径 D,键宽和键槽宽 B,如图 5-7(a)所示。

键数规定为偶数,有 6,8,10 三种,以便加工和检测。按承载能力,对基本尺寸规定了轻、中两个系列,同一小径的轻系列和中系列的键数相同,键宽(键槽宽)也相同,仅大径不相同。中系列的键高尺寸较大,承载能力强;轻系列的键高尺寸较小,承载能力相对低。矩形花键的尺寸系列见表 5-3。

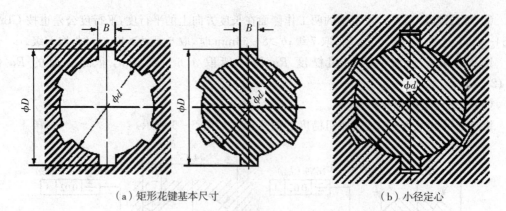

（a）矩形花键基本尺寸　　　　　　　　　（b）小径定心

图 5-7　矩形花键的基本尺寸及小径定心

表 5-3　矩形花键尺寸系列

小径 d	轻 系 列				中 系 列			
	规　格 $N \times d \times D \times B$	键数 N	大径 D	键宽 B	规　格 $N \times d \times D \times B$	键数 N	大径 D	键宽 B
11					$6 \times 11 \times 14 \times 3$		14	3
13					$6 \times 13 \times 16 \times 3.5$		16	3.5
16	—	—	—	—	$6 \times 16 \times 20 \times 4$		20	4
18					$6 \times 18 \times 22 \times 5$		22	5
21					$6 \times 21 \times 25 \times 5$	6	25	
23	$6 \times 23 \times 26 \times 6$		26	6	$6 \times 23 \times 28 \times 6$		28	6
26	$6 \times 26 \times 30 \times 6$		30		$6 \times 26 \times 32 \times 6$		32	
28	$6 \times 28 \times 32 \times 7$	6	32	7	$6 \times 28 \times 34 \times 6$		34	7
32	$6 \times 32 \times 36 \times 6$		36	6	$8 \times 32 \times 38 \times 6$		38	6
36	$8 \times 36 \times 40 \times 7$		40	7	$8 \times 36 \times 42 \times 7$		42	7
42	$8 \times 42 \times 46 \times 8$		46	8	$8 \times 42 \times 48 \times 8$		48	8
46	$8 \times 46 \times 50 \times 9$		50	9	$8 \times 46 \times 54 \times 9$	8	54	9
52	$8 \times 52 \times 58 \times 10$	8	58		$8 \times 52 \times 60 \times 10$		60	
56	$8 \times 56 \times 62 \times 10$		62	10	$8 \times 56 \times 65 \times 10$		65	10
62	$8 \times 62 \times 68 \times 12$		68		$8 \times 62 \times 72 \times 12$		72	
72	$10 \times 72 \times 78 \times 12$		78	12	$10 \times 72 \times 82 \times 12$		82	12
82	$10 \times 82 \times 88 \times 12$		88		$10 \times 82 \times 92 \times 12$		92	
92	$10 \times 92 \times 98 \times 14$	10	98	14	$10 \times 92 \times 102 \times 14$	10	102	14
102	$10 \times 102 \times 108 \times 16$		108	16	$10 \times 102 \times 112 \times 16$		112	16
112	$10 \times 112 \times 120 \times 18$		120	18	$10 \times 112 \times 125 \times 18$		125	18

2)矩形花键的定心方式

矩形花键连接的功能要求是保证内外花键连接后具有较高的同轴度和传递较大的扭矩。若要求小径 d,大径 D 和键宽 B 这三个尺寸加工很精确是非常困难的,而且也不必要。因此三个尺寸中只需选择一个尺寸作为主要配合尺寸,用高精度制造来保证内、外花键的配合性质,而另外两个尺寸只需用较低精度制造。确定配合性质的结合面称为定心表面。但键宽 B 这一配合尺寸起传递扭矩和导向作用,无论是否作为定心表面,都应要求足够的配合精度。

根据定心要求的不同,花键连接可分为三种定心方式:按小径 d 定心;按大径 D 定心;按键宽 B 定心。在国家标准 GB/T 1144—2001《矩形花键尺寸、公差和检验》中明确规定了以小径作为定心方式,如图 5 - 7(b)所示。其原因是采用小径定心,热处理后的变形可用内圆磨床修复,因而定心精度高,定心稳定性好,使用寿命长,利于提高产品质量,简化加工工艺,降低生产成本。

3)矩形花键的公差与配合

矩形花键连接采用基孔制配合,小径处采用包容原则,其极限与配合分为两种情况:

(1)一般用途矩形花键。国家标准规定不论配合性质如何,花键孔定心小径的公差带均取 H7。

(2)精密传动用矩形花键。国家标准推荐花键孔定心小径使用公差带 H5 或 H6。实现不同配合性质主要由花键小径选取不同公差带来实现。

内外花键的尺寸公差带应符合 GB/T 1801—2009 的规定,并按表 5 - 4 取值。

表 5 - 4　矩形内、外花键的尺寸公差带

内　花　键				外　花　键			装配形式
d	D	B		d	D	B	
		拉削后不热处理	拉削后热处理				
一　般　用							
H7	H10	H9	H11	f7	a11	d10	滑动
				g7		f9	紧滑动
				h7		h10	固定
精密传动用							
H5	H10	H7、H9		f5	a11	d8	滑动
				g5		f7	紧滑动
				h5		h8	固定
H6				f6		d8	滑动
				g6		f7	紧滑动
				h6		h8	固定

注:精密传动用的内花键,当需要控制键侧配合间隙时,槽宽可选 H7,一般情况下可选 H9。d 为 H6 和 H7 的内花键,允许与高一级的外花键配合。

矩形花键连接的极限与配合选用主要是确定连接精度和装配形式。连接精度的选用主要是根据定心精度要求和传递扭矩大小。精密传动用花键连接定心精度高,传递扭矩大而且平稳,多用于精密机床主轴变速箱,以及各种减速器中轴与齿轮花键孔(内花键)的连接矩形花键按装配形式分为固定连接、紧滑动连接和滑动连接三种。固定连接方式,用于内、外花键之间无轴向相对移动的情况;而后两种连接方式,用于内、外花键之间工作时要求相对移动的情况。由于形位误差的影响,矩形花键各结合面的配合均比预定的要紧。

由表5-3可以看出,内外花键大径 D 的公差等级相同,且比相应的小径 d 和键宽 B 的公差等级都高,大径只有一种配合为 H10/a11。

4)矩形花键的形位公差

除尺寸公差对花键配合性质有影响外,花键的形位公差对花键配合的性质也会产生影响,必须加以控制。国家标准 GB/T 1144—2001《矩形花键尺寸、公差和检验》规定,对小径表面所对应的轴线采用包容原则,即用小径的尺寸公差控制小径表面的形状误差;对花键的位置度公差采用最大实体原则;对键和键槽的对称度公差和位置度公差采用独立原则。

标准中所规定的位置度公差适用于大批量生产,公差值见表5-4,其标注如图5-8所示;对称度公差适用于单件小批量生产,公差值见表5-5,其标注如图5-9所示。

表5-4　矩形花键位置度公差

键槽宽或键宽 B		3	3.5～6	7～10	12～18
		t_1/mm			
键槽宽		0.010	0.015	0.020	0.025
键宽	滑动、固定	0.010	0.015	0.020	0.025
	紧滑动	0.005	0.010	0.013	0.016

表5-5　矩形花键的对称度公差

键槽宽或键宽 B	3	3.5～6	7～10	12～18
	t_2/mm			
一般用	0.010	0.012	0.015	0.018
精密传动用	0.006	0.008	0.009	0.011

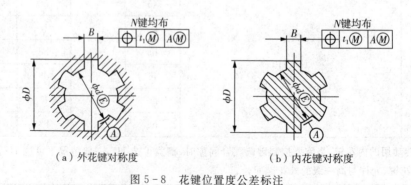

（a）外花键对称度　　　　　（b）内花键对称度

图5-8　花键位置度公差标注

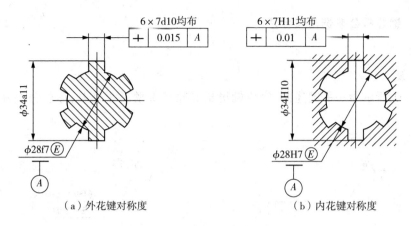

（a）外花键对称度　　　　　　（b）内花键对称度

图 5 - 9　花键对称度公差标注

5）矩形花键的表面粗糙度

矩形花键各表面的表面粗糙度见表 5 - 6。

表 5 - 6　花键表面粗糙度 Ra　　　　　　　　　　　　（μm）

项　　　目	加工表面	
	内花键	外花键
小径	≤1.6	≤0.8
大径	≤6.3	≤3.2
键侧	≤3.2	≤1.6

6）矩形花键的标注代号

矩形花键的标记代号应按次序包括下列内容。

键数 N，小径 d，大径 D，键宽 B，基本尺寸及配合公差带代号和标准号。

例如：花键键数 N 为 8，小径 d 的配合为 52H7/f7，大径 D 的配合为 58H10/a11，键槽宽与键宽 B 的配合为 10H11/d10，其标注方法如下。

花键副在装配图上标注配合代号为

$$8 \times 52 \frac{H7}{f7} \times 58 \frac{H10}{a11} \times 10 \frac{H11}{d10} \quad GB/T\ 1144—2001$$

内花键在零件图上标注尺寸公差带代号为

$$8 \times 52H7 \times 58H10 \times 10H11 \quad GB/T\ 1144—2001$$

外花键在零件图上标注尺寸公差带代号为

$$8 \times 52f7 \times 58a11 \times 10d10 \quad GB/T\ 1144—2001$$

5.1.4 键连接公差选用与标注

任务一

任务回顾

如图 5-1 所示为一平键连接,完成轴键槽和轮毂键槽尺寸公差、形位公差和表面粗糙度的标注。

解:如图 5-10 所示。

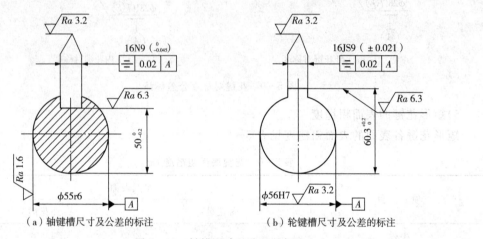

（a）轴键槽尺寸及公差的标注　　（b）轮键槽尺寸及公差的标注

图 5-10　键槽尺寸及公差的标注

任务二

任务回顾

如图 5-2 所示,某矩形花键连接,花键的 $N=6$,$d=23$mm,小径处配合为 H7/f7;$D=26$mm,大径处配合为 H10/a11;$B=6$,键宽配合为 H11/d10,对该花键连接进行标注。

解:标注如下。

装配图上标注为 6×23H7/f7×26H10/a11×6H11/d10　GB/T 1144—2001

零件图上标注为 6×23H7×26H10×6H11　GB/T 1144—2001(内花键)

　　　　　　　6×23f7×26a11×d10　GB/T 1144—2001(外花键)

矩形花键标注如图 5-11 所示。

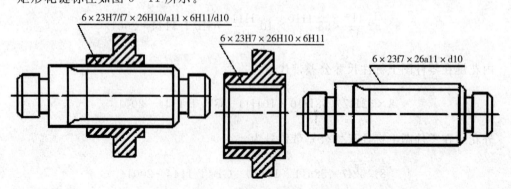

图 5-11　矩形花键标注

任务 5.2　键槽的检测

5.2.1　导入案例

1)案例任务

平键的检测有哪些常用工具?

2)知识目标

① 掌握平键的检测方法。

② 掌握矩形花键的检测方法。

3)技能目标

① 能熟练对键槽进行检测。

② 能熟练对矩形花键连接进行检测。

5.2.2　键槽的测量方法

1)键的检验

键和键槽的尺寸检验比较简单,可以用各种通用计量器具测量,如游标卡尺、千分尺等。大批量生产时也可以用专用的极限量规来检验,如图 5-12 所示。

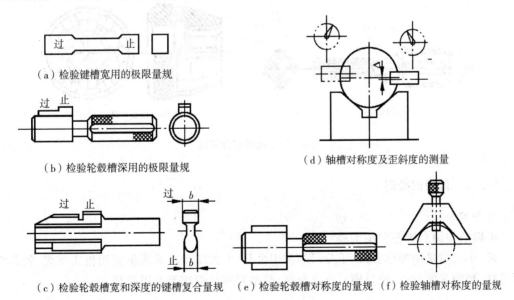

（a）检验键槽宽用的极限量规

（b）检验轮毂槽深用的极限量规

（c）检验轮毂槽宽和深度的键槽复合量规

（d）轴槽对称度及歪斜度的测量

（e）检验轮毂槽对称度的量规　（f）检验轴槽对称度的量规

图 5-12　键槽检验用量规

2)矩形花键检测

矩形花键的检测分单项检测和综合检测两种。

单件、小批量生产的单项检测主要用游标卡尺、千分尺等通用量具分别对各尺寸和形位误差进行测量,以保证尺寸偏差及形位误差在其公差范围内。大批量生产的单项检测常用专用量具,如图 5－13 所示。

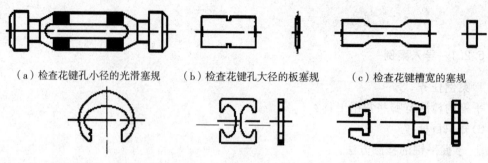

（a）检查花键孔小径的光滑塞规　　（b）检查花键孔大径的板塞规　　（c）检查花键槽宽的塞规

（d）检查花键轴大径的光滑卡规　　（e）检查花键轴小径的卡规　　（f）检查花键轴键宽的卡规

图 5－13　花键专用塞规和卡规

　　综合检测适用于大批量生产,所用量具是花键综合量规,如图 5－14 所示。综合量规用于控制被测花键的最大实体边界,即综合检验小径、大径及键（槽）宽的关联作用尺寸,使其控制在最大实体边界内。然后用单项止端量规分别检验小径、大径及键（槽）宽的实际尺寸是否超其最小实体尺寸。检验时,综合量规应能通过工件,单项止规通不过工件,则工件合格。

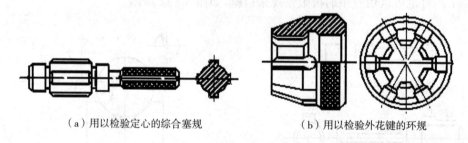

（a）用以检验定心的综合塞规　　　　　（b）用以检验外花键的环规

图 5－14　花键综合量规

5.2.3　键槽的检测

任务回顾

平键的检测有哪些常用工具?

解:小批量采用游标卡尺、千分尺等常用量具,大批量生产采用槽宽用板式塞规、轮毂槽深量规、轴槽深度量规、轮毂槽对称度量规、轴槽对称度量规等专用量具。

课后习题

1. 平键连接为什么只对键（键槽）宽规定较严的公差?

2. 平键连接的配合采用何种基准制? 花键连接采用何种基准制?

3. 矩形花键的主要参数有哪些? 定心方式有哪几种? 哪种方式最常用? 为什么?

4. 有一齿轮与轴的连接用平键传递扭矩。平键尺寸 $b=10$mm,$L=28$mm。齿轮与轴的配合为

ϕ35H7/h6,平键采用一般连接。试查出键槽尺寸偏差、几何公差和表面粗糙度,并分别标注在轴和齿轮的横剖面上。

5. 某机床变速箱中有一个 6 级精度齿轮的花键孔与花键轴连接,花键规格为 6×26×30×6,花键孔长 30mm,花键轴长 75mm,齿轮花键孔经常需要相对花键轴做轴向移动,要求定心精度高。

(1)试确定齿轮花键孔和花键轴的公差带代号,计算小径、大径、键(键槽)宽的极限尺寸。

(2)分别写出在装配图上和零件图上的标记。

(3)绘制公差带图,并将各参数的基本尺寸和极限偏差值标注在图上。

项目6 圆锥结合的公差选用及其检测

在机械产品中,圆锥配合的应用比较广泛。与圆柱配合相比较,圆锥配合具有装拆方便,能自动对心、同轴度高,配合间隙和过盈的大小可以通过内、外圆锥的轴向相对移动来调整,经过配对研磨后具有良好的自锁性和密封性等优点。但是与圆柱配合相比,影响互换性的参数比较复杂,加工和检测也比较麻烦,故应用不如圆柱配合广泛。

任务6.1 圆锥结合的公差选用

6.1.1 导入案例

1)案例任务

某位移型圆锥配合的基本圆锥直径为 $\phi80\text{mm}$,锥度 $C=1:50$,由类比法确定其极限过盈,$\delta_{\max}=150\mu\text{m}$,$\delta_{\min}=74\mu\text{m}$,试计算其极限轴向位移和位移公差。

2)知识目标

① 了解圆锥配合的特点、基本参数、形成方法和基本要求。

② 了解圆锥几何参数误差对互换性的影响。

③ 掌握圆锥公差的项目各给定方法。

④ 掌握圆锥公差的选用和标注。

3)技能目标

① 能熟练确定圆锥配合的基本参数。

② 能正确给定圆锥公差。

6.1.2 圆锥结合的基础知识

1)圆锥配合的基本参数

一条与轴线相交的直线段围绕轴线旋转一周所形成的回转面称为圆锥。圆锥配合中的基本参数如图 6-1 所示。

(1)圆锥角

圆锥角是指在通过圆锥轴线的截面内,两条素线之间的夹角,用 α 表示。

(2)圆锥素线角

圆锥素线角是指圆锥素线与其轴线间的夹角,它等于圆锥角之半,即 $\alpha/2$。

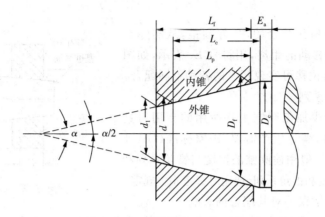

图 6-1　圆锥配合中的基本参数

（3）圆锥直径

圆锥直径是指与圆锥轴线垂直的截面内的直径。圆锥直径有内、外圆锥的最大直径 D_i、D_e，内、外圆锥的最小直径 d_i、d_e，任意给定截面圆锥直径 d_x（距端面有一定距离）。设计时，一般选用内圆锥的最大直径或外圆锥的最小直径作为基本直径。

（4）圆锥长度

圆锥长度是指圆锥的最大直径与其最小直径之间的轴向距离。内、外圆锥长度分别用 L_i、L_e 表示。

（5）锥度

锥度是指圆锥最大直径与最小直径之差与圆锥长度之比，用符号 C 表示。即

$$C=(D-d)/L=2\tan\frac{\alpha}{2}$$

锥度关系式反映了圆锥直径、圆锥长度和圆锥角之间的相互关系，是圆锥的基本公式。锥度常用比例或分数形式表示，例如 $C=1:20$ 或 $C=1/20$ 等。

（6）圆锥配合长度

圆锥配合长度是指内、外圆锥配合面间的轴向距离，用符号 H 表示。

（7）基面距

基面距是指相互配合的内、外圆锥基准面间的距离，用符号 a 表示。基面距用来确定内、外圆锥的轴向相对位置。基面可以是圆锥大端面，也可以是小端面。如图 6-2 所示。

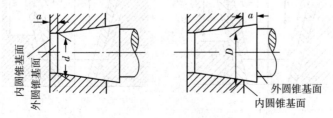

图 6-2　圆锥的基面距

（8）轴向位移

轴向位移是指相互结合的内、外圆锥，从实际初始位置到终止位置移动的距离，用符号 E_a 表示，如图 6-3 所示。用轴向位移可实现圆锥的各种不同配合。

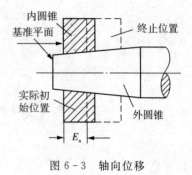

图 6-3　轴向位移

2）锥度与锥角系列

为了尽可能减少加工圆锥工件所用的专用刀具和量具的品种规格，满足生产需要，国家标准（GB/T 157—2001）规定了一般用途圆锥的锥度与锥角系列和特殊用途圆锥的锥度和锥角系列，选用时参考相关规定。

3）圆锥几何参数误差对其配合的影响

圆锥的直径误差、圆锥角误差和形状误差都会对圆锥配合产生影响。

（1）直径误差对基面距的影响

假设内、外圆锥的锥角无误差，只有直径误差，则内、外圆锥的大端直径和小端直径的误差各自相等且分别为 ΔD_i、ΔD_e。若以内圆锥的最大圆锥直径 D 为配合直径，基面距 a 在大端，如图 6-4（a）所示，则基面距误差 Δa 为

$$\Delta a = -\left(\frac{\Delta D_i}{2} - \frac{\Delta D_e}{2}\right)/\tan\left(\frac{\alpha}{2}\right) = -(\Delta D_i - \Delta D_e)/c$$

式中 Δa、ΔD_i、ΔD_e 单位为 mm。

由图 6-4（a）可知，当 $\Delta D_i > \Delta D_e$ 时，即内圆锥的实际直径比外圆锥的实际直径大，$(\Delta D_i - \Delta D_e)$ 的值为正，Δa 为负值，则基面距 a 减小。

同理，由图 6-4（b）可知，当 $\Delta D_i < \Delta D_e$ 时，即内圆锥的实际直径比外圆锥的实际直径小，$(\Delta D_i - \Delta D_e)$ 的值为负，Δa 为正值，则基面距 a 增大。

由于 Δa 与 $(\Delta D_i - \Delta D_e)$ 的差值的符号是相反的，故上式带有负号。

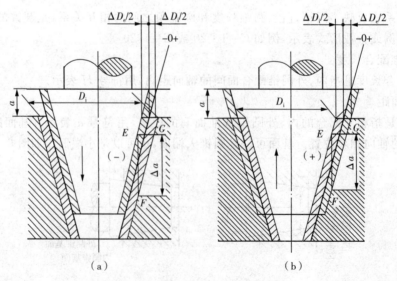

图 6-4　直径误差对基面距的影响

(2)圆锥角误差对基面距的影响

不管对哪种类型的圆锥配合,圆锥角有误差(特别是内、外圆锥误差不相等时)都会影响接触均匀性。对于位移型圆锥配合,圆锥角误差有时还会影响基面距。

设以内圆锥最大直径为基本直径,基面距位置在大端,内、外圆锥直径和形状均无误差,只有圆锥角误差($\Delta\alpha_i$,$\Delta\alpha_e$),且 $\Delta\alpha_i \neq \Delta\alpha_e$,如图 6-5 所示。现分两种情况进行讨论:

① 当 $\Delta\alpha_i < \Delta\alpha_e$,即 $\alpha_i < \alpha_e$ 时,内圆锥的最小圆锥直径增大,外圆锥的最小直径减小,如图 6-5(a)所示。于是内、外圆锥在大端接触,由此引起的基面距很小,可以忽略不计。但由于内、外圆锥在大端局部接触,接触面积小,将使磨损加剧,且可能导致内、外圆锥相对倾斜,影响其使用性能。

② 若 $\Delta\alpha_i > \Delta\alpha_e$,即 $\alpha_i > \alpha_e$ 时,内、外圆锥将在小端接触,不但影响接触均匀性,而且影响位移型圆锥配合的基面距,由此产生的基面距变化量为 Δa,如图 6-5(b)所示。

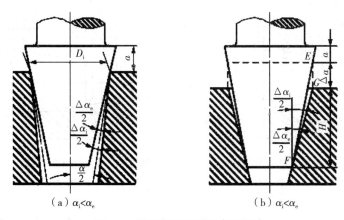

图 6-5 圆锥角误差对配合的影响

(3)圆锥形状误差对其配合的影响

圆锥的形状误差是指在任一轴向截面内圆锥素线直线度误差和任一横向截面内的圆度误差,它们主要影响圆锥配合表面的接触精度。对于间隙配合,使其配合间隙大小不均匀;对于过盈配合,由于接触面积减小,使传递扭矩减小,连接不可靠;对于过渡配合,影响其密封性。

综上所述,圆锥直径、圆锥角和形状误差对圆锥配合都将产生影响,因此在设计时对其应规定适当的公差或极限偏差。

4)圆锥配合相关术语

圆锥配合是指基本尺寸(圆锥直径、圆锥角或锥度)相同的内外圆锥直径之间,由于结合不同所形成的相互关系。

(1)圆锥配合的种类

① 间隙配合

间隙配合具有间隙,间隙的大小在装配使用过程中可以通过内、外圆锥的轴向相对位移来调整。间隙配合主要用于有相对转动的机构中,如机床顶尖、车床主轴的圆锥轴颈与滑动轴承的配合。

② 过渡配合

过渡配合很紧密,间隙为零或有略小过盈。主要用于定心或密封的场合,例如内燃机中阀门与阀门座的配合。然而，为了使配合的圆锥面有良好的密封性，内、外圆锥面要成对研磨，故这类配合一般没有互换性。

③ 过盈配合

过盈配合具有过盈，它能借助于相互配合的圆锥面间的自锁，产生较大的摩擦力来传递转矩。例如铣床主轴锥孔与铣刀锥柄的配合。

（2）圆锥配合的形成

圆锥配合的配合特征是通过规定相互结合的内、外锥的轴向相对位置形成的。按确定圆锥轴向位置的不同方法，圆锥配合的形成有以下两种方式。

① 结构型圆锥配合：由内、外圆锥的结构或基面距（内、外圆锥基准平面之间的距离）确定它们之间最终的轴向相对位置，并因此获得指定配合性质的圆锥配合。

例如，图6-6为由内、外圆锥的轴肩接触得到间隙配合，图6-7为由基面距形成的过盈配合。

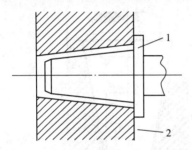

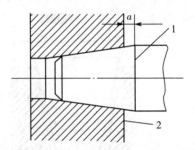

图6-6 由轴肩接触形成的间隙配合　　　　图6-7 由结构尺寸 a 形成的过盈配合

1—外圆锥轴肩；2—内圆锥端面　　　　　　1—外圆锥基准平面；2—内圆锥基准平面

② 位移型圆锥配合：由内、外圆锥实际初始位置（P_a）开始，作一定的相对轴向位移（E_a）或施加一定的装配力产生轴向位移而获得的圆锥配合。

例如，图6-8是在不受力的情况下，内、外圆锥相接触，由实际初始位置 P_a 开始，内圆锥向左作轴向位移 E_a，到达终止位置 P_f 而获得的间隙配合。图6-9为由实际初始位置 P_a 开始，对内圆锥施加一定的装配力，使内圆锥向右产生轴向位移 E_a，到达终止位置 P_f 而获得的过盈配合。

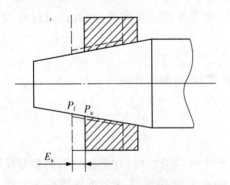

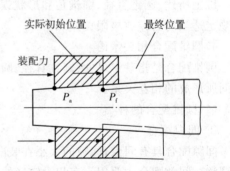

图6-8 由轴向位移形成的间隙配合图　　　　图6-9 由装配力形成的过盈配合

应当指出，结构型圆锥配合由内、外圆锥直径公差带决定其配合性质；位移型圆锥配合由内、外圆锥相对轴向位移（E_a）决定其配合性质。

（3）初始位置和极限初始位置

在不施加力的情况下，相互结合的内、外圆锥表面接触时的轴向位置称为初始位置，见图 6-10。

初始位置所允许的变动界限称为极限初始位置。其中一个极限初始位置为最小极限内圆锥与最大极限外圆锥接触时的位置；另一个极限初始位置为最大极限内圆锥与最小极限外圆锥接触时的位置。实际初始位置必须位于极限初始位置的范围内。

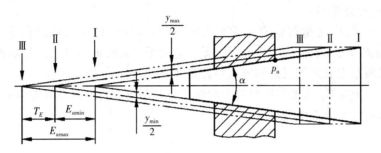

Ⅰ—实际初始位置；Ⅱ—最小过盈位置；Ⅲ—最大过盈位置

图 6-10　轴向位移公差

（4）极限轴向位移和轴向位移公差

相互结合的内、外圆锥从实际初始位置移动到终止位置的距离所允许的界限称为极限轴向位移。最小间隙 $X_{\min}$ 或最小过盈 $Y_{\min}$ 的轴向位移称为最小轴向位移 $E_{a\min}$；最大间隙 $X_{\max}$ 或最大过盈 $Y_{\max}$ 的轴向位移称为最大轴向位移 $E_{a\max}$。实际轴向位移应在 $E_{a\min} \sim E_{a\max}$ 范围内，如图 6-10 所示。轴向位移的变动量称为轴向位移公差 T_E，它等于最大轴向位移与最小轴向位移之差，即

$$T_E = E_{a\max} - E_{a\min}$$

对于间隙配合

$$E_{a\min} = X_{\min}/C$$

$$E_{a\max} = X_{\max}/C$$

$$T_E = (X_{\max} - X_{\min})/C$$

对于过盈配合

$$E_{a\min} = |Y_{\min}|/C$$

$$E_{a\max} = |Y_{\max}|/C$$

$$T_E = (Y_{\max} - Y_{\min})/C$$

式中 C 为轴向位移折算为径向位移的系数，即锥度。

6.1.3 圆锥公差的选用

1）圆锥公差项目

GB/T 11334—2005《圆锥公差》中规定了四个圆锥公差项目，分别为圆锥直径公差、圆锥角公差、圆锥的形状公差及给定截面圆锥直径公差。该标准适用于锥度 C 从 1：3 至 1：500、圆锥长度 $L=6\sim630\text{mm}$ 的光滑圆锥。

（1）圆锥直径公差（T_D）

圆锥直径公差 T_D 是指圆锥直径的允许变动量，即允许的最大极限圆锥直径 D_{max}（或 d_{max}）与最小极限圆锥直径 D_{min}（或 d_{min}）之差。它适用于圆锥的全长 L。在圆锥轴向截面内两个极限圆锥所限定的区域就是圆锥直径公差带，如图 6-11 所示。

为了统一公差标准，圆锥直径公差带的标准公差和基本偏差都没有专门制定标准，而是从光滑圆柱体的公差标准中选取。

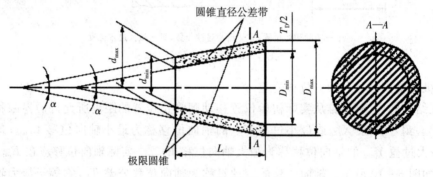

图 6-11 圆锥直径公差带

（2）圆锥角公差（AT）

圆锥角公差 AT 是指圆锥角允许的变动量，即最大圆锥角 α_{max} 与最小圆锥角 α_{min} 之差。以弧度或角度为单位时用 AT_α 表示；以长度为单位时用 AT_D 表示。在圆锥轴向截面内，由最大和最小极限圆锥角所限定的区域即是圆锥角公差带，如图 6-12 所示。

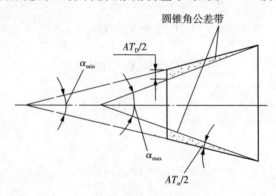

图 6-12 圆锥角公差带

GB 11334—2005 对圆锥角公差规定了 12 个公差等级，用符号 $AT1$，$AT2$，$\cdots$，$AT12$ 表示，其中 $AT1$ 精度最高，其余依次降低。表 6-1 列出了 $AT4\sim AT9$ 级圆锥角公差数值。

表 6-1　圆锥角公差值

圆锥角公差等级

公称圆锥长度 L/mm		AT4			AT5			AT6		
		AT_α		AT_D	AT_α		AT_D	AT_α		AT_D
大于	至	μrad	(")	μm	μrad	(')(")	μm	μrad	(')(")	μm
自6	10	200	41	>1.3~2.0	315	1'05"	>2.0~3.2	500	1'43"	>3.2~5.0
10	16	160	33	>1.6~2.5	250	52"	>2.5~4.0	400	1'22"	>4.0~6.3
16	25	125	26	>2.0~3.2	200	41"	>3.2~5.0	315	1'05"	>5.0~8.0
25	40	100	21	>2.5~4.0	160	33"	>4.0~6.3	250	52"	>6.3~10.0
40	63	80	16	>3.2~5.0	125	26"	>5.0~8.0	200	41"	>8.0~12.5
63	100	63	13	>4.0~6.3	100	21"	>6.3~10.0	160	33"	>10.0~16.0
100	160	50	10	>5.0~8.0	80	16"	>8.0~12.5	125	26"	>12.5~20.0
160	250	40	8	>6.3~10.0	63	13"	>10.0~16.0	100	21"	>16.0~25.0
250	400	31.5	6	>8.0~12.5	50	10"	>12.5~20.0	80	16"	>20.0~32.0
400	630	20	5	>10.0~16.0	40	8"	>16.0~25.0	63	13"	>25.0~40.0

（续表）

圆锥角公差等级

| 公称圆锥长度 L/mm | | AT7 | | | AT8 | | | AT9 | | |
大于	至	AT_α μrad	AT_α (")	AT_D μm	AT_α μrad	AT_α (')(")	AT_a μm	AT_D μrad	AT_D (')(")	AT_a μm
自6	10	800	2'45"	>5.0~8.0	1250	4'18"	>8.0~12.5	2000	6'52"	>12.5~20
10	16	630	2'10"	>6.3~10.0	1000	3'26"	>10.0~16.0	1600	5'30"	>16~25
16	25	500	1'43"	>8.0~12.5	800	2'45"	>12.5~20.0	1250	4'18"	>20~32
25	40	400	1'22"	>10.0~16.0	630	2'10"	>16.0~25.0	1000	3'26"	>25~40
40	63	315	1'05"	>12.5~20.0	500	1'43"	>20.0~32.0	800	2'45"	>32~50
63	100	250	52"	>16.0~25.0	400	1'22"	>25.0~40.0	630	2'10"	>40~63
100	160	200	41"	>20.0~25.0	315	1'05"	>32.0~50.0	500	1'43"	>50~80
160	250	160	33"	>25.0~40.0	250	52"	>40.0~63.0	400	1'22"	>63~100
250	400	125	26"	>32.0~50.0	200	41"	>50.0~80.0	315	1'05"	>80~125
400	630	100	21"	>40.0~63.0	160	33"	>63.0~100.0	250	52"	>100~160

注：1μrad 等于半径为 1m，弧长为 1μm 所对应的圆心角。5 μrad≈1"；300μrad≈1'

（3）圆锥的形状公差（T_F）

圆锥的形状公差包括圆锥素线直线度公差和截面圆度公差等。对于要求不高的圆锥工件，其形状误差一般也用直径公差 T_D 控制；对于要求较高的圆锥工件，应单独按要求给定形状公差 T_F，T_F 的数值从形状和位置公差国家标准中选取。

（4）给定截面圆锥直径公差（T_{DS}）

给定截面圆锥直径公差是指在垂直圆锥轴线的给定截面内圆锥直径的允许变动量。它仅适用于该给定截面的圆锥直径。其公差带是在给定的截面内两同心圆所限定的区域，如图 6-13 所示。

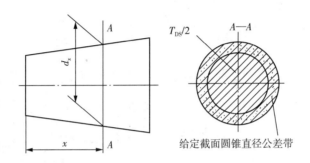

图 6-13　给定截面圆锥直径公差带

2）圆锥公差的给定方法

对于一个具体的圆锥工件，并不都需要给定上述四项公差，而是根据工件使用要求来提出公差项目。按 GB/T 11334—2005 规定，圆锥公差的给定方法有两种。

（1）给出圆锥的理论正确圆锥角 α（或锥度 C）和圆锥直径公差 T_D。此时，圆锥角误差和圆锥形状误差均应在极限圆锥所限定的区域内。当对圆锥角公差、圆锥的形状公差有更高要求时，可再给出圆锥角公差 AT、圆锥的形状公差 T_F。此时，AT 和 T_F 仅占 T_D 的一部分。这种给定圆锥公差的方法通常用于有配合要求的内、外圆锥。

（2）给出给定截面圆锥直径公差 T_{DS} 和圆锥角公差 AT。此时，T_{DS} 和 AT 是独立的，应分别满足这两项公差要求。T_{DS} 和 AT 的关系见图 6-14。

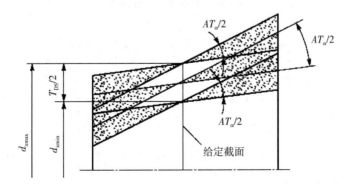

图 6-14　T_{DS} 与 AT 的关系

当对圆锥形状公差有更高要求时，可再给出圆锥的形状公差 T_F。

这种方法通常用于对给定圆锥截面直径有较高要求的情况。如某些阀类零件中,在两个相互配合的圆锥给定截面上要求接触良好,以保证密封性。

3)圆锥的公差标注

圆锥的公差标注,应根据圆锥的功能要求和工艺特点选择公差项目。在图样上标注相配内、外圆锥的尺寸和公差时,内、外圆锥必须具有相同的基本圆锥角(或基本锥度),标注直径公差的圆锥直径必须具有相同的基本尺寸。圆锥公差通常可以采用面轮廓度法(图6-15)。有配合要求的结构型内、外圆锥,也可采用基本锥度法(图6-16),当无配合要求时可采用公差锥度法标注(图6-17)。

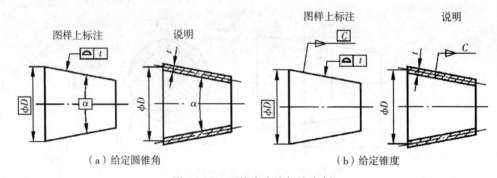

图 6-15　面轮廓度法标注实例

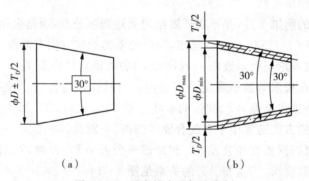

图 6-16　基本锥度法标注实例

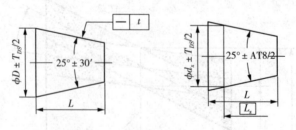

图 6-17　公差锥度法标注实例

4)圆锥直径公差带的选择

(1)结构型圆锥配合的内、外圆锥直径公差带的选择

结构型圆锥配合的配合性质由相互结合的内、外圆锥直径公差带之间的关系决定。内、

外圆锥直径公差带及配合可直接从 GB/T 1801—2009 中选取符合要求的公差带和配合种类。

结构型圆锥配合分为基孔制和基轴制配合。为了减少定值刀具、量规的规格和数量,获得最佳技术经济效益,应优先采用基孔制配合。

(2)位移型圆锥配合的内、外圆锥直径公差带的选择

位移型圆锥配合的配合性质由内、外圆锥接触时的初始位置开始的轴向位移或者由装配力决定,而与直径公差带无关。直径公差带仅影响装配时的初始位置和终止位置及装配精度,不影响配合性质。

因此,对于位移型圆锥配合,可根据对终止位置基面距有无要求来选取直径公差。如对基面距有要求,公差等级一般在 IT8~IT12 级之间,必要时应通过计算来选取和校核内、外圆锥角的公差带;如对基面距无严格要求,可选较低的公差等级,以便使加工更经济;如对装配精度要求较高,可用给圆锥角公差的办法来满足。

为了计算和加工方便,GB/T 12360—2005 推荐位移型圆锥的基本偏差用 H,h 或 JS,js 的组合。

5)未注公差角度的极限偏差

GB/T 1804—2000 对于金属切削加工件的角度,包括在图样上的标注的角度和通常不需要标注的角度(如 90°等)规定了未注公差角度的极限偏差,见表 6-2。该极限偏差值应为一般工艺方法可以保证达到的精度。实际应用中可根据不同产品的需要,从标注中规定的三个未注公差角度的公差等级(中等级、粗糙级、最粗级)中选择合适的等级。对于圆锥工件,未注公差角度的极限偏差按圆锥素线长度确定。

未注公差角度的公差等级在图样上用标准号和公差等级表示。例如选用中等级时,在图样上或技术文件上可表示为:GB/T 1804—m。

表 6-2　未注公差角度尺寸的极限偏差

公差等级	长度/mm				
	≤10	>10~50	>50~120	>120~400	>400
中等 m	±1°	±30′	±20′	±10′	±5′
粗糙 c	±1°30′	±1°	±30′	±15′	±10′
最粗 v	±3°	±2°	±1°	±30′	±20′

6)圆锥的表面粗糙度

圆锥的表面粗糙度的选用参见表 6-3。

表 6-3　圆锥的表面粗糙度 Ra　　　　　　　　(μm)

表面 ＼ 连接形式	定心连接	紧密连接	固定连接	支承轴	工具圆锥面	其他
外表面	0.4~1.6	0.1~0.4	0.4	0.4	0.4	1.6~6.3
内表面	0.8~3.2	0.2~0.8	0.6	0.8	0.8	1.6~6.3

6.1.4 圆锥公差的选用

任务回顾

某位移型圆锥配合的基本圆锥直径为 $\phi 80\text{mm}$，锥度 $C=1:50$，由类比法确定其极限过盈，$\delta_{max}=150\mu m$，$\delta_{min}=74\mu m$，试计算其极限轴向位移和位移公差。

解：

轴向位移量：$E_{a\,max}=|\delta_{max}|/C=7.5\text{mm}$ $E_{a\,min}=|\delta_{min}|/C=3.7\text{mm}$

位移公差：$T_E=E_{a\,max}-E_{a\,min}=3.8\text{mm}$

任务 6.2　圆锥的检测

6.2.1　导入案例

1)案例任务

如图 6-18(a)所示锥塞，由圆锥体和圆柱柄组成，如图 6-18(b)所示为锥塞的零件图样，图中标注了各个结构的尺寸，要求：用万能角度尺测量锥塞的锥角，并判断是否合格。

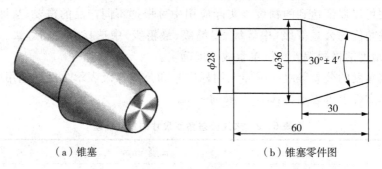

（a）锥塞　　　　　　　　　　　（b）锥塞零件图

图 6-18　锥塞

2)知识目标

① 了解圆锥的主要检测方法。

② 掌握万能角度尺的用法。

③ 了解圆锥量规、正弦规的用法。

3)技能目标

① 能对角度和锥度进行测量。

6.2.2　角度和锥度的测量

圆锥的检测方法和检测器具很多，常用的有直接测量（万能角度尺）、相对测量（圆锥量规）、间接测量（正弦规）。

1)锥度和角度的直接测量

万能角度尺又称角度规。它是利用活动直尺测量面相对于基尺测量面的旋转，对该两测量面间分隔的角度进行读数的角度测量器具。是用来测量精密零件内外角度或进行角度划线的角度量具。万能角度尺适用于机械加工中的内、外角度测量,可测 0°～320°外角及40°～130°内角。

(1)万能角度尺的结构

如图 6-19 所示,万能角度尺的读数原理类同游标卡尺,由主尺、游标尺、基尺、压板、直角尺、直尺等组成,利用基尺、角尺和直尺的不同组合进行测量。

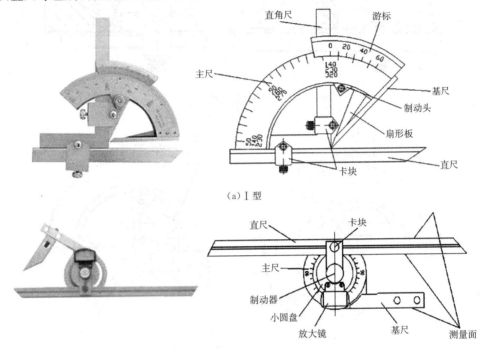

(a)Ⅰ型

(b)Ⅱ型

图 6-19 万能角度尺

(2)万能角度尺的读数及使用方法

测量时,根据产品被测部位的情况,先调整好角尺或直尺的位置,用卡块上的螺钉把它们紧固住,再来调整基尺测量面与其他有关测量面之间的夹角。这时,要先松开制动头上的螺母,移动主尺做粗调整,然后再转动扇形板背面的微动装置做细调整,直到两个测量面与被测表面密切贴合为止。然后拧紧制动器上的螺母,把角度尺取下来进行读数。

① 测量 0°～50°之间角度

角尺和直尺全都装上,产品的被测部位放在基尺各直尺的测量面之间进行测量,如图6-20所示。

② 测量 50°～140°之间角度

可把角尺卸掉,把直尺装上去,使它与扇形板连在一起,工件的被测部位放在基尺和直尺的测量面之间进行测量,如图6-21所示。

也可以不拆下角尺,只把直尺和卡块卸掉,再把角尺拉到下边来,直到角尺短边与长边的交线和基尺的尖棱对齐为止。把工件的被测部位放在基尺和角尺短边的测量面之间进行测量。

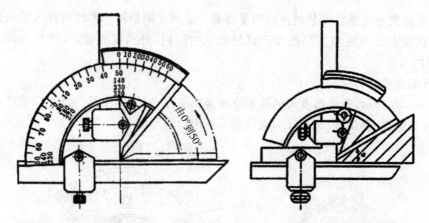

图 6-20 万能角度尺测量 0°到 50°

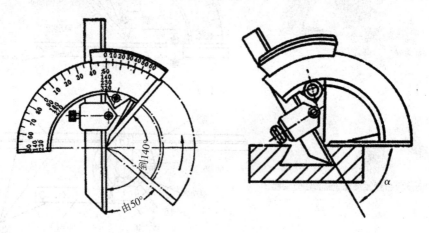

图 6-21 万能角度尺测量 50°到 140°

③ 测量 140°～230°之间角度

把直尺和卡块卸掉,只装角尺,但要把角尺推上去,直到角尺短边与长边的交线和基尺的尖棱对齐为止,把工件的被测部位放在基尺和角尺短边的测量面之间进行测量,如图 6-22 所示。

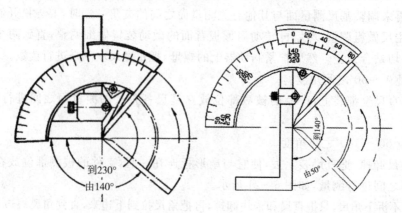

图 6-22 万能角度尺测量 140°到 230°

④ 测量 230°~320°之间角度(即 40°~130°的内角)

把角尺、直尺和卡块全部卸掉,只留下扇形板和主尺(带基尺),把产品的被测部位放在基尺和扇形板测量面之间进行测量,如图 6-23 所示。

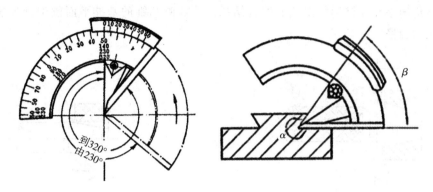

图 6-23　万能角度尺测量 230°到 320°

万能量角尺的主尺上,基本角度的刻线只有 0~90°,如果测量的零件角度大于 90°,则在读数时,应加上一个基数(90°,180°,270°)。当零件角度为>90°~180°,被测角度=90°+量角尺读数;>180°~270°,被测角度=180°+量角尺读数;>270°~320°被测角度=270°+量角尺读数。

用万能角度尺测量零件角度时,应使基尺与零件角度的母线方向一致,且零件应与量角尺的两个测量面的全长上接触良好,以免产生测量误差。

⑤ 万能角度尺的读数

万能角度尺的读数方法和游标卡尺相同,先读出游标零线前的角度是几度(整数),再从游标上看第几格的刻线和尺身的刻线对齐,即可读出角度分的数值,两者相加就是被测零件的角度值,如图 6-24 所示,所测角度值为 9°16'。

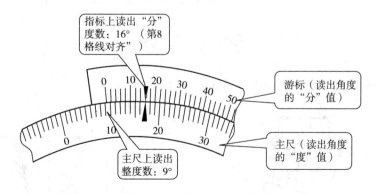

图 6-24　万能角度尺读数

2)锥度和角度的相对量法

大批量生产的圆锥零件可采用量规做检验工具。检验内圆锥用塞规,如图 6-25 所示;检验外圆锥用环规,如图 6-26 所示。

检验锥度时,先在量规圆锥面素线的全长上涂 3~4 条极薄的显示剂,然后把量规与被测圆锥对研(来回旋转角应小于180°)。根据被测圆锥上的着色或量规上擦掉的痕迹来判断被测圆锥角或锥度的实际值合格与否。

此外,在量规的基准端部刻有两条刻线,它们之间的距离为 z,用以检验实际圆锥的直径偏差、圆锥角偏差和圆锥形状误差的综合结果。若被测圆锥的基准平面位于量规这两条线之间,则表示合格。

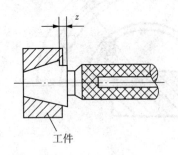

图 6-25　圆锥塞规

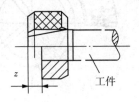

图 6-26　圆锥环规

3)锥度和角度的间接量法

间接测量圆锥角是指测量与被测圆锥角有一定函数关系的若干线性尺寸,然后计算出实际被测圆锥角的数值。通常使用指示式计量器具、正弦尺、滚子和钢球进行测量。

图 6-27 所示是用正弦规测量外圆锥的圆锥角。先按公式 $H=L\sin\alpha$ 计算并组合量块组,式中 α 为公称圆锥角,L 为正弦规两圆柱中心距。其次,将被测圆锥安放在正弦规上,并使其轴线与正弦规圆柱轴线垂直,而后装上固定。用指示表测出 A 和 B 两点的高度差 Δh,然后按 $\Delta C=\Delta h/L$,求出锥度偏差 ΔC。锥度偏差乘以弧度对秒的换算系数后,即可求得圆锥角偏差 $\Delta\alpha$,即 $\Delta\alpha=2\Delta C\times10^5$。

图 6-28 所示是用标准钢球测量内圆锥的圆锥角。用直径大小不同的两个钢球,先后放入内圆锥体内,用深度百分表或深度千分尺先测出尺寸 A,然后测出尺寸 B,则被测角度

$$\sin\frac{\alpha}{2}=\frac{D-h}{2(A-B)(D-d)}$$

式中 D 为大钢球直径(mm),d 为小钢球直径(mm)。

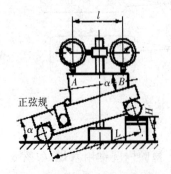

图 6-27　用正弦规间接测量外圆锥角

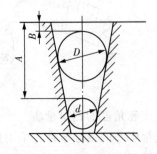

图 6-28　用钢球间接测量内圆锥角

6.2.3　圆锥的检测

任务回顾

用万能角度尺测量如图 6-18 所示锥塞的锥角,并判断是否合格。

1)准备工具和量具

万能角度尺一把、被测圆锥。

2)用万能角度尺测量锥角

(1)将万能角度尺擦干净并校零。

(2)将基尺贴近圆锥台右端面,直尺刀口紧贴圆锥面,如图 6-29 所示。

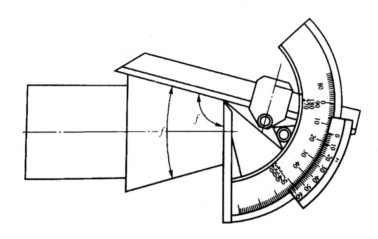

图 6-29　用万能角度尺测量锥度

(3)移开万能角度尺,读取测得角度,记录测量结果,如表 6-4 所示。

(4)旋转工件,选择其他位置进行测量,并记录结果,如表 6-4 所示。

(5)测量结束后,将万能角度尺擦干净,放入刀具盒内。

表 6-4　锥塞圆锥台圆锥角测量

测量次数	1	2	3	4	5	6	7	8
所测 β 角	105°1′	105°	104°57′	105°2′	105°1′	105°2′	105°2′	104°57′
换算成 $\alpha/2$	15°1′	15°	14°57′	15°2′	15°1′	15°2′	15°2′	14°57′
圆锥角 α	30°2′	30°	29°54′	30°4′	30°2′	30°4′	30°4′	29°54′
圆锥角误差	+2′	0	−6′	+4′	+2′	+4′	+4′	−6′

3)处理数据,判断零件是否合格

(1)处理数据

将测得的角度 β 换算成圆锥半角 $\alpha/2$,再转换成圆锥角 α,见表 6-4。

(2)判断零件是否合格

由于所有测得的圆锥角有些超出误差范围,所以该零件的圆锥角不合格。

课后习题

1. 圆锥结合有哪些优点？对圆锥配合的基本要求是什么？

2. 国家标准规定了哪几项圆锥公差？对于某一圆锥工件，是否需要将几个公差项目全部给出？

3. 有一位移型圆锥配合，锥度 C 为 $1:30$，内、外圆锥的基本直径为 60mm，要求装配后得 H7/u6 的配合性质。试计算极限轴向位移并确定轴向位移公差。

项目 7 滚动轴承公差配合的选用

任务 7.1 滚动轴承公差配合的选用

7.1.1 案例导入

1）案例任务

已知减速器的功率为 5kW，从动轴转速为 83r/min，其两端的轴承为 6211 深沟球轴承（$d = 55\text{mm}$，$D = 100\text{mm}$），轴上安装齿轮的模数为 3mm，齿数为 79。试确定轴颈和外壳孔的公差带、形位公差值和表面粗糙度参数值，并标注在图样（$P = 0.01C$），如图 7-1 所示。

2）知识目标

① 掌握滚动轴承的精度等级及其应用，滚动轴承内径、外径公差带的特点。

② 掌握国家标准有关与滚动轴承配合的轴、孔的公差带的规定及其他技术要求的选用与标注。

3）技能目标

① 能根据要求确定轴颈和外壳孔的精度。

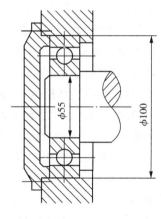

图 7-1 减速器轴承

7.1.2 滚动轴承的基础知识

1）滚动轴承的结构

滚动轴承一般由内圈、外圈、滚动体（钢球或滚子）和保持架（又称保持器或隔离圈）所组成，如图 7-2 所示。内圈与轴颈装配，外圈与外壳孔装配，滚动体是承载并使轴承形成滚动摩擦的元件，它们的尺寸、形状和数量由承载能力和载荷方向等因素决定。保持架是一组隔离元件，其作用是将轴承内一组滚动体均匀分开，使每个滚动体均匀地轮流承受相等的载荷，并保持滚动体在轴承内、外滚道间正常滚动。

滚动轴承的类型很多，按滚动体可分为球、滚子及滚针轴承；按其承受载荷形式又可分为主要承受径向载荷的向心轴承、同时承受径向和轴向载荷的向心推力轴承和仅承受轴向载荷的推力轴承。

滚动轴承的工作性能取决于滚动轴承本身的制造精度、滚动轴承与轴和壳体孔的配合性质,以及轴和壳体孔的尺寸精度、形位公差和表面粗糙度等因素。设计时,应根据以上因素合理选用。

滚动轴承是一种标准化的部件,主要用于机械装备中的转动支承。它与滑动轴承相比具有摩擦系数小、润滑简单、起动容易及便于更换等优点。轴承外径 D 与内径 d 为轴承的公称尺寸,分别与外壳孔与轴颈配合。其配合尺寸应是完全互换,滚动轴承的外圈内滚道、内圈外滚道与滚动体之间的配合采用分组装配法,通常为不完全互换。在使用中,除了结构、材料上要有良好的性能外,轴承与其相配合的轴颈和外壳孔需要达到较高的配合精度。为实现滚动轴承的互换性,以及考虑到对外贸易和技术交流的需要,我国重新修订了滚动轴承国家标准。国家标准 GB/T 307.1—2005、GB/T 307.2—2005、GB/T 307.3—2005、GB/T 307.4—2012 对滚动轴承配合的基本尺寸 D、d 的精度、形位公差及表面粗糙度都做了规定。

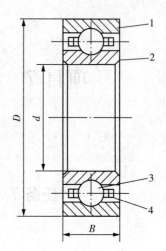

图 7-2 滚动轴承
1—外圈;2—内圈;
3—滚动体;4—保持架

2)滚动轴承的精度及其应用

在国家标准 GB/T 307.3—2005《滚动轴承 通用技术规则》中,按轴承的基本尺寸精度和旋转精度把轴承分为 0,6,5,4,2 五个等级,可用汉语拼音字母 G、E、D、C、B 表示,G 级精度最低,依次精度逐渐提高,B 级精度最高。

滚动轴承的基本尺寸包括外径 D、内径 d、宽度 B。其基本尺寸精度是指所有这些基本尺寸的精度。滚动轴承的旋转精度是指轴承内外圈的滚道摆动,轴承内外圈两端面的平行度,轴承外圈圆柱面对基准端面的垂直度等。

滚动轴承安装在机器上,其内圈与轴颈配合,外圈与外壳孔配合,它们的配合性质应保证轴承的工作性能,因此,必须满足下列两项要求:

(1)具有必要的旋转精度

轴承工作时其内、外圈和端面的跳动会引起机件运动不平稳,而导致振动和噪声。

(2)滚动体与套圈之间有合适的径向游隙和轴向游隙

径向游隙和轴向游隙过大,均会引起轴承较大的振动和噪声,以及转轴较大的径向跳动或轴向窜动。游隙过小,则因轴承与轴颈、外壳孔的过盈配合使轴承滚动体与套圈产生较大的接触应力,增加轴承摩擦发热,以致降低轴承的使用寿命。

滚动轴承各精度应用情况如下:

G 级轴承在机械制造中应用最广,通常用于旋转精度要求不高、中等转速、中等负荷的一般机构中。如汽车、拖拉机中的变速机构,普通机床中的变速机构、进给机构,普通电动机、压缩机、水泵、汽轮机等旋转机构中所用的轴承。

E 级、D 级、C 级轴承用于旋转精度要求较高或转速较高的旋转机构中,例如普通机床的主轴前轴承采用 D 级轴承,后轴承采用 E 级轴承,精密机床主轴轴承、精密仪器、仪表和其他精密机械,航空、航海陀螺仪、高速摄影机等常采用 C 级轴承。

B 级轴承用于旋转精度和转速很高的旋转机构中,如精密坐标镗床的主轴轴承、高精度仪器和高转速机构中使用的轴承。

3)滚动轴承内、外径公差带及其特点

滚动轴承的套圈是薄壁零件,容易变形(如变为椭圆),但当装在轴上和外壳孔内以后,也容易得到矫正,在一般情况下不影响工作性能。为此,轴承内圈与轴、外圈与外壳孔起配合作用的为平均直径,因此,滚动轴承标准 GB/T 307.1—2005《滚动轴承　向心轴承　公差》对轴承内径和外径均分别规定了两种公差带:一种为限定轴承内径和外径实际尺寸变动的公差带,也就是内、外径尺寸的最大值和最小值所允许的偏差,即单一内、外径偏差,其主要目的是为了限制变形量;另一种为限定同一轴承内径、外径实际尺寸的最大值和最小值的算术平均值(d_m 或 D_m)变动的公差带,即单一平面平均内、外径偏差,其目的是用于轴承的配合。

为了便于互换和大量生产,滚动轴承为标准化的部件,轴承内圈与轴颈的配合采用基孔制,一般要求具有过盈,以保证内圈和轴一起旋转,但过盈量不能太大,否则不便装配并会使内圈材料产生过大的应力。因此,GB/T 307.3—2005 中规定:轴承内圈内径公差带移至零线下方。外圈与外壳孔的配合应采用基轴制,其公差带与一般基轴制公差带的位置相同,在零线下方,如图 7-3 所示。

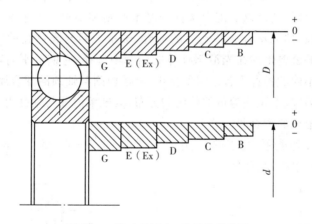

图 7-3　滚动轴承内、外径公差带图

在国家标准 GB/T 1800.1—2009《极限与配合　第 1 部分:公差、偏差和配合的基础》中,基准孔的公差带在零线之上,而轴承内孔虽然也是基准孔(轴承内孔与轴配合也是采用基孔制),但其所有公差等级的公差带都在零线之下。因此,轴承内圈与轴配合,比国家标准《极限与配合》中基孔制同名配合要紧得多,配合性质向过盈增加的方向转化。

所有公差等级的公差带都置于零线之下,其原因主要是考虑到轴承配合的特殊需要。因为在大多数情况下,轴承内圈是随轴一起转动,两者之间的配合必须有一定的过盈,但由于内圈是薄壁零件,容易变形,加上使用一段时间后轴承往往需要更换,因此,过盈量的数值又不宜太大。假如轴承内孔的公差带与一般基准孔的公差带一样,单向偏置在零线上侧,与GB/T 1801—2009《极限与配合　公差带和配合的选择》标准中推荐的常用(或优先)的过盈配合相比,所取得的过盈量往往嫌太大,如改用过渡配合,又担心孔、轴结合不可靠;若采用非标准的配合,不仅给设计者带来麻烦,而且还不符合标准化和互换性的原则,所以轴承标准将内径的公差带偏置在零线之下,再与 GB/T 1801—2009 中推荐的(或优先)过渡配合中某些轴的公差带结合时,完全能满足轴承内孔与轴的配合性能要求,即得到过盈量较大的过渡配合或过盈量较小的过盈配合。

轴承外径与外壳孔配合采用基轴制,轴承外径的公差带与 GB/T 1800.1—2009 基轴制的基准轴的公差带虽然都在零线之下,都是上偏差为零,下偏差为负值,但是,两者的公差数值是不同的。因此,轴承外圈与外壳孔的配合与 GB/T 1800.1—2009 基轴制同名配合相比,配合性质也是不完全相同的。

滚动轴承内、外径的公差带的特点:所有公差等级的公差带均为单向制,而且统一采用上偏差为零、下偏差为负值的分布法,它和国际标准以及大多数国家的标准一致,这样就有利于对外贸易和技术交流。

7.1.3 轴和外壳孔与滚动轴承的配合及选择

1)滚动轴承与轴和外壳孔的配合

(1)轴颈和外壳孔的公差带

国家标准 GB/T 275—2015《滚动轴承　配合》,规定了与轴承内、外圈相配合的轴和壳体孔的尺寸公差带、形位公差以及配合选择的基本原则和要求。由于滚动轴承属于标准零件,所以轴承内圈与轴颈的配合属基孔制的配合,轴承外圈与壳体孔的配合属基轴制的配合。轴颈和壳体孔的公差带均在光滑圆柱体的国标中选择,它们分别与轴承内、外圈结合,可以得到松紧程度不同的各种配合。需要指出,轴承内圈与轴颈的配合属基孔制,但轴承公差带均采用上偏差为零、下偏差为负的单向制分布,故轴承内圈与轴颈得到的配合比相应光滑圆柱体按基孔制形成的配合紧一些。

滚动轴承与轴、外壳孔配合的常用公差带如图 7 - 4、图 7 - 5 所示。分别选自 GB/T 1800.1—2009中的轴、孔公差带。

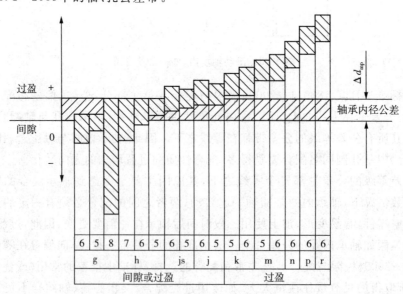

注:Δd_{mp} 为轴承内圈单一平面平均内径的偏差

图 7 - 4　轴承与轴颈配合的常用公差带关系图

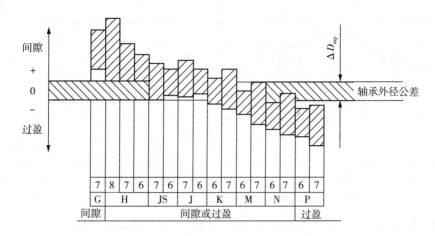

注：ΔD_{mp} 为轴承外圈单一平面平均外径的偏差

图 7-5 轴承与外壳孔配合的常用公差带关系图

该标准对轴和外壳孔规定的公差带只适用于下列场合：①对轴承的旋转精度和运转平稳性无特殊要求；②轴承的精度等级为 G 级和 E 级；③轴为实心或厚壁钢制轴；④外壳为铸钢或铸铁制件；⑤轴承的工作温度不超过 100℃。

（2）滚动轴承与轴和外壳孔的配合及选用

正确地选择轴承配合，对于保证机器正常运转，充分利用轴承的承载能力，提高机械效率，延长使用寿命都有重要的意义。滚动轴承配合的选择，实际上就是确定轴颈和外壳孔的公差带。通常，轴与内圈采用适当紧度的配合，是防止轴和内圈相对滑动的简单有效方法。特别对于特轻、超轻系列轴承的薄壁套圈，采用适当紧度的配合，可使轴承套圈在运转时受力均匀，使轴承的承载能力得到充分发挥。但轴承的配合也不能太紧，因内圈的弹性胀大和外圈的收缩，会使轴承内部间隙减少，以至完全消除并产生过盈，从而影响正常运转；还会使套圈材料产生较大的应力，以致影响轴承的使用寿命。所以必须适当地选取轴颈与外壳孔的公差带，GB/T 275—2015 推荐了表 7-1 所规定的与滚动轴承公差等级相对应的轴颈与外壳孔的公差带。

表 7-1 与滚动轴承各级精度相配合的轴和外壳孔公差带

精度等级	轴公差带		外壳孔公差带		
	过渡配合	过盈配合	间隙配合	过渡配合	过盈配合
G	g8,h7 g6,h6,j6,js6 g5,h5,j5	r7 k6,m6,n6,p6,r6 k5,m5	H8 G7,H7 H6	 J7,Js7,K7,M7,N7 J6,Js6,K6,M6,N6	 P7 P6
E	g6,h6,j6,js6 g5,h5,j5	r7 k6,m6,n6,p6,r6 k5,m5	H8 G7,H7 H6	 J7,Js7,K7,M7,N7 J6,Js6,K6,M6,N6	 P7 P6

（续表）

精度 等级	轴公差带		外壳孔公差带		
	过渡配合	过盈配合	间隙配合	过渡配合	过盈配合
D	h5,j5,js5	k6,m6 k5,m5	G6,H6	Js6,K6,M6 Js5,K5,M5	
C	h5,js5 h4,js4	k5,m5 k4	H5	K6 Js5,K5,M5	

注：①孔 N6 与 G 级精度轴承(外径 $D<150mm$)和 E 级精度轴承(外径 $D<315mm$)的配合为过盈配合；②轴 r6 用于内径 $d>120\sim500mm$；轴 r7 用于内径 $d>180\sim500mm$。

轴颈与外壳孔的标准公差等级与轴承本身精度等级密切相关，与 G、E 级轴承配合的轴一般取 IT6，外壳孔一般取 IT7。对旋转精度和运转平稳有较高要求的场合，轴取 IT5，外壳孔取 IT6。与 D 级轴承配合的轴和外壳孔均取 IT6，要求高的场合取 IT5；与 C 级轴承配合的轴取 IT5，外壳孔取 IT6，要求更高的场合轴取 IT4，外壳孔取 IT5。

选择轴承配合时，应综合地考虑：轴承的工作条件，作用在轴承上负荷的大小，方向和性质，工作温度，轴承类型和尺寸，旋转精度和速度等一系列因素。现仅将主要因素分析如下：

① 负荷的方向和性质（负荷类型）

根据作用于轴承上合成径向负荷相对套圈的旋转情况，可将所受负荷分为局部负荷、循环负荷和摆动负荷三类，如图 7-6 所示。

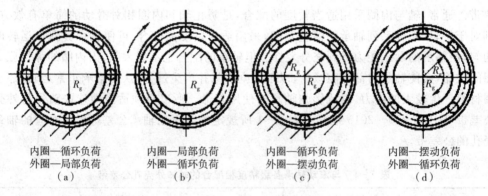

内圈—循环负荷 外圈—局部负荷 （a）	内圈—局部负荷 外圈—循环负荷 （b）	内圈—循环负荷 外圈—摆动负荷 （c）	内圈—摆动负荷 外圈—循环负荷 （d）

图 7-6　轴承承受的负荷类型

a. 局部负荷。作用于轴承上的合成径向负荷与套圈相对静止，即该负荷始终不变地作用在套圈滚道的局部区域上，套圈所承受的这种负荷就叫局部负荷。如轴承承受一个方向不变的径向负荷 R_g，此时，固定不转的套圈所承受的负荷类型即为局部负荷，或称固定负荷，如图 7-6(a)外圈、图 7-6(b)内圈所示。承受这类负荷的套圈与壳体孔或轴的配合，一般选较松的过渡配合，或较小的间隙配合，以便让套圈滚道间的摩擦力矩带动套圈转位，从而消除局部滚道磨损，使套圈受力均匀，延长轴承的使用寿命，装拆也方便。

b. 循环负荷。作用于轴承上的合成径向负荷与套圈相对旋转，即合成径向负荷顺次地作用在套圈滚道的整个圆周上，该套圈所承受的这种负荷性质，称为循环负荷，如图 7-6(a)

内圈、图 7-6(b)外圈所示。循环负荷的特点是：负荷与套圈相对转动，又称旋转负荷，不会导致滚道局部磨损，此时要防止套圈相对于轴颈或外壳孔引起配合面的磨损、发热。通常承受循环负荷的套圈与轴或外壳孔相配应选过盈配合或较紧的过渡配合，其过盈量的大小以不使套圈与轴或外壳孔配合表面间产生爬行现象为原则。

　　c. 摆动负荷。作用于轴承上的合成径向负荷与所承受的套圈在一定区域内相对摆动，即其负荷向量经常变动地作用在套圈滚道的部分圆周上，该套圈所承受的负荷性质，称为摆动负荷，如图 7-6(c)外圈、图 7-6(d)内圈所示。承受摆动负荷的套圈，其配合要求与循环负荷相同或略松一些。

　　② 负荷大小

　　滚动轴承套圈与轴或壳体孔配合的最小过盈，取决于负荷的大小。一般把径向负荷 $P \leqslant 0.07C$ 的称为轻负荷；$0.07C < P \leqslant 0.15C$，$P$ 称为正常负荷；$P > 0.15C$ 的称为重负荷。其中 C 为轴承的额定负荷，即轴承能够旋转 10^6 次而不发生点蚀破坏的概率为 90% 时的载荷值。

　　承受较重的负荷或冲击负荷时，会引起轴承较大的变形，使结合面间实际过盈减小和轴承内部的实际间隙增大，这时为了使轴承运转正常，应选较大的过盈配合。同理，承受较轻的负荷，可选用较小的过盈配合。

　　③ 工作温度的影响

　　轴承运转时，因为摩擦发热和其他热源的影响，套圈的温度会高于相配合零件的温度。因此，轴承内圈可能因热膨胀而导致它与轴颈配合松动，而外圈的热膨胀则会引起它与外壳孔配合变紧。因此，轴承工作温度一般应低于 100℃，在高于此温度中工作的轴承，应将所选用的配合适当修正。

　　④ 轴承尺寸大小

　　滚动轴承的尺寸越大，选取的配合应越紧。但对于重型机械上使用的特别大尺寸的轴承，应采用较松的配合。

　　⑤ 旋转精度和速度的影响

　　当机器要求有较高的旋转精度时，要选用较高等级轴承。与轴承相配合的轴颈和外壳孔也要选用较高的精度等级。

　　对于负荷较大、有较高旋转精度要求的轴承，为了消除弹性变形和振动的影响，应避免采用间隙配合，但也不宜太紧。当轴承的旋转速度愈高时，配合应愈紧。对精密机床的轻负荷轴承，为避免孔与轴的形状误差对轴承精度影响，常采用较小的间隙配合。例如内圆磨床磨头处的轴承，其内圈间隙 $1 \sim 4\mu m$，外圈间隙 $4 \sim 10\mu m$。对于旋转速度较高，又在冲击振动负荷下工作的轴承，它与轴颈和外壳孔的配合最好选用过盈配合。

　　⑥ 轴承外壳(或轴)结构和材料的影响

　　轴承套圈与其部件的配合，不应由于轴或外壳孔相配表面的形位误差而导致轴承内、外圈的不正常变形。对开式的外壳，与轴承外圈的配合宜采用较松的配合，以免过盈将轴承外圈夹扁、甚至将轴卡住，但也不应使外圈在外壳孔内转动。为保证轴承有足够的连接强度，当轴承安装于薄壁外壳、轻合金外壳或空心轴上时，应采用比厚壁外壳、铸铁外壳或实心轴更紧的配合。

⑦ 不固定轴承的轴向游动

当要求轴承的一个套圈（外圈或内圈）在运转中能沿轴向游动时，该套圈与外壳孔或轴颈的配合应较松。

⑧ 安装与拆卸的方便性

有时为了便于安装与拆卸，尤其对于重型机械，轴承宜采用较松的配合。如果装拆方便而又需轴承紧配时，可采用分离型轴承或内圈带锥孔和带紧定套或退卸套的轴承。

滚动轴承与轴和外壳孔的配合，常常综合考虑上述因素采用经验类比法来选取。配合选用可参考表 7-2 至表 7-5。

表 7-2　向心轴承和轴的配合——轴公差带

圆柱孔轴承					
运转状态		负荷状态	深沟球轴承、调心球轴承和角接触轴承	圆柱滚子轴承和圆锥滚子轴承	调心滚子轴承	公差带
说明	举例		轴承公称内径/mm			
旋转的内圈负荷及摆动负荷	一般通用机械、电动机、机床主轴、泵、内燃机、正齿轮传动装置、铁路机车车辆轴箱、破碎机	轻负荷	≤18	—	—	h5
			>18～100	≤40	≤40	j6①
			>100～200	>40～140	>40～100	k6①
			—	>140～200	>100～200	m6①
		正常负荷	≤18	—	—	j5 js5
			>18～100	≤40	≤40	k5②
			>100～140	>40～100	>40～65	m5②
			>140～200	>100～140	>65～100	m6
			>200～280	>140～200	>100～140	n6
			—	>200～400	>140～280	p6
			—	—	>280～500	r6
		重负荷		>50～140	>50～100	n6
				>140～200	>100～140	p6③
				>200	>140～200	r6
				—	>200	r7
固定的内圈负荷	静止轴上的各种轮子，张紧轮绳轮、振动筛、惯性振动器	所有负荷	所有尺寸			f6
						g6①
						h6
						j6

（续表）

仅有轴向负荷		所有尺寸		j6　js6
圆锥孔轴承				
所有负荷	铁路机车车辆轴箱	装在退卸套上	所有尺寸	h8(IT6)④⑤
	一般机械传动	装在紧定套上	所有尺寸	h9(IT7)④⑤

注：① 凡对精度有较高要求的场合，应用 j5、k5、m5 代替 j6、k6、m6。

　　② 圆锥滚子轴承、角接触球轴承配合对游隙影响不大，可用 k6、m6 代替 k5、m5。

　　③ 重负荷下轴承游隙应选大于 0 组。

　　④ 凡有较高精度或转速要求的场合，应选用 h7(IT5) 代替 h8(IT6) 等。

　　⑤ IT6，IT7 表示圆柱度公差数值。

表 7 - 3　向心轴承和外壳孔的配合——孔公差带

运转状态		负荷状态	其他状况	公差带①	
说　明	举　例			球轴承	滚子轴承
固定的外圈负荷	一般机械、铁路机车车辆轴箱、电动机、泵、曲轴主轴承	轻、正常、重	轴向易移动，可采用剖分式外壳	H7,G7②	
摆动负荷		冲击	轴向能移动，可采用整体或剖分式外壳	J7,Js7	
		轻、正常			
		正常、重		K7	
		冲击		M7	
旋转的外圈负荷	张紧滑轮、轮毂轴承	轻	轴向不移动，采用整体式外壳	J7	K7
		正常		K7,M7	M7,N7
		重		—	N7,P7

注：① 并列公差带随尺寸的增大从左至右选择，对旋转精度有较高要求时，可相应提高一个公差等级。

　　② 不适用于剖分式外壳。

表 7 - 4　推力轴承和轴的配合——轴公差带

运转状态	负荷状态	轴承公称内径/mm		公差带
仅有轴向负荷		推力球和推力滚子轴承	所有尺寸	j6,js6
固定的轴圈负荷	径向和轴向联合负荷	推力调心滚子轴承②	≤250	j6
			>250	js6
旋转的轴圈负荷或摆动负荷			≤200	k6①
			>200~400	m6
			>400	n6

注：① 要求较小过盈时，可分别使用 j6、k6、m6 代替 k6、m6、n6。

　　② 也包括推力圆锥滚子轴承，推力角接触轴承。

表 7-5　推力轴承和外壳孔的配合　孔公差带代号

运转状态	负荷状态	轴承类型	公差带	备注
仅有轴向负荷		推力球轴承	H8	
		推力圆柱、圆锥滚子轴承	H7	
		推力调心滚子轴承	—	外壳孔与座圈间间隙为 0.001D（D 为轴承公称外径）
固定的座圈负荷	径向和轴向联合负荷	推力角接触球轴承、推力调心滚子轴承、推力圆锥滚子轴承	H7	
旋转的座圈负荷或摆动负荷			K7	普通使用条件
			M7	有较大径向负荷时

④ 滚动轴承的配合、轴颈及外壳孔的图样标注

由于滚动轴承用单一平面内平均直径作为轴承的配合尺寸,其公差数值与国标 GB/T 1800.1—2009《极限与配合》中的标准公差数值不同。因此,在装配图上标注滚动轴承与轴颈和外壳孔的配合时,只需标注轴颈和外壳孔的公差带代号,如图 7-8 所示。

2)孔、轴配合表面的粗糙度与形位公差

为了保证滚动轴承的工作质量和使用寿命,除了正确地选用配合以外,还要使轴和外壳孔与轴承相配合的形位公差和表面粗糙度选用得当。

形状公差:由于轴承套圈是薄壁件,装配后靠轴颈和外壳孔来矫正,所以套圈工作时的形状与轴颈及外壳孔表面形状有很大关系,应对轴颈和外壳孔表面提出圆柱度要求。

位置公差:为保证轴承工作时有较高的旋转精度,应限制与套圈端面接触的轴肩及外壳孔的倾斜,以消除轴承装配后滚道位置不正而使旋转不平稳,所以对轴肩和外壳孔肩的端面跳动公差提出了要求。轴和外壳孔的形位公差值见表 7-6,轴和外壳孔的形位公差的标注如图 7-7、图 7-8 所示。

表 7-6　轴和外壳孔的形位公差

基本尺寸/mm		圆柱度 t				端面圆跳动 t_1			
		轴颈		外壳孔		轴肩		外壳孔肩	
		轴承公差等级							
		G	E(Ex)	G	E(Ex)	G	E(Ex)	G	E(Ex)
超过	到	公差值/μm							
—	6	2.5	1.5	4	2.5	5	3	8	5
6	10	2.5	1.5	4	2.5	6	4	10	6
10	18	3.0	2.0	5	3.0	8	5	12	8
18	30	4.0	2.5	6	4.0	10	6	15	10
30	50	4.0	2.5	7	4.0	12	8	20	12

（续表）

基本尺寸/mm		圆柱度 t				端面圆跳动 t_1			
		轴颈		外壳孔		轴肩		外壳孔肩	
		轴承公差等级							
		G	E(Ex)	G	E(Ex)	G	E(Ex)	G	E(Ex)
50	80	5.0	3.0	8	5.0	15	10	25	15
80	120	6.1	4.0	10	6.0	15	10	25	15
120	180	8.0	5.0	12	8.0	20	12	30	20
180	250	10.0	7.0	14	10.0	20	12	30	20
250	315	12.0	8.0	16	12.0	25	15	40	25
315	400	13.0	9.0	18	13.0	25	15	40	25
400	500	15.0	10.0	20	15.0	25	15	40	25

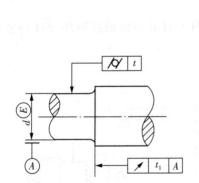

图 7-7　轴颈形位公差标注

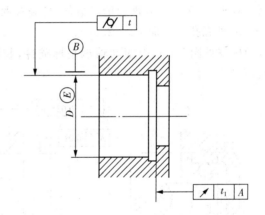

图 7-8　外壳孔形位公差标注

表面粗糙度的大小直接影响轴承配合性质和连接强度,所以规定了与轴承内、外圈配合的轴颈及外壳孔表面的粗糙度参数值。与不同精度等级轴承相配合的表面粗糙度见表7-7。

表 7-7　轴和外壳孔的配合表面的粗糙度　　　　　　　　　（μm）

轴或轴承座 直径/mm		轴或外壳孔配合表面直径公差等级								
		IT7			IT6			IT5		
		表面粗糙度								
超过	到	Rz	Ra		Rz	Ra		Rz	Ra	
			磨	车		磨	车		磨	车
—	80	10	1.6	3.2	6.3	0.8	1.6	4	0.4	0.8
80	500	16	1.6	3.2	10	1.6	3.2	6.3	0.8	1.6
端面		25	3.2	6.3	25	3.2	6.3	10	1.6	3.2

7.1.4 轴颈及外壳孔公差的选用

任务回顾

根据图 7-1 所示,已知减速器的功率为 5kW,从动轴转速为 83r/min,其两端的轴承为 6211 深沟球轴承($d=55$mm,$D=100$mm),轴上安装齿轮的模数为 3mm,齿数为 79。试确定轴颈和外壳孔的公差带、形位公差值和表面粗糙度参数值,并标注在图样($P=0.01C$)。

解:分析如下

(1)减速器属于一般机械,转速不高,选 G 级轴承。代号省略不表示。

(2)齿轮传动时,轴承内圈与轴一起旋转,因承受循环负荷,应选较紧配合;外圈相对于负荷方向静止,它与外壳孔的配合应较松。已知 $P=0.01C$,小于 $0.07C$,故轴承属于承受轻负荷。查表 7-4、表 7-5,选轴颈公差带为 j6,外壳孔公差带为 H7。

(3)查表 7-6 轴颈的圆柱度公差为 0.005mm,轴肩端面圆跳动公差为 0.015mm,外壳孔圆柱度公差为 0.01mm,孔肩端面跳动公差为 0.025mm。

(4)查表 7-7 中的表面粗糙度数值,外壳孔取 $Ra \leqslant 2.5\mu$m,轴颈取 $Ra \leqslant 1\mu$m,轴肩端面 $Ra \leqslant 2\mu$m,外壳孔肩端面 $Ra \leqslant 2.5\mu$m。

(5)标注见图 7-9,因滚动轴承是标准件,装配图上只需注出轴颈和外壳孔的公差带代号。

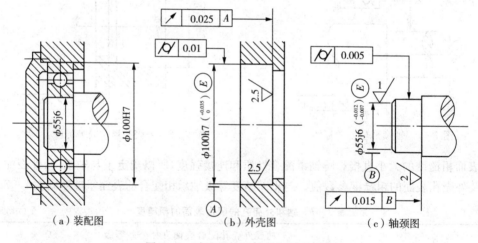

图 7-9　减速器轴承公差与配合图解

课后习题

1. 判断题(正确的打√,错误的打×)

(1)滚动轴承内圈与轴的配合,采用基孔制。

(2)滚动轴承内圈与轴的配合,采用间隙配合。

(3)滚动轴承配合,在图样上只需标注轴颈和外壳孔的公差带代号。

(4)0 级轴承应用于转速较高和旋转精度也要求较高的机械中。

(5)滚动轴承国家标准将内圈内径的公差带规定在零线的下方。

(6)滚动轴承内圈与基本偏差为 g 的轴形成间隙配合。

2. 选择题

(1)下列配合零件应选用基轴制的有(   )。

A. 滚动轴承外圈与外壳孔

B. 同一轴与多孔相配,且有不同的配合性质

C. 滚动轴承内圈与轴

D. 轴为冷拉圆钢,不需再加工

(2)滚动轴承外圈与基本偏差为 H 的外壳孔形成(   )配合。

A. 间隙   B. 过盈   C. 过渡

(3)滚动轴承内圈与基本偏差为 h 的轴颈形成(   )配合。

A. 间隙   B. 过盈   C. 过渡

(4)某滚动轴承配合,如图样上标注为 $\phi60R6$,则省略的是(   )。

A. $\phi60H7$ B. 轴承公差带代号   C. 轴承型号

3. 简答与计算

(1)滚动轴承的精度有哪几个等级?哪个等级应用最广泛?

(2)滚动轴承与轴、外壳孔配合,采用何种基准制?

(3)选择轴承与轴、外壳孔配合时主要考虑哪些因素?

(4)滚动轴承内圈与轴颈的配合同国家标准《公差与配合》中基孔制同名配合相比,在配合性质上有何变化?为什么?

(5)滚动轴承配合标准有何特点?

(6)已知减速箱的从动轴上装有齿轮,其两端的轴承为 0 级单列深沟球轴承(轴承内径 $d=55mm$,外径 $D=100mm$),各承受的径向负荷 $F_r=2000N$,额定动负荷 $C=34000N$,试确定轴颈和外壳孔的公差带、形位公差值和表面粗糙度数值,并标注在图样上。

项目8 圆柱齿轮传动的公差选用及其检测

在机械产品中,齿轮传动是用来传递运动和动力的常用机构,凡是具有齿轮传动的机器和仪器,其工作性能、承载能力、使用寿命及工作精度等都与齿轮的制造精度有密切的联系。

随着科学技术和现代生产的发展,对齿轮的传动性能要求越来越高,如要求机械产品自身重量轻,传递功率大,转速和工作精度高,从而对齿轮传动的精度提出了更高的要求。因此,研究齿轮误差对使用性能的影响、齿轮互换性原理、精度标准以及检测技术等,对提高齿轮的加工质量具有重要意义。

任务8.1 圆柱齿轮的检测

8.1.1 案例导入

1)案例任务

如图8-1所示直齿圆柱齿轮,要求完成该齿轮的检测。

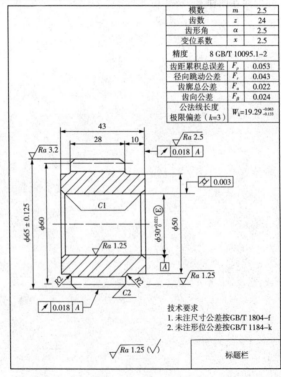

模数	m	2.5
齿数	z	24
齿形角	α	2.5
变位系数	x	2.5
精度		8 GB/T 10095.1~2
齿距累积总误差	F_p	0.053
径向跳动公差	F_r	0.043
齿廓总公差	F_a	0.022
齿向公差	F_β	0.024
公法线长度 极限偏差（$k=3$)	$W_k=19.29^{-0.063}_{-0.133}$	

技术要求
1. 未注尺寸公差按GB/T 1804-f
2. 未注形位公差按GB/T 1184-k

图8-1 齿轮零件图

2）知识目标

① 了解齿轮传动的特点及其使用要求。

② 了解齿轮加工误差概述。

③ 掌握齿轮的公差项目。

④ 掌握齿轮副的公差项目。

⑤ 掌握生产现场常见齿轮检测项目的检测。

3）技能目标

① 能根据检测项目，确定是针对齿轮哪方面要求制定的。

② 能正确使用齿厚游标卡尺测量齿轮齿厚。

③ 能正确使用公法线千分尺测量齿轮公法线长度。

④ 能正确使用齿圈径向跳动检查仪测量齿轮齿圈径向跳动。

8.1.2　齿轮传动的基本要求及加工误差

1）齿轮传动的基本要求

由于齿轮传动的类型很多，应用极为广泛，因此，对齿轮传动的使用要求也是多方面的，归纳起来有以下几点。

（1）传递运动的准确性

齿轮在一转范围内实际速比 i_R 相对于理论速比 i_T 的变动量 Δi_Σ 应限制在允许的范围内，以保证从动轮与主动轮运动协调一致，如图 8-2。

（2）传动的平稳性

要求齿轮在一齿范围内其瞬时速比的变动量 Δi 限制在允许范围内，以减小齿轮传动中的冲击、振动和噪声。

（3）载荷分布均匀性

要求齿轮啮合时齿面接触良好，以免载荷分布不均引起应力集中，造成局部磨损，影响齿轮使用寿命。

（4）合理的齿轮副侧隙

要求齿轮啮合时非工作齿面间应有一定间隙（图 8-3），用于储存润滑油，补偿受力后的弹性变形、受热后的膨胀，以及制造和安装中的误差，以保证在传动中不致出现卡死和烧伤。

在生产实际中，对齿轮传动的四项使用要求，根据齿轮的不同工作条件，可以有不同的要求。

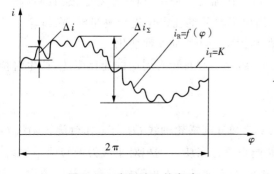

图 8-2　实际速比的变动

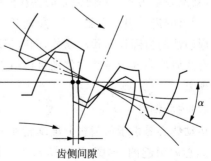

图 8-3　齿侧间隙

表 8 - 1　齿轮传动的分类及要求

分　类	使用场合	特　点	要　求
动力齿轮	矿山机械、起重机械等	传递动力大,转速低	接触精度高,传动侧隙较大
传动齿轮	汽轮机、减速器等	传递动力大,转速高	传动平稳,接触精度高
读数分度齿轮	测量仪器、分度机构等	传递动力小,转速低	运动要求准确,侧隙小

2)齿轮加工误差的来源

齿轮的加工方法很多,按齿廓形成的原理可分为仿形法和展成法。用成型铣刀在铣床上铣齿的加工方法为仿形法;用滚刀或插齿刀在滚齿机或插齿机上与齿坯做啮合滚切运动,加工出渐开线齿轮的加工方法为展成法。齿轮通常采用展成法加工。在滚切过程中,齿轮的加工误差来源于组成工艺系统的机床、刀具、夹具和齿坯本身的误差以及安装调整误差。下面以滚切直齿圆柱齿轮为代表来分析齿轮的主要加工误差。

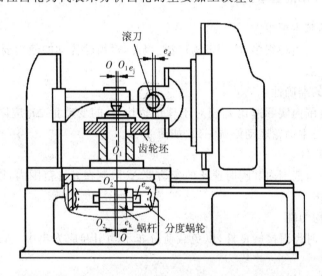

图 8 - 4　滚齿机切齿系统图

(1)几何偏心(e_j)

加工时,齿坯基准孔轴线 O_1 与滚齿机工作台旋转轴线 O 不重合而发生偏心,如图 8 - 5 所示,其偏心量为 e_j。几何偏心的存在使得齿轮在加工过程中,齿坯相对于滚刀的距离发生变化,切出的齿一边短而肥、一边瘦而长。当以齿轮基准孔定位进行测量时,在齿轮一转内产生周期性的齿圈径向跳动误差,同时齿距和齿厚也产生周期性变化。

有几何偏心的齿轮装在传动机构中之后,就会引起每转为周期的速比变化,产生时快时慢的现象。

(2)运动偏心(e_y)

运动偏心是由于滚齿机分度蜗轮加工误差和分度蜗轮轴线 O_2 与工作台旋转轴线 O 有安装偏心 e_k 引起的,如图 8 - 6 所示。运动偏心的存在使齿坯相对于滚刀的转速不均匀,忽快忽慢,破坏了齿坯与刀具之间的正常滚切运动,而使被加工齿轮的齿廓在切线方向上产生

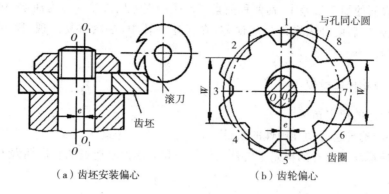

图 8-5　齿坯安装偏心引起齿轮加工误差

了位置误差。这时,齿廓在径向位置上没有变化。这种偏心,一般称为运动偏心,又称为切向偏心。

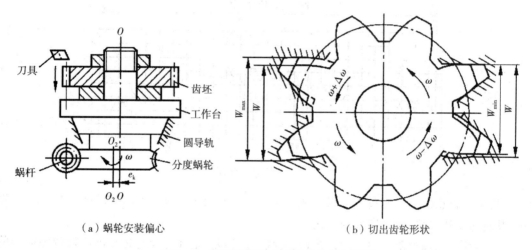

图 8-6　蜗轮安装偏心引起齿轮切向误差

（3）机床传动链的高频误差

加工直齿轮时,受分度传动链的传动误差(主要是分度蜗杆的径向跳动和轴向窜动)的影响,使蜗轮(齿坯)在一周范围内转速发生多次变化,加工出的齿轮产生齿距偏差、齿形误差。加工斜齿轮时,除了分度传动链误差外,还受差动传动链的传动误差的影响。

（4）滚刀的安装误差和加工误差

滚刀的安装偏心 e_d 使被加工齿轮产生径向误差。滚刀刀架导轨或齿坯轴线相对于工作台旋转轴线的倾斜及轴向窜动,使滚刀的进刀方向与轮齿的理论方向不一致,直接造成齿面沿轴向方向歪斜,产生齿向误差,如图 8-4 所示。

滚刀的加工误差主要指滚刀的径向跳动、轴向窜动和齿型角误差等,它们将使加工出来的齿轮产生基节偏差和齿形误差。

由于滚齿过程是滚刀对齿坯周期的连续切削过程,因此,加工误差具有周期性,这是齿轮误差的特点。

上述 4 方面的加工误差中,前两种因素所产生的误差以齿轮一转为周期,称为长周期误差(或低频误差);后两种因素产生的误差,在齿轮一转中,多次重复出现,称为短周期误差(或高频误差)。

8.1.3　齿轮评定参数

1)单个齿轮的评定指标

(1)主要影响传递运动准确性的项目

影响传递运动准确性的误差主要是几何偏心和运动偏心造成的长周期误差。主要有以下误差项目。

① 切向综合总偏差(F_i')

被测齿轮与测量齿轮单面啮合检验时,被测齿轮一转内,齿轮分度圆上实际圆周位移与理论圆周位移的最大差值,如图 8-7 所示。

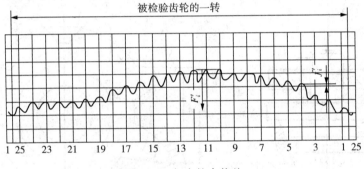

图 8-7　切向综合偏差

切向综合总偏差反映齿轮一转中的转角误差,说明齿轮运动的不均匀性,在一转过程中,其转速忽快忽慢,做周期性的变化。

切向综合总偏差既反映切向误差,又反映径向误差,是评定齿轮运动准确性较为完善的综合性的指标。当切向综合总误差小于或等于所规定的允许值时,表示齿轮可以满足传递运动准确性的使用要求。

F_i'在单面啮合状态下测量,被测齿轮近似于工作状态,测量结果又反映了各种误差的综合作用,因此该项目是评定齿轮传动准确性的较完善的指标。

② 齿距累积总偏差(F_p)与齿距累积偏差(F_{pk})

齿距累积总偏差(F_p)是指齿轮同侧齿面任意弧段($k=1$ 至 $k=z$)内的最大齿距累积偏差。它表现为齿距累积偏差的总幅值。

齿距累积偏差(F_{pk})是指任意 k 个齿距的实际弧长与理论弧长的代数差,如图 8-8 所示。

对某些齿数多的齿轮,为了控制齿轮的局部累积误差和提高测量效率,可以测量 k 个齿的齿距累积误差 F_{pk}。F_{pk}被限定在不大于 1/8 的圆周上评定。因此,F_{pk}的允许值适用于齿数 k 为 2 到小于 $z/8$ 的弧段内。通常,F_{pk}取 $k=z/8$ 就足够了,如果对于特殊的应用(如高速齿轮)还需检验较小弧段,并规定相应的 k 数。

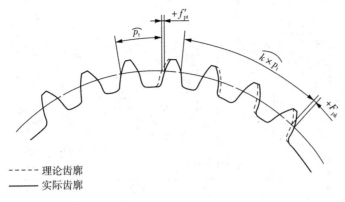

图 8-8 齿距偏差与齿距累积偏差($k=3$)

齿距累积偏差主要是在滚切齿形过程中由几何偏心和运动偏心造成的。它能反映齿轮转一周过程中由偏心误差引起的转角误差,因此 F_p(F_{pk})可代替 F_i' 作为评定齿轮运动准确性的指标。但 F_p 是逐齿测得的,每个齿只测一个点,而 F_i' 是在连续运转中测得的,它更全面。由于 F_p 的测量可用较普及的齿距仪、万能测齿仪等仪器,因此它是目前工厂中常用的一种齿轮运动精度的评定指标。

③ 径向跳动(F_r)

齿轮径向跳动为测头(球形、圆柱形、砧形)相继置于每个齿槽内时,从它到齿轮轴线的最大和最小径向距离之差。

F_r 主要是由于几何偏心引起的,它可以揭示齿距累积误差中的径向误差,但并不反映由运动偏心引起的切向误差,故不能全面评价传动准确性,只能作为单项指标,如图 8-9 所示。

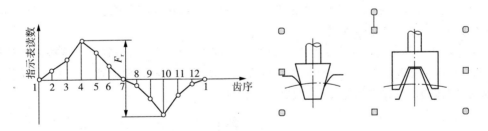

图 8-9 径向跳动

④ 径向综合总偏差(F_i'')

径向综合总偏差是指被测齿轮与理论精确的测量齿轮双面啮合时,在被测齿轮一转内的双啮合中心距的最大变动量。

径向综合总偏差反映齿轮轮齿相对于旋转中心的偏心,同时对基节偏差和齿形误差也有所反映,因此可代替径向跳动来评定齿轮传递运动的准确性。由于径向综合总偏差只能反映齿轮的径向误差,不能映切向误差,故径向综合总偏差并不能确切和充分地用来表示齿轮的运动精确,因此径向综合总偏差也是作为影响传递运动准确性指标中属于径向性质的单项性指标,如图 8-10 所示。

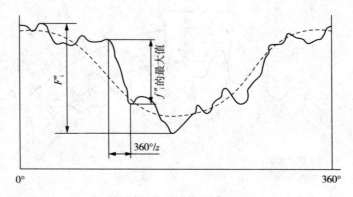

图 8-10 径向综合总偏差

⑤ 公法线长度变动 ΔF_W

公法线即基圆的切线。渐开线圆柱齿轮的公法线长度 W 是指跨越 k 个齿的两异侧齿廓的平行切线间的距离,理想状态下公法线应与基圆相切。公法线长度变动是指在齿轮一周范围内,实际公法线长度最大值与最小值之差,如图 8-11 所示。

公法线长度变动是由运动偏心引起的。运动偏心使齿坯转速不均匀,引起切向误差,从而使各齿廓的位置在圆周上分布不均匀,使公法线长度在齿轮一圈中呈周期性变化。径向跳动不能体现齿圈上各齿的形状和位置误差,因此采用径向跳动与公法线长度变动组合,可以较全面反映出传递运动准确性的齿轮精度。

(2)主要影响传动平稳性的项目

① 一齿切向综合偏差(f_i')

一齿切向综合偏差是指齿轮在一个齿距角内的切向综合总偏差,即在切向综合总偏差记录曲线上小波纹的最大幅度值,如图 8-12 所示。一齿切向综合偏差是 GB/T 10095.1 规定的检验项目,但不是必检项目。

齿轮每转过一个齿距角,都会引起转角误差,即出现许多小的峰谷。在这些短周期误差中,峰谷的最大幅度值即为一齿切向综合偏差。它既反映了短周期的切向误差,又反映了短周期的径向误差,是评定齿轮传动平稳性较全面的指标。

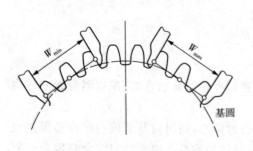

图 8-11 齿轮公法线长度变动

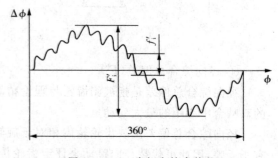

图 8-12 一齿切向综合偏差

② 一齿径向综合偏差(f_i'')

一齿径向综合偏差是指当被测齿轮与测量齿轮啮合一整圈时,对应一个齿距($360°/z$)

的径向综合偏差值。即在径向综合总偏差记录曲线上小波纹的最大幅度值,如图 8-10 所示,其波长常常为齿距角。一齿径向综合偏差是 GB/T 10095.2 规定的检验项目。

一齿径向综合偏差也反映齿轮的短周期误差,但与一齿切向综合偏差是有差别的。f_i'' 只反映刀具制造和安装误差引起的径向误差,而不能反映机床传动链短周期误差引起的周期切向误差。因此,用一齿径向综合偏差评定齿轮传动的平稳性不如用一齿切向综合偏差评定完善。但由于仪器结构简单,操作方便,在成批生产中仍广泛使用,所以一般用一齿径向综合偏差作为评定齿轮传动平稳性的代用综合指标。

③ 齿廓偏差

齿廓偏差是指实际齿廓偏离设计齿廓的量,该量在端平面内且垂直于渐开线齿廓的方向计值。

齿廓总偏差(F_α):是指包容实际齿廓迹线的两条设计齿廓迹线间的距离,如图 8-13(a) 所示。

齿廓形状偏差($f_{f\alpha}$):齿廓形状偏差是指包容实际齿廓迹线的,与平均齿廓迹线完全相同的两条迹线间的距离,且两条曲线与平均齿廓迹线距离为常数,如图 8-13(b) 所示。

齿廓倾斜偏差($f_{H\alpha}$):齿廓倾斜偏差是指两端与平均齿廓迹线相交的两条设计齿廓线间的距离,如图 8-13(c) 所示。

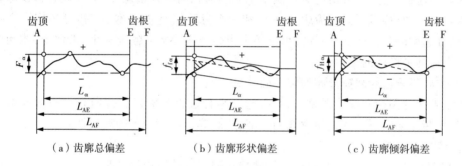

（a）齿廓总偏差　　　　　（b）齿廓形状偏差　　　　　（c）齿廓倾斜偏差

注:设计齿廓—未修形的渐开线;实际齿廓—在减薄区偏向体内

图 8-13　齿廓偏差

齿廓偏差的存在,使两齿面啮合时产生传动比的瞬时变动。如图 8-14 所示,两理想齿廓应在啮合线上的 a 点接触,由于齿廓偏差,使接触点由 a 变到 a',引起瞬时传动比的变化,这种接触点偏离啮合线的现象在一对轮齿啮合转齿过程中要多次发生,其结果使齿轮一转内的传动比发生了高频率、小幅度的周期性变化,产生振动和噪声,从而影响齿轮运动的平稳性。因此,齿廓偏差是影响齿轮传动平稳性中属于转齿性质的单项性指标。它必须与揭示换齿性质的单项性指标组合,才能评定齿轮传动平稳性。

齿廓总偏差 F_α 主要影响齿轮传动平稳性,因为有 F_α 的齿轮,其齿廓不是标准正确的渐开线,不能保证瞬时传动比为常数,易产生振动与噪音。

有时为了进一步分析齿廓总偏差 F_α 对传动质量的影响,或为了分析齿轮加工中的工艺误差,标准中又把 F_α 细化分成两种偏差,即 $f_{f\alpha}$ 与 $f_{H\alpha}$,该两项偏差都不是必检项目。

④ 单个齿距偏差 f_{pt}

单个齿距偏差是指在端平面上,在接近齿高中部的一个与齿轮轴线同心的圆上,实际齿距与理论齿距的代数差,如图 8 - 15 所示。它是 GB/T 10095.1—2008 规定的评定齿轮几何精度的基本参数。

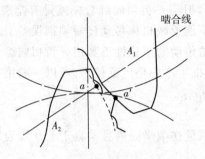

图 8 - 14　齿廓偏差对传动的影响

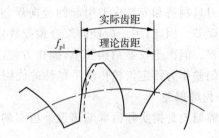

图 8 - 15　单个齿距偏差

单个齿距偏差在某种程度上反映基圆齿距偏差 f_{pt} 或齿廓形状偏差 ff_{α} 对齿轮传动平稳性的影响。故单个齿距偏差 f_{pt} 可作为齿轮传动平稳性中的单项性指标。

综上所述,影响齿轮传动平稳性的误差,为齿轮一转中多次重复出现的短周期误差,主要包括转齿误差和换齿误差。评定传递运动平稳性的指标中,能同时反映转齿误差和换齿误差的综合性指标有:一齿切向综合偏差 f'_i 和一齿径向综合偏差 f''_i;只反映转齿误差或换齿误差两者之一的单项指标有:齿廓偏差 F_{α} 和单个齿距偏差 f_{pt}。使用时,可选用一个综合性指标,也可选用两个单项性指标的组合(转齿指标与换齿指标各选一个)来评定,才能全面反映对传递运动平稳性的影响。

(3)主要影响齿轮载荷分布均匀性的项目

由于齿轮的制造和安装误差,一对齿轮在啮合过程中沿齿长方向和齿高方向都不是全齿接触,实际接触线只是理论接触线的一部分,影响了载荷分布的均匀性。

① 螺旋线偏差

在端面基圆切线方向上测得的实际螺旋线偏离设计螺旋线的量。

螺旋线总偏差(F_{β}):是指在计值范围 L_{β} 内包容实际螺旋线迹线的两条设计螺旋线迹线间的距离,如图 8 - 16(a)所示。

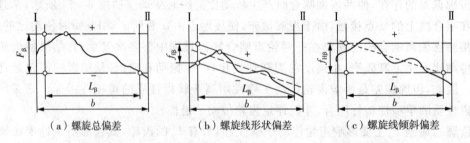

（a）螺旋总偏差　　　（b）螺旋线形状偏差　　　（c）螺旋线倾斜偏差

注:设计螺旋线—未修形的螺旋线;实际螺旋线—在减薄区偏内体内

图 8 - 16　螺旋线偏差

螺旋线形状偏差($f_{f\beta}$):是指在计值范围 L_{β} 内包容实际螺旋线迹线的,与平均螺旋线迹线完全相同的曲线间的距离,且两条曲线与平均螺旋线迹线的距离为常数,如图 8 - 16(b)所示。

螺旋线倾斜偏差($f_{Hβ}$):是指在计值范围的两端与平均螺旋线迹线相交的设计螺旋线迹线间的距离,如图 8-16(c)所示。

由于实际齿线(齿面与分度圆柱面的交线)存在形状误差,如图 8-17 所示,使两齿轮啮合时的接触线只占理论长度的一部分,从而导致载荷分布不均匀。螺旋线总偏差是齿轮的轴向误差,是评定载荷分布均匀性的单项性指标。

(4)主要影响侧隙合理性的项目

为保证齿轮润滑、补偿齿轮的制造误差、安装误差以及热变形等造成的误差,必须在非工作齿面留有侧隙。轮齿与配对齿间的配合相当于圆柱体孔、轴的配合,这里采用的是"基中心距制",即在中心距一定的情况下,用控制轮齿的齿厚的方法获得必要的侧隙。

在一对装配好的齿轮副中,侧隙 j_{bn} 是相啮齿轮齿间的间隙,它是在节圆上齿槽宽度超过相啮合的轮齿齿厚的量。侧隙可以在法向平面上或沿啮合线(如图 8-18 所示)测量,但是它是在端平面上或啮合平面(基圆切平面上)计算和规定的。

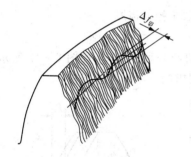

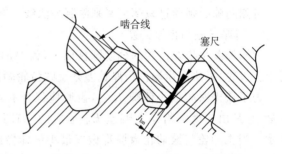

图 8-17　螺旋线偏差　　　　　　图 8-18　用塞尺测量侧隙(法向平面)

单个齿轮并没有侧隙,它只有齿厚。相啮齿的侧隙是由一对齿轮运行时的中心距以及每个齿轮的实效齿厚所控制。

所有相啮合的齿轮必定要有些侧隙。必须要保证非工作齿面不会相互接触,在一个已定的啮合中,侧隙在运行中受速度、温度、负载等的变动而变化。在静态可测量的条件下,必须有足够的侧隙,以保证在带有负载运行于最不利的工作条件下仍有足够的侧隙。侧隙需要的量与齿轮的大小、精度、安装和应用情况有关。

最小侧隙 j_{bnmin} 是指当一个齿轮的齿以最大允许实效齿厚与一个也具有最大允许实效齿厚的相配合齿在最紧的允许中心距相啮合时,在静态条件下存在的最小允许侧隙。

表 8-2 列出了对工业传动装置推荐的最小侧隙 j_{bnmin} 以保证齿轮机构正常工作。对于用黑色金属材料齿轮和黑色金属材料箱体的齿轮传动,工作时齿轮节圆线速度小于 15m/s,其箱体、轴和轴承都采用常用的商业制造公差,j_{bnmin} 可按下式计算:

$$j_{bnmin} = \frac{2}{3}(0.06 + 0.005α + 0.03m_n)$$

式中,$α$——中心距;

　　　m_n——法向模数。

按上式计算可得出如表 8-2 所示的推荐数值。

表 8-2 对于中、小模数齿轮最小侧隙 j_{bnmin} 的推荐数值

模数 m_n	中心距 a					
	50	10	200	400	800	1600
0.5	0.09	0.11	—			
2	0.10	0.12	0.15			
3	0.12	0.14	0.17	0.24		
5		0.18	0.21	0.28		—
8		0.24	0.27	0.34	0.47	
12		—	0.35	0.42	0.55	—
18	—			0.54	0.67	0.94

齿侧间隙必须通过减薄齿厚来限制公法线长度等方法来控制齿厚。

① 齿厚偏差与齿厚公差

齿厚偏差是指在齿轮的分度圆柱面上,齿厚的实际值与公称值之差,如图 8-19 所示。对于斜齿轮,指法向齿厚。齿厚偏差是反映齿轮副侧隙要求的一项单项性指标。

为了获得法向最小侧隙 j_{bnmin},齿厚应保证有最小减薄量,它是由分度圆齿厚上偏差 E_{sns} 形成的,如图 8-19 所示。当主动轮与被动轮齿厚都做成最小值即做成上偏差时。可获得最小侧隙 j_{bnmin},通常取两齿轮的齿厚上偏差相等,此时

$$j_{bnmin} = 2 \left| E_{sns} \right| \cos\alpha_n$$

即 E_{sns} 应取负值。

齿厚公差 T_{sn} 大体上与齿轮精度无关,如对最大侧隙有要求时,就必须进行计算。齿厚公差的选择要适当。公差过小势必增加齿轮制造成本;公差过大会使侧隙加大,使齿轮正、反转时空行程过大。齿厚公差 T_{sn} 可按下式求得。

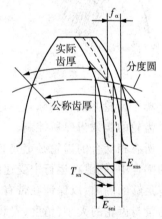

图 8-19 齿厚偏差

$$T_{sn} = \sqrt{F_r^2 + b_r^2} \times 2\tan\alpha_n$$

式中,b_r——切齿径向进刀公差值,可按表 8-3 选取。

表 8-3 切齿径向进刀公差 b_r 值

齿轮精度等级	4	5	6	7	8	9
b_r 值	1.26IT7	IT8	1.26IT8	IT9	1.26IT9	TI10
注:查 IT 值时的主参数为分度圆直径尺寸						

为了使齿侧间隙不至过大,在齿轮加工中还需根据加工设备的情况适当地控制齿厚下

偏 E_{sni}，E_{sni} 可按下式求得

$$E_{sni} = E_{sns} - T_{sn}$$

② 公法线平均长度极限偏差

齿轮齿厚的变化必然引起公法线长度的变化。测量公法线长度同样可以控制齿侧间隙，如图 8-20 所示。

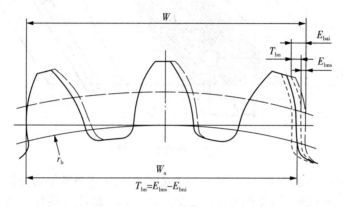

图 8-20　公法线长度偏差

公法线长度的上偏差 E_{bns} 和下偏差 E_{bni} 与齿厚偏差有如下关系。

$$E_{bns} = E_{sns} \cos\alpha_n$$

$$E_{bni} = E_{sni} \cos\alpha_n$$

2) 齿轮副的评定指标

相互啮合的一对齿轮组成的传动机构称为齿轮副，虽然对齿轮副中每一个齿轮都提出精度要求，但齿轮副由于种种因素影响，也会影响齿轮传动的性能。

① 中心距偏差 f_a

中心距偏差是指在齿轮副的齿宽中间平面内，实际中心距与公称中心距之差。中心距偏差会影响齿轮工作时的侧隙。当实际中心距小于设计中心距时，会使侧隙减小；反之会使侧隙增大。为了保证侧隙要求，用中心距允许偏差来控制中心距偏差。中心距偏差是设计者规定的中心距偏差的范围。

GB/Z 18620.3—2008 没有对中心距的极限偏差做出规定，设计时可类比某些成熟产品的技术资料来确定，也可参考表 8-4 选取。

表 8-4　中心距极限偏差 ±f_a

齿轮精度等级	1~2	3~4	5~6	7~8	9~10	11~12
f_a	$\frac{1}{2}$IT4	$\frac{1}{2}$IT6	$\frac{1}{2}$IT7	$\frac{1}{2}$IT8	$\frac{1}{2}$IT9	$\frac{1}{2}$IT11

② 轴线平行度偏差

轴线的平行度误差的影响与向量的方向有关，有轴线平面内的平行度误差 $f_{\Sigma\delta}$ 和垂直

平面上的平行度误差 $f_{\Sigma\beta}$。这是由 GB/Z 18620.3—2008 规定的,并推荐了误差的最大允许值。

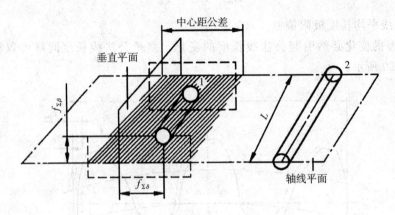

图 8 - 21 轴线平行度偏差

轴线平面内的平行度偏差 $f_{\Sigma\delta}$ 是指一对齿轮的轴线在其两轴线的公共平面上测得的平行度偏差;垂直平面上的平行度误差 $f_{\Sigma\beta}$ 是指一对齿轮的轴线在轴线的公共平面相垂直的"交错轴平面"上的平行度偏差,如图 8 - 21 所示。

$f_{\Sigma\delta}$ 和 $f_{\Sigma\beta}$ 主要影响齿轮的侧隙和载荷分布均匀性,而且后者的影响更为敏感,所以国标推荐轴线平面内平行度偏差 $f_{\Sigma\delta}$ 和垂直平面上平行度偏差 $f_{\Sigma\beta}$ 的最大允许值分别为

$$f_{\Sigma\beta}=0.5\left(\frac{L}{b}\right)F_{\beta}$$

$$f_{\Sigma\delta}=2f_{\Sigma\beta}$$

式中,b 为齿宽。

③ 接触斑点

齿轮副的接触斑点是指装配好的齿轮副在轻微制动下运转后齿面上分布的接触擦亮痕迹,图 8 - 22 所示。

接触斑点可用沿齿高方向和沿齿长方向的百分数来表示。其评定方法是以接触擦亮痕迹占齿面展开图上的百分比来计算的。

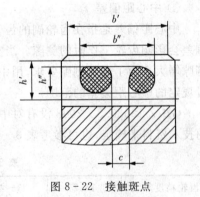

图 8 - 22 接触斑点

沿齿长方向:接触擦亮痕迹长度 b'' 扣除超过模数值的断开部分长度 c 后,与工作长度 b' 之比的百分数,即

$$\frac{b''-c}{b'}\times100\%$$

沿齿高方向:接触擦亮痕迹的平均高度 h'' 与工作高度 h' 之比的百分数,即

$$\frac{h''}{h'}\times 100\%$$

沿齿长方向的接触斑点主要影响齿轮副的承载能力,沿齿高方向的接触斑点调试主要影响工作平稳性。齿轮副的接触斑点综合反映了齿轮副的加工误差和安装误差,是评定齿轮接触精度的一项综合性指标。

8.1.4　齿轮的检测

单个齿轮精度的检测需按确定的齿轮检验项目来进行,由于一些检验项目需用专用的检验仪器和设备,这里不予介绍,仅介绍在生产现场常用的检测项目:齿厚偏差、公法线长度偏差和齿圈径向跳动。

1)量具认识

(1)齿厚游标卡尺

齿厚游标卡尺(如图 8-23 所示)是利用游标原理,以齿高尺定位,对齿厚尺两测量爪相对移动分隔的距离进行读数的齿厚测量工具。

齿厚游标卡尺的测量模数范围有 1～16mm、1～25mm、5～32mm 和 10～50mm 四种。

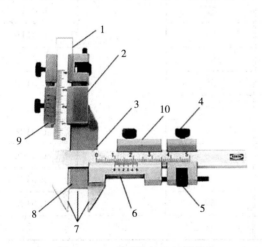

图 8-23　齿厚游标卡尺结构

1,3—主尺;2,10—齿高尺尺框;4—紧固螺钉;

5—微动装置;6—齿厚尺游标;7—测量面;

8—齿高尺定位尺;9—齿高尺游标

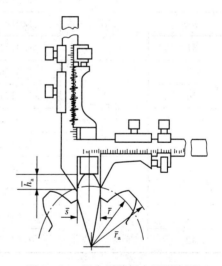

图 8-24　用齿厚游标卡尺测齿厚

测量时如图 8-24 所示,先将垂直的游标卡尺调整到被测齿轮的分度圆弦齿高 $\overline{h}_a$ 处,使高度定位尺靠在被测齿轮的齿顶圆上,齿厚尺的两个测量面与齿轮在分度圆处接触,测出分度圆弦齿厚的实际值 s' ,$s'-\overline{s}$ 为齿厚偏差。逐个齿测量,取其中最大值作为齿厚的实际值。

分度圆的公称弦齿厚 $\overline{s}$ 和公称弦齿高 $\overline{h}$ 分别为

$$\overline{s}=mz\sin\left(\frac{90°}{z}\right)$$

$$\bar{h}=m\left[1+\frac{z}{2}\left(1-\cos\frac{90°}{z}\right)\right]$$

也可查表 8-5 来确定。由表可查出 $m=1\text{mm}$ 时的分度圆弦齿厚 $\overline{s_a^*}$ 与弦齿高 $\overline{h_a^*}$，通过公式 $\bar{s}=m\times\overline{s_a^*}$，$\bar{h}=m\times\overline{h_a^*}$ 可计算出任意模数齿轮的分度圆弦齿厚 $\bar{s}$ 与弦齿高 $\bar{h}$。

表 8-5　$m=1\text{mm}$ 时的分度圆弦齿厚 $\overline{s_a^*}$ 与弦齿高 $\overline{h_a^*}$

齿数	齿厚 $\overline{s_a^*}$	齿高 $\overline{h_a^*}$	齿数	齿厚 $\overline{s_a^*}$	齿高 $\overline{h_a^*}$
20	1.5692	1.0308	44		1.0140
21	1.5693	1.0294	45		1.0137
22	1.5695	1.0280	46		1.0134
23	1.5696	1.0268	47	1.5705	1.0131
24	1.5697	1.0257	48		1.0128
30	1.5701	1.0206	49		1.0126
31		1.0199	50		1.0123
32		1.0193	51		1.0121
33	1.5702	1.0187	52		1.0119
34		1.0181	53		1.0116
35		1.0176	54		1.0114
36	1.5703	1.0171	55		1.0112
37		1.0167	56	1.5706	1.0110
38		1.0162	57		1.0108
39		1.0158	58		1.0106
40	1.5704	1.0154	59		1.0105
41		1.0150	60		1.0103
42		1.0147			

(2)公法线千分尺

公法线千分尺的结构、使用方法、刻线与读数原理与普通千分尺相同，只是测量砧座制成圆盘形，以便于插入齿间进行测量。其外形如图 8-25 所示。规格有 0～25mm、25～50mm、50～75mm、75～100mm、100～125mm，精度为 0.01mm。

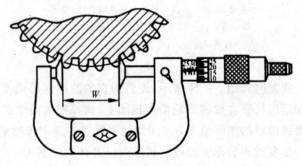

图 8-25　公法线千分尺测量公法线长度

（3）齿圈径向跳动检查仪

齿圈径向跳动如图 8-26 所示，齿圈径向跳动检查仪如图 8-27 所示。

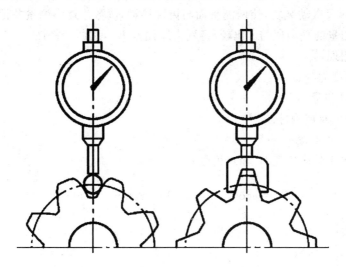

图 8-26　齿圈径向跳动测量示意图

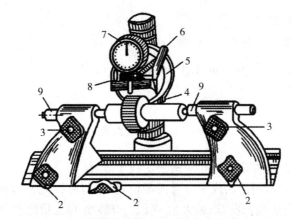

图 8-27　齿圈径向跳动检查仪测齿圈跳动示意

1—纵向移动手轮；2—滑板锁紧螺钉；3—顶尖锁紧螺钉；4—升降螺母；

5—表盘；6—千分表升降手柄；7—千分表；8—表架；9—顶尖

2）齿厚测量

（1）准备工具和量具

齿厚游标卡尺及被测件。

（2）测量方法和步骤

① 根据被测齿轮模数选择齿厚游标卡尺。

② 零位要求：移动齿厚尺尺框使两测量面至手感接触时，游标零刻线与主尺零刻线重合，游标尾刻线与主尺相应刻线重合；移动齿厚尺尺框使齿厚尺测量面与尺寸等于测量模数的 3 级精度量块接触时，游标零刻线与主尺相应刻线重合，游标尾刻线与主尺相应刻线重合。否则，记下示值误差。

③ 计算 $\bar{s}$ 和 $\bar{h}$ 值,将齿高尺游标调到 $\bar{h}$,锁紧。

④ 将齿厚尺两测量面调开一段距离,使齿高尺的高度定位尺靠在被测齿轮的齿顶圆上,然后微调齿厚尺微动装置,使两测量面与齿廓接触,读数。逐齿测量并记录。

⑤ 取逐齿测量的平均值与 $\bar{s}$ 比较,得到齿厚偏差 E_{sn},判断合格性。

⑥ 整理检测现场。

3)公法线长度的测量

(1)准备工具和量具

公法线千分尺及被测件。

(2)测量方法和步骤

① 计算公法线公称长度 W 和跨齿数 k:

$$W = m\cos\alpha\left[\frac{\pi}{2}(2k-1) + 2\xi\tan\alpha + z\operatorname{inv}\alpha\right]$$

式中,m——模数;

  inv——渐开线函数;

  α——齿形角;

  ξ——变位系数;

  z——被测齿轮齿数。

对于标准的直齿圆柱齿轮 $\xi=0$,$\alpha=20°$,公法长度为

$$W = m[1.476(2k-1) + 0.014z]$$

跨齿数为

$$k = \frac{z}{9} + 0.5 \quad (取整)$$

② 根据公法线长度公称值选择相应的公法线千分尺。

③ 用标准量棒校对所用公法线千分尺的零位,根据跨齿数 k,对被测齿轮逐齿测量或沿着齿圈均布测量 6 条公法线长度,取最大值 $W_{\max}$. 与最小 $W_{\min}$ 值之差为公法线长度变动量 F_w;取全齿圈测得数的平均值或测量列中三个对称位置上测量值的平均值 $\overline{W}$ 与公称值 W 之差为公法线平均长度偏差 E_{bn}。

④ 完成检测记录,判断合格性。

⑤ 整理检测现场。

3)齿圈径向跳动的测量

(1)准备工具和量具

卧式齿圈径向跳动检查仪及带内孔的被测齿轮配合的标准芯轴。

(2)测量方法和步骤

① 安装齿轮。如图 8-27 所示,若被测齿轮带内孔时,需先将被测齿轮无间隙地安装在标准芯轴上,再将芯轴装在两顶尖之间。轴与顶尖之间的松紧度应适度,既保证芯轴灵活转动而又无轴向窜动。

② 选择测头。测头有三种形状,即 V 形测头、锥形测头和球形测头,如图 8-28 所示。

采用球形测头时,应根据被测齿轮的模数按表 8-6 选择适当直径的测头;也可用试选法使测头大致在分度圆附近与齿廓接触;还可以用近似计算法求出测头直径。

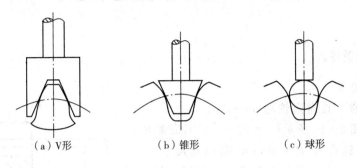

(a) V 形　　　　(b) 锥形　　　　(c) 球形

图 8-28　测头形式

在工厂中也常用圆柱棒代替球形测头将选定的测头安装在千分表的测量杆下端。

球形测头直径计算公式为:

$$d_a = \frac{\pi m}{2\cos\alpha}$$

式中,d_a 为球形测头直径;α 为 20°;m 为齿轮模数。则

$$d_a \approx 1.68m$$

表 8-6　测头直径的选择

被测齿轮的模数/mm	1	1.25	1.5	1.75	2	3	4	5
测头直径/mm	1.7	2.1	2.5	2.9	3.3	5	6.7	8.3

③ 测头对准齿槽。旋转纵向移动手轮,调整滑板的位置使千分表上的测头对准齿槽的中部。

④ 零位调整。扳动千分表升降手柄,放下表架,使测头插入齿槽内与轮齿的两侧面接触,并使千分表压缩 1mm 左右,用以消除千分表的传动间隙,转动表盘使指针对零。

⑤ 测量。测头与齿廓相接触后,用千分表进行读数。

⑥ 用手柄抬起测头,将齿轮转过一齿,再将测头放入下一个齿槽,读数,如此进行一周。

⑦ 根据测量数据画出测量误差曲线。如图 8-29 所示,横坐标 n 是齿序,纵坐标 i 是指示表的读数。折线上最高点与最低点在纵轴方向上的距离为 F_r。

⑧ 数据处理。指示表上最大读数与最小读数之差,即为齿圈径向跳动误差。

⑨ 完成检测记录,判断合格性。

⑩ 整理检测现场。

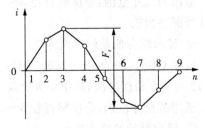

图 8-29　测量误差曲线

任务8.2 圆柱齿轮公差的选用

8.2.1 案例导入

1)任务与要求

某减速器的上直齿齿轮副,$m=3\text{mm}$,$\alpha=20^0$。小齿轮结构如图8-30所示,$z_1=32$,$z_2=70$,齿宽 $b=20\text{mm}$,小齿轮孔径 $D=40\text{mm}$,圆周速度 $v=6.4\text{m/s}$,小批量生产。试对小齿轮进行精度设计,并将有关要求标注在齿轮工作图上。

2)知识目标

① 了解齿轮副的精度要求。

② 了解齿坯的精度要求。

③ 了解齿轮精度设计的全过程,并正确标注在齿轮工作图上。

3)技能目标

① 能根据要求对齿轮进行精度设计,并会正确标注。

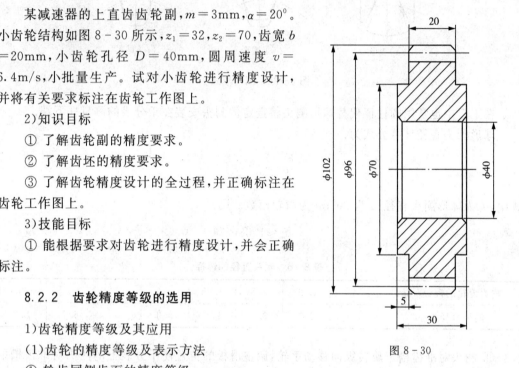

图8-30

8.2.2 齿轮精度等级的选用

1)齿轮精度等级及其应用

(1)齿轮的精度等级及表示方法

① 轮齿同侧齿面的精度等级

GB/T 10095.1—2008 对轮齿同侧齿面偏差规定了13个精度等级,分别用阿拉伯数字 0,1,2,3,…,12 表示,其中0级精度最高,依次降低,12级精度最低。其中 0~2 级目前一般单位尚不能制造,称为有待发展的展望级;3~5 级为高精度等级;6~8 级为中精度等级,9级为较低精度等级;10~12 级为低精度等级。

适用的尺寸范围:分度圆直径 5~1000mm,法向模数 0.5~70mm,齿宽 4~1000mm 的渐开线圆柱齿轮。

② 径向综合偏差的精度等级

国标 GB/T 10095.2—2008 对径向综合总偏差 F_i'' 和一齿径向综合偏差 f_i'' 规定了 4,5,…,12 共 9 个精度等级,其中 4 级最高、12 级最低。

适用的尺寸范围:分度圆直径 5~1000mm,法向模数 0.2~10mm。

③ 径向跳动的精度等级

国标 GB/T 10095.2—2008 对径向跳动 F_r 规定了 0,1,…,12 共 13 个等级,适用的尺寸范围与轮齿同侧齿面相同。

④ 齿轮精度的标注方法

在齿轮工作图上,齿轮精度的标注为三部分:精度等级、精度项目和国标号。

当齿轮的各使用要求的检验项目为一同精度等级时,可标注精度等和国标号。例如,同为 7 级时,标注为:7GB/T 10095.1。

当齿轮的各使用要求的检验项目精度等级不同时,可按齿轮传递运动准确性、齿轮传动平稳性和载荷分布均匀性的顺序进行标注。例如,齿廓总偏差和单个齿距偏差为 7 级、齿距累积总偏差和螺旋线总偏差为 8 级,标注为 $7(F_\alpha、f_{pt})、8(F_P、f_\beta)$GB/T 10095.1。

(2)齿轮偏差的允许值(公差)

国标 GB/T 10095.1—2008 对单个齿轮的 14 项偏差的允许值都给出了计算公式,根据这些公式的计算出齿轮的偏差或公差,经过调整后编制成表格,如表 8 - 7 至表 8 - 13 所示。其中 F_i''、f_i'' 和 F_{pk} 没有提供直接可用的数值,需要时可用公式计算。

表 8 - 7　单个齿距偏差

分度圆直径 d/mm	法向模数 m_n/mm	精度等级				
		5	6	7	8	9
		$\pm f_{pt}$/μm				
20<d≤50	2<m_n≤3.5	5.5	7.5	11.0	15.0	22.0
	3.5<m_n≤6	6.0	8.5	12.0	17.0	24.0
50<d≤125	2<m_n≤3.5	6.0	8.5	12.0	17.0	23.0
	3.5<m_n≤6	6.5	9.0	13.0	18.0	26.0
	6<m_n≤10	7.5	10.0	15.0	21.0	30.0
125<d≤280	2<m_n≤3.5	6.5	9.0	13.0	18.0	26.0
	3.5<m_n≤6	7.0	10.0	14.0	20.0	28.0
	6<m_n≤10	8.0	11.0	16.0	23.0	32.0
280<d≤560	2<m_n≤3.5	7.0	10.0	14.0	20.0	29.0
	3.5<m_n≤6	8.0	11.0	16.0	22.0	31.0
	6<m_n≤10	8.5	12.0	17.0	25.0	35.0

表 8 - 8　齿距累积总偏差

分度圆直径 d/mm	法向模数 m_n/mm	精度等级				
		5	6	7	8	9
		F_p/μm				
20<d≤50	2<m_n≤3.5	15.0	21.0	30.0	42.0	59.0
	3.5<m_n≤6	15.0	22.0	31.0	44.0	62.0

（续表）

分度圆直径 d/mm	法向模数 m_n/mm	精度等级				
		5	6	7	8	9
		$F_p/\mu m$				
50<d≤125	2<m_n≤3.5	19.0	27.0	38.0	53.0	76.0
	3.5<m_n≤6	19.0	28.0	39.0	55.0	78.0
	6<m_n≤10	20.0	29.0	41.0	58.0	82.0
125<d≤280	2<m_n≤3.5	25.0	35.0	50.0	70.0	100.0
	3.5<m_n≤6	25.0	36.0	51.0	72.0	102.0
	6<m_n≤10	26.0	37.0	53.0	75.0	106.0
280<d≤560	2<m_n≤3.5	33.0	46.0	65.0	92.0	131.0
	3.5<m_n≤6	33.0	47.0	66.0	94.0	133.0
	6<m_n≤10	34.0	48.0	68.0	97.0	137.0

表 8-9 齿廓总偏差

分度圆直径 d/mm	法向模数 m_n/mm	精度等级				
		5	6	7	8	9
		$F_a/\mu m$				
20<d≤50	2<m_n≤3.5	7.0	10.0	14.0	20.0	29.0
	3.5<m_n≤6	9.0	12.0	18.0	25.0	35.0
50<d≤125	2<m_n≤3.5	8.0	11.0	16.0	22.0	31.0
	3.5<m_n≤6	9.5	13.0	19.0	27.0	38.0
	6<m_n≤10	12.0	16.0	23.0	33.0	46.0
125<d≤280	2<m_n≤3.5	9.0	13.0	18.0	25.0	36.0
	3.5<m_n≤6	11.0	15.0	21.0	30.0	42.0
	6<m_n≤10	13.0	18.0	25.0	36.0	50.0
280<d≤560	2<m_n≤3.5	10.0	15.0	21.0	29.0	41.0
	3.5<m_n≤6	12.0	17.0	24.0	34.0	48.0
	6<m_n≤10	14.0	20.0	28.0	40.0	56.0

表 8 - 10　螺旋线总偏差

分度圆直径 d/mm	齿宽 b/mm	精度等级				
		5	6	7	8	9
		$F_\beta/\mu m$				
20<d≤50	10<b≤20	7.0	10.0	14.0	20.0	29.0
	20<b≤40	8.0	11.0	16.0	23.0	32.0
50<d≤125	10<b≤20	7.5	11.0	15.0	21.0	30.0
	20<b≤40	8.5	12.0	17.0	24.0	34.0
	40<b≤80	10.0	14.0	20.0	28.0	39.0
125<d≤280	10<b≤20	8.0	11.0	16.0	22.0	32.0
	20<b≤40	9.0	13.0	18.0	25.0	36.0
	40<b≤80	10.0	15.0	21.0	29.0	41.0
280<d≤560	20<b≤40	9.5	13.0	19.0	27.0	38.0
	40<b≤80	11.0	15.0	22.0	31.0	44.0
	80<b≤160	13.0	18.0	26.0	36.0	52.0

表 8 - 11　径向综合总偏差

分度圆直径 d/mm	法向模数 m_n/mm	精度等级				
		5	6	7	8	9
		$F_i''/\mu m$				
20<d≤50	1.0<m_n≤1.5	16	23	32	45	64
	1.5<m_n≤2.5	18	26	37	52	73
50<d≤125	1.0<m_n≤1.5	19	27	39	55	77
	1.5<m_n≤2.5	22	31	43	61	86
	2.5<m_n≤4.0	25	36	51	72	102
125<d≤280	1.0<m_n≤1.5	24	34	48	68	97
	1.5<m_n≤2.5	26	37	53	75	106
	2.5<m_n≤4.0	30	43	61	86	121
	4.0<m_n≤6.0	36	51	72	102	144
280<d≤560	1.0<m_n≤1.5	30	43	61	86	122
	1.5<m_n≤2.5	33	46	65	92	131
	2.5<m_n≤4.0	37	52	73	104	146
	4.0<m_n≤6.0	42	60	84	119	169

表 8-12　一齿径向综合公差

分度圆直径 d/mm	法向模数 m_n/mm	精度等级				
		5	6	7	8	9
		$f_i/\mu m$				
20<d≤50	1.0<m_n≤1.5	4.5	6.5	9.0	13	18
	1.5<m_n≤2.5	6.5	9.5	13	19	26
50<d≤125	1.0<m_n≤1.5	4.5	6.5	9.0	13	18
	1.5<m_n≤2.5	6.5	9.5	13	19	26
	2.5<m_n≤4.0	10	14	20	29	41
125<d≤280	1.0<m_n≤1.5	4.5	6.5	9.0	13	18
	1.5<m_n≤2.5	6.5	9.5	13	19	27
	2.5<m_n≤4.0	10	15	21	29	41
	4.0<m_n≤6.0	15	22	31	44	62
280<d≤560	1.0<m_n≤1.5	4.5	6.5	9.0	13	18
	1.5<m_n≤2.5	6.5	9.5	13	19	27
	2.5<m_n≤4.0	10	15	21	29	41
	4.0<m_n≤6.0	15	22	31	44	62

表 8-13　径向跳动公差

分度圆直径 d/mm	法向模数 m_n/mm	精度等级				
		5	6	7	8	9
		$F_r/\mu m$				
20<d≤50	2.0<m_n≤3.5	12	17	24	34	47
	3.5<m_n≤6.0	12	17	25	35	49
50<d≤125	2.0<m_n≤3.5	15	21	30	43	61
	3.5<m_n≤6.0	16	22	31	44	62
	6.0<m_n≤10	16	23	33	46	65
125<d≤280	2.0<m_n≤3.5	20	28	40	56	82
	3.5<m_n≤6.0	20	29	41	58	82
	6.0<m_n≤10	21	30	42	60	85
280<d≤560	2.0<m_n≤3.5	26	37	52	74	105
	3.5<m_n≤6.0	27	38	53	75	106

(3)齿坯的精度

齿坯是指在轮齿加工时供加工齿轮用的工件。齿轮坯的尺寸和形位误差对齿轮的精度、齿轮副的精度以及齿轮副的运行有着极大的影响。因此,必须对齿轮坯的尺寸和形位误差予以规范和限制。

① 基准面与安装面的尺寸公差

基准面是指确定基准轴线的面。安装面分工作安装面和制造安装面。工作安装面是指齿轮处于工作时与其他零件的配合面。制造安装面是指齿轮处于制造或检测时,用来安装齿轮的面。

齿轮内孔或齿轮轴的轴承配合面是工作安装面,也常做基准面和制造安装面,它们的尺寸公差参照表8-14选取。

表 8-14 基准面与安装面的尺寸公差

齿轮精度等级	6	7	8	9
孔	IT6	IT7		IT8
颈	IT5	IT6		IT7
顶圆柱面	IT8			IT9

② 基准面与安装面的形状公差

基准面与安装面的形状公差可选取表8-15中的数值。

表 8-15 基准面与安装面的形状公差

确定轴线的基准面	公差项目		
	圆度	圆柱度	平面度
两个"短的"圆柱或圆锥形基准面	$0.04(L/b)F_\beta$ 或 $0.1F_p$,取两者中的小值		
两个"长的"圆柱或圆锥形基准面		$0.04(L/b)F_\beta$ 或 $0.1F_p$,取两者中的小值	
一个短的圆柱和一个端面	$0.6F_p$		$0.06(D_d/b)F_\beta$

注:①齿轮坯的公差应减至能经济制造的最小值。
　　②L 为较大的轴承跨距;D_d 为基准面直径;b 为齿宽。

③ 安装面的跳动公差

当工作安装面或制造安装面与基准面不重合时,必须规定它们对基准面的跳动公差,其值可从表8-16中选取。

表 8 - 16   安装面的跳动公差

确定轴线基准面	跳动量（总的指示幅度）	
	径　　向	轴　　向
仅圆柱或圆锥形基准面	$0.04(L/b)F_\beta$ 或 $0.3F_p$，取两者中的大值	
一个圆柱面和一个端面基准面	$0.3F_p$	$0.2(D_d/b)F_\beta$

④ 各表面的粗糙度

齿坯各表面的粗糙度可从表 8 - 17 中选取。

表 8 - 17   齿坯各表面的粗糙度

齿轮精度等级	6	7	8	9
基准孔	1.25	1.25~2.5		5
基准轴颈	0.063	1.25	2.5	
基准端面	2.5~5		5	
顶圆柱面	5			

（4）关于轮齿齿面粗糙度

齿轮齿面粗糙度影响齿轮传动的平稳性和齿轮表面的承载能力，必须给予限制。表 8 - 18 列出了齿面粗糙度 Ra 的推荐值，以供选取。

表 8 - 18   轮齿齿面粗糙度 Ra 的推荐值

等级	Ra			等级	Ra		
	模数 m/mm				模数 m/mm		
	$m<6$	$6<m<25$	$m>25$		$m<6$	$6<m<25$	$m>25$
1		0.04		7	1.25	1.6	2.0
2		0.08		8	2.0	2.5	3.2
3		0.16		9	3.2	4.0	5.0
4		0.32		10	5.0	6.3	8.0
5	0.5	0.63	0.80	11	10.0	12.5	16
6	0.8	1.00	1.25	12	20	25	32

2）齿轮副侧隙

齿轮副侧隙是在齿轮装配后自然形成的，侧隙的大小主要取决于齿厚和中心距。在最小中心距条件下，通过改变齿厚偏差来获得大小不同的齿侧间隙。

由于侧隙用减小齿厚来获得，因此可以用齿厚限偏差来控制侧隙大小。最小侧隙和齿厚偏差的确定见 8.1.3 中主要影响侧隙合理性的项目。

3)齿轮精度的标注与设计

(1)齿轮精的标注

齿轮精度指标在图样上的标注按照 GB/T 10095.1—2008 标准的执行,如图 8-1 所示。

(2)齿轮精度设计

① 确定齿轮的精度等级

选择齿轮的精度等级时,必须以齿轮传动的用途、使用条件以及对它的技术要求为依据,即要考虑齿轮的圆周速度,所传递的功率,工作持续时间,工作规范,对传递运动的准确性、平稳性、无噪声和振动性的要求。

确定齿轮精度等级的方法有计算法和类比法两种。由于影响齿轮传动精度的因素多而复杂,按计算法确定齿轮精度比较困难。类比法是根据以往产品设计、性能试验、使用过程中所积累的经验以及较可靠的技术资料进行对比,从而确定齿轮的精度等级。

生产实践中各级精度等的齿轮应用如表 8-19、表 8-20 所示。

② 确定检验项目

考虑选用齿轮检验项目的因素很多,概括起来大致有以下几方面。

齿轮的精度等级和用途;检验的目的,是工序间检验还是完工检验;齿轮的切齿工艺;齿轮的生产批量;齿轮的尺寸大小和结构形式;生产企业现有测试设备情况等。

表 8-19　一些机械或机构常用的齿轮精度等级

应用范围	精度等级	应用范围	精度等级
单啮仪、双啮仪	2～5	载重汽车	6～9
蜗轮减速器	3～5	通用减速器	6～9
金属切削机床	3～8	轧钢机	5～10
航空发动机	4～7	矿用铰车	6～10
内燃机车、电气机车	5～8	起重机	6～9
轻型汽车	5～8	拖拉机	6～10

表 8-20　齿轮精度等级的选用

精度等级	圆周速度 (m·s⁻¹)		齿面的终加工	工作条件
	直齿	斜齿		
3 级 (极精密)	≤40	≤75	特别精密的磨削和研齿。用精密滚刀或单边剃齿后大多数不经淬火的齿轮	要求特别精密的或在最平稳且无噪声的特别高速下工作的齿轮传动。特别精密构中的齿轮,特别高速传动(透平齿轮传动),检测 5 耀 6 级齿轮用的测量齿轮
4 级 (特别精密)	≤35	≤70	精密磨齿;用精密滚刀和挤齿或单边剃齿后的大多数齿轮	特别精密分度机构中或在最平稳且无噪声的极高速下工作的齿轮传动。特别精密分度机构中的齿轮。高速透平传动;检测 7 级齿轮用的测量齿轮

（续表）

精度等级	圆周速度 (m·s⁻¹)		齿面的终加工	工作条件
	直齿	斜齿		
5级 （高精密）	≤20	≤40	精密磨齿；大多数用精密滚刀加工，进而挤齿或剃齿的齿轮	精密分度机构中或要求极平稳且无噪声的高速工作的齿轮传动；精密机构用齿轮、透平齿轮传动；检测8级和9级齿轮用测量齿轮
6级 （高精密）	≤15	≤30	精密磨齿或剃齿	要求最高效率且无噪声的高速下平稳工作的齿轮传动或分度机构的齿轮传动；特别重要的航空、汽车齿轮，读数装置用特别精密传动的齿轮
7级 （精密）	≤10	≤15	无须热处理，仅用精确刀具加工的齿轮，淬火齿轮必须精整加工（磨齿、挤齿、衍齿等）	增速和减速用齿轮传动；金属切削机床送刀机构用齿轮；高速减速器用齿轮；航空、汽车用齿轮；读数装置用齿轮
8级 （中精密）	≤6	≤10	不磨齿，不必光整加工或对研	无须特别精密的一般机械制造用齿轮。包括在分度链中的机床传动齿轮；飞机、汽车制造业中的不重要齿轮；起重机构用齿轮；农业机械中的重要齿轮，通用减速器齿轮
9级 （较低精度）	≤2	≤4	无须特殊光整工作	用于粗糙工作的齿轮

　　齿轮精度标准 GB/T 10095.1—2008 及其指导性技术文件中给出的偏差项目虽然很多，但作为评价齿轮质量的客观标准，齿轮质量的检验项目应该主要是单项指标，即齿距偏差、齿廓总偏差、螺旋线总偏差及齿厚极限偏差。标准中给出的其他参数，一般不是必检项目，而是根据供需双方的具体要求协商确定的，推荐检验组如表 8-21 所示。

表 8-21　建议的齿轮检验查组

检验组	检验项目	适用等级	测量仪器
1	F_p、F_a、F_β、F_r、E_{sn} 或 E_{bn}	3～9	齿距仪、齿形仪、渐开线检查仪、偏摆检查仪、齿向仪、齿厚卡尺或公法线千分尺
2	F_{pk}、F_p、F_a、F_β、F_r、E_{sn} 或 E_{bn}	3～9	齿距仪、齿形仪、渐开线检查仪、偏摆检查仪、齿向仪、齿厚卡尺或公法线千分尺
3	F_i''、f_{pk}''、E_{sn} 或 E_{bn}	6～9	双面啮合检查仪、齿厚卡尺或公法线千分尺
4	f_{pt}、F_r、E_{sn} 或 E_{bn}	10～12	齿距仪、齿跳检查仪、齿厚卡尺或公法线千分尺
5	F_i'、f_i'、F_β、E_{sn} 或 E_{bn}	3～6	单面啮合检查仪、齿向仪、齿厚卡尺或公法线千分尺
注：检验组 5 中，F_i'、f_i' 不是国家标准规定的检验项目，只有在有协议要求时才检验			

③ 确定最小侧隙和计算齿厚偏差

由齿轮副的中心距合理地确定最小侧隙值,计算确定齿厚极限偏差。

④ 确定齿坯公差和表面粗糙度

根据齿轮的工作条件和使用要求,确定齿坯的尺寸公差、形位公差和表面粗糙度。

⑤ 绘制齿轮工作图

绘制齿轮工作图,填写规格数据表,标注相应的技术要求。

8.2.3　确定齿轮的技术要求

任务回顾

某减速器的上直齿齿轮副, $m=3\text{mm}$, $\alpha=20°$。小齿轮结构如图 8-30 所示, $z_1=32$, $z_2=70$,齿宽 $b=20\text{mm}$,小齿轮孔径 $D=40\text{mm}$,圆周速度 $v=6.4\text{m/s}$,小批量生产。试对小齿轮进行精度设计,并将有关要求标注在齿轮工作图上。

解:

(1)确定检验项目

必检项目应为单个齿距偏差 f_{pt}、齿距累积总偏差 F_p、齿廓总偏差 F_α 和螺旋线总偏差 F_β。

除这 4 个必检项目外,还可检验径向综合总偏差 F''_i 和一齿径向综合总偏差 f''_i,作为辅助检验项目。

(2)确定精度等级

参见表 8-19,考虑到减速器对运动准确性要求不高,所以影响运动准确性的项目(F_p、F''_i)取 8 级,其余项目取 7 级,即

$$8(F_p)、7(f_{pt}、F_\alpha、F_\beta)\text{GB/T}\ 10095.1$$

$$8(F''_i)、7(f''_i)\text{GB/T}\ 10095.2$$

(3)确定检验项目的允许值

查表 8-7 得 $f_{pt}=12\mu\text{m}$;查表 8-8 得 $F_p=53\mu\text{m}$;查表 8-9 得 $F_\alpha=16\mu\text{m}$;查表 8-10 得 $F_\beta=15\mu\text{m}$;查表 8-11 得 $F''_i=73\mu\text{m}$;查表 8-12 得 $f''_i=20\mu\text{m}$

(4)确定齿厚偏差

① 确定最小法向侧隙 j_{bnmin}:采用查表法,已知中心距

$$a=\frac{m}{2}(z_1+z_2)=\frac{3}{2}\times(32+70)=153(\text{mm})$$

得

$$j_{bnmin}=\frac{2}{3}(0.06+0.005|a|+0.03m_n)=\frac{2}{3}\times(0.06+0.0005\times153+0.03\times3)=0.151(\text{mm})$$

② 确定齿厚上偏差 E_{sns}:采用简易计算法,并取 $E_{sns1}=E_{sns2}$,得

$$E_{sns}=-j_{bnmin}/2\cos\alpha_n=-0.151/2\cos20°=-0.080(\text{mm})$$

③ 计算齿厚公差 T_{sn}:查表 8-13(按 8 级查)得 $F_r=43\mu\text{m}$。查表 8-3 得 $b_r=1.26\text{IT9}$ $\times87\mu\text{m}=109.6\mu\text{m}$,则

$$T_{sn}=(\sqrt{F_r^2+b_r^2}\,)2\tan\alpha_n=(\sqrt{43^2+109.6^2}\,)\times2\times\tan20°\text{mm}=85.703\mu\text{m}\approx86\mu\text{m}$$

④ 计算齿厚下偏差 E_{sni}：$E_{sni}=E_{sns}-T_{sn}=(-0.080-0.086)=-0.166(\text{mm})$

(5)确定齿坯精度

根据齿轮结构，齿轮内孔既是基准面又是工作安装面和制造安装面。

① 齿轮内孔的尺寸公差：参照表 8-14，孔的尺寸公差为 7 级，取 H7，即

$$\phi40\text{H7}(^{+0.025}_{0})$$

② 齿顶圆柱的尺寸公差：齿顶圆是检测齿厚的基准，参照表 8-14，齿顶圆柱面的尺寸公差为 8 级，取 h8，即 $\phi102\text{h8}(^{0}_{-0.054})$。

③ 齿轮内孔的形状公差：由表 8-15 可得圆柱度公差为 $0.1F_p=0.1\times0.053=0.0053$ $\approx0.005\text{mm}$。

④ 两端面的跳动公差：两端面在制造和工作时都是定位的基准，参照表 8-16，选其跳动公差为 $0.2(D_d/b)F_\beta=0.2\times(70/20)\times0.015=0.0105\approx0.011(\text{mm})$。参考圆跳动公差表，此精度相当于 5 级，不是经济加工精度，故适当放大公差，改为 6 级，公差值为 0.015mm。

⑤ 顶圆的径向跳动公差：顶圆柱面在加工齿形时常用为找正基准，按表 8-16，其跳动公差为 $0.3F_p=0.3\times0.053=0.0159\approx0.016(\text{mm})$。

⑥ 齿面及其余各表面的粗糙度：按照表 8-17 和表 8-18 选取各表面的粗糙度，如图 8-31 所示。

(6)绘制齿轮工作图

齿轮工作图如图 8-31 所示。有关参数须列表并放在图样的右上角。

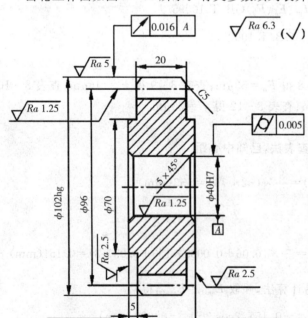

模数	m	3
齿数	z	32
齿形角	α	20°
齿顶高系数	h_a	1
配对齿轮	图号	
齿厚及其偏差	$S^{E_{sns}}_{E_{sni}}$	$4.17^{-0.080}_{-0.166}$
精度等级		8 (F_p) 7 ($f_{pt}F_\alpha F_\beta$) GB/T 10095.1 8 (F_i'') 7 (f_i'') GB/T 10095.2
检验项目	代号	允许值/μm
齿距偏差	$\pm f_{pt}$	±12
累积总偏差	F_p	53
螺旋线总偏差	F_β	15
齿廓总偏差	F_α	16
径向综合总偏差	F_i''	72
一齿径向综合公差	f_i''	20

图 8-31 齿轮工作图

课后习题

1. 各种不同用途的齿轮传动,对精度各有何不同要求?

2. 导致齿轮加工时出现误差的因素有哪些?

3. 直齿圆柱齿轮的公差项目有哪些?

4. 齿轮偏差项目中,哪些对传递运动准确性有影响? 哪些对传动平稳性有影响? 哪些对载荷分布有影响?

5. 某减速器中一对直齿圆柱齿轮,$m = 5\text{mm}$,$z_1 = 60\text{mm}$,$\alpha = 20°$,$x = 0$,$n_1 = 960\text{r/min}$,两轴承距离 $L = 100\text{mm}$。齿轮为钢制,箱体为铸铁制造,单件小批生产。试确定下述项目并画出齿轮零件图。

(1)齿轮精度等级;

(2)检验项目及其允许值;

(3)齿厚上、下偏差或公法线长度极限偏差值;

(4)齿轮箱体精度要求及允许值;

(5)齿坯精度要求及允许值。

参 考 文 献

[1] 朱超,段玲. 互换性与零件几何量检测[M]. 北京:清华大学出版社,2011.

[2] 南秀蓉,马素玲. 公差配合与测量技术[M]. 北京:中国林业出版社,2010.

[3] 王颖. 公差选用与零件测量[M]. 北京:高等教育出版社,2013.

[4] 贾华生,邢月先. 公差配合与技术测量[M]. 北京:北京理工大学出版社,2012.

[5] 苟向锋. 公差配合与测量技术[M]. 长沙:国防科技大学出版社,2012.

[6] 何红华,马振宝. 互换性与测量技术[M]. 北京:清华大学出版社,2008.

[7] 赵宪美. 公差配合与测量技术实训[M]. 大连:大连理工大学出版社,2010.

[8] 胡照海. 零件几何量检测[M]. 北京:北京理工大学出版社,2011.

[9] 张皓阳. 公差配合与技术测量[M]. 北京:人民邮电出版社,2012.

[10] 吕天玉,张柏军. 公差配合与测量技术[M]. 大连:大连理工大学出版社,2014.